DAIRY SAFETY REGULATION IN CHINA:
THEORY AND PRACTICE

我国乳品安全规制：理论与实践研究

郝晓燕　乔光华　著

北京理工大学出版社
BEIJING INSTITUTE OF TECHNOLOGY PRESS

图书在版编目（CIP）数据

我国乳品安全规制：理论与实践研究 / 郝晓燕，乔光华著. —北京：北京理工大学出版社，2019.12
ISBN 978-7-5682-8037-2

Ⅰ. ①我…　Ⅱ. ①郝…　②乔…　Ⅲ. ①乳制品-食品安全-规章制度-研究-中国　Ⅳ. ①TS252.7

中国版本图书馆 CIP 数据核字（2019）第 290829 号

出版发行 / 北京理工大学出版社有限责任公司
社　　址 / 北京市海淀区中关村南大街 5 号
邮　　编 / 100081
电　　话 /（010）68914775（总编室）
（010）82562903（教材售后服务热线）
（010）68948351（其他图书服务热线）
网　　址 / http://www.bitpress.com.cn
经　　销 / 全国各地新华书店
印　　刷 / 保定市中画美凯印刷有限公司
开　　本 / 710 毫米×1000 毫米　1/16
印　　张 / 17.25
字　　数 / 254 千字
版　　次 / 2019 年 12 月第 1 版　2019 年 12 月第 1 次印刷
定　　价 / 76.00 元

责任编辑 / 徐艳君
文案编辑 / 徐艳君
责任校对 / 周瑞红
责任印制 / 李志强

前 言

我国乳业经过多年的发展，已经成为包含三次产业的庞大经济系统，其利益相关者涉及奶户、奶站、乳企、消费者、股东、政府等，在很多省份已经成为国民经济的一个重要产业部门，对于推动地方经济发展，帮助农户脱贫致富，解决地方就业等具有重要意义。

乳业在快速扩张时期，由于我国食品安全规制体系不完善，使得乳品安全事件频发。“三聚氰胺”事件后，我国加大了安全规制力度，乳品安全事件减少，但消费者对国内乳品的质量安全依然有疑虑。近年来，我国乳品进口规模越来越大，对我国乳业发展构成了一定的冲击。一方面，国内奶牛养殖规模缩减，奶牛存栏数波动剧烈；另一方面，国内乳品企业的市场信誉因为早期频发的乳品安全事件受到消费者的质疑，尤其是一些消费者盲目青睐于进口奶粉。这也意味着我国乳品安全问题日益复杂，既涉及消费者对乳品供给的质量安全需求，还包括应对国际竞争挤压下的乳业的产业安全问题，更需要防范应对的是乳品安全危机事件引发的公共安全问题。因此，我国乳品安全规制面临更为复杂的风险因素。

本书试图从安全规制的理论与实践出发，基于国家和内蒙古自治区两个层面对乳品安全规制的现状、发展趋势及效果进行理论研究和实证分析，并对国内外的乳品安全规制体系的构成与规制实践进行了比较分析与归纳总结。全书分四个部分：第一部分包括第1章～第5章，主要对我国乳品安全规制进行理论研究和实证分析；第二部分包括第6章～第9章，主要对内蒙古乳品安全规制进行理论研究和实证分析；第三部分为比较分析篇，包括第10章～第12章，主要对国内外乳品安全规制进行比较研究；第四部分为政策措施篇，从目标改进、主体多元、客体激励、工具完善四个方面对提升我国乳品安全规制提出具体建议。全书具体的章节安排如下：

第1章绪论部分主要介绍乳品安全规制的研究背景、研究意义、国内外研究现状、研究内容以及研究创新点。

第2章界定了乳制品相关的基本概念和乳品安全规制涉及的

基本内涵，并从规制经济、食品安全的协同治理、乳品安全规制成因三个方面进行阐述。

第 3 章从产业规模、经济效益、产业的投入产出情况、乳业发展的支撑要素以及市场结构对我国乳业发展全貌进行详细阐述。

第 4 章回顾我国乳品安全规制体系的演变，总结了各个发展阶段的特点，并且从规制主体、规制客体、规制工具、规制目标四个方面阐述我国乳品安全规制体系的构成，继而着重分析目前乳品安全规制存在的问题。

第 5 章分析评价我国乳品安全政府规制的效果，包括实证模型的设置、变量的选取及数据说明、实证分析与评价结果。

第 6 章从奶业产量、奶畜养殖、乳品生产与加工等方面介绍内蒙古乳业的发展状况。

第 7 章从乳品安全规制政策、规制机构和规制措施三方面分析内蒙古乳品安全政府规制现状。

第 8 章从宏观管理、法治管理、监督管理三个方面建立评价指标体系，对内蒙古乳品安全政府规制的有效性进行全面评价。

第9章在对内蒙古乳业标杆企业的乳品安全自我规制实践进行介绍的基础上，运用因子分析法对伊利、蒙牛等企业自我规制的经济效益进行评价。

第 10 章采用经济合作与发展组织（OECD）衡量农业支持水平的指标体系，比较分析我国政府与发达国家对乳业的政策支持水平。

第 11 章对国内外乳品安全规制体系进行比较分析，并对相关经验进行总结。

第 12 章从政策法律和财政补贴两个方面总结我国政府对乳业实施激励性规制政策的主要概况，并对美国、日本以及欧盟在乳业发展过程中实施的主要激励性规制措施进行介绍。

第 13 章基于前文的理论和实证研究，从规制目标、规制主体、规制客体、规制工具四个方面就如何提升我国乳品安全规制水平提出具有针对性的政策建议。

本书是国家自然基金项目（71863027）《协同治理视角下我国乳品安全供给的政府规制与企业自我规制竞合机制研究》的阶段性研究成

果，并得到内蒙古自治区哲学社会科学重点研究基地"内蒙古供给侧结构性改革与创新发展研究基地"以及内蒙古畜牧业经济研究基地的资助。本书开展的研究活动也得到了国家现代奶业产业技术体系项目支持。

本书写作从内容框架确定，研究任务分解，阶段学术成果的发表，总结归纳成书大体经历了 3 年。在几年的撰写过程中，作者得到了很多朋友的帮助和青年学子的支持。感谢董天棋、刘婷、胡静丽、魏文奇、蒋晓闪、周汪楠等几位年轻学子在乳业政策梳理、乳业数据收集与实证分析等方面所做的工作，特别感谢韩飞在全书校稿中的仔细与严谨。

感谢本书所引文献或由于疏漏未标注文献的学者们，正是他们丰富的科研成果为作者提供了翔实的研究素材，为本书奠定了扎实的研究基础。

乳品安全规制涉及经济学、管理学、法学、公共管理学等多门学科，作者在写作过程中多次请教这些领域的专家和学者，并多次到内蒙古乳品企业和政府相关监管部门做实际调研。基于自身理论水平所限，本书很多地方的研究都是浅尝辄止，尤其是对乳品安全的激励性规制和私人规制研究才刚刚起步。这些领域也是作者未来深入研究的地方，书中的不足有待在日后的研究工作中不断修缮。

著 者

目 录

第一篇 中国乳品安全规制

第二篇　内蒙古乳品安全规制

第三篇 国内外乳业政策与安全规制的比较分析与经验借鉴

第四篇 政策建议

插图清单

插表清单

第一篇

中国乳品安全规制

第 1 章 绪 论

1.1 研究背景

对于乳业而言，我国政府将乳业作为重点鼓励发展的产业是在1998 年颁布《当前国家重点鼓励发展的产业、产品和技术目录》才开始确定的。经过多年的发展，奶牛存栏由中华人民共和国成立之初的12 万头增加到 2018 年的 1 037.7 万头，增长高达 85.48 倍；奶类总产量更是由中华人民共和国成立之初的21.7万吨增长到2018年的3 176.8万吨；2018 年全国乳制品产量达到 2 687 万吨，比 2017 年增加 12.07%。2018 年，伊利、蒙牛两家龙头企业分别以年销售额 99 亿美元和 88 亿美元位列世界乳品企业的第 9 和第 10 名。2018 年，中国规模以上乳品加工企业有 587 家，主营业务收入 3 398.9 亿元，占当年食品制造业主营业务收入的 18.5%。

乳业已经成为我国解决就业、推进农业结构调整、带动农民致富的重要产业，甚至在一些地区已经成为当地的主导型产业。乳品质量安全的产业关联效应也日益显著，相关的利益主体涉及乳品制造企业、奶农、奶站、零售商、政府等，乳品质量安全工作更是成为加强食品安全管理的代表和突破口。我国乳品安全规制实践虽已取得一定成效，但乳品安全问题依然严峻。2008 年乳品质量安全重大事故，即三鹿奶粉被查出三聚氰胺，为乳品行业的发展敲响了警钟，引起政府和民众的极大关注。

由于劣质奶粉、奶粉碘超标、进口奶粉生产还原奶、皮革奶、添加三聚氰胺等事件的影响，我国乳品行业整体遭受信任危机。更为严峻的是，国外乳品企业乘机抢占中国乳品市场份额，国内消费者则出现了去港澳地区抢购国外乳品的热潮。乳品安全事件不仅是产业内部安全风险因素叠加的结果，更暴露出我国乳品安全监管制度方面的缺陷，集中体现为乳品安全规制有待完善，提高乳品安全监管效率迫在眉睫。由于乳业已经发展成为一个庞大的产业关联系统，所以这对乳品安全规制提出了更高的要求。

目前我国各级食品药品监管部门严格按照习近平总书记提出的“最严谨的标准、最严格的监管、最严厉的处罚、最严肃的问责”四个最严要求，着力维护食品质量安全，使得恶性食品安全事件很少发生，但消费者依然对食品质量安全不放心，甚至仅仅是乳品安全谣言就会引发消费者对整个乳业的怀疑。源于2016年10月底的谣言视频宣称“蒙牛纯牛奶刚刚被查出黄曲霉菌超标”在微信平台上疯狂传播，给蒙牛造成巨大损失。为此，2018年1月10日和12日，中国奶业协会、中国乳制品工业协会接连发布“就网络谣言抹黑中国奶业的声明”表示：近几年来，监管部门公布的乳制品质量不合格的名单中，从未有蒙牛纯牛奶被查出黄曲霉菌超标的信息，视频所称纯属谣言。究其原因，“三聚氰胺”事件后虽然国家大力加强了质量监管，却又陆续发生了牛奶“中毒门”“致癌门”事件，使政府监管的公信力降低，消费者失去了对本土乳品企业的信心，有经济实力的消费者依然崇信国外乳制品，国外品牌在高端市场占据主导地位。国外品牌虽然有问题，但消费者却不信。2017年11月30日，国家质检总局在官网上发布了《2017年10月未准入境的食品化妆品信息》，诸多进口奶粉品牌因为不合格被依法做退货或销毁处理，重量合计超过55吨。然而政府强化的质量监管并未消除消费者的疑虑。

从政府规制的视角分析我国规制强度不断加大却依然无法避免乳品安全事件发生这一现象，其原因主要是政府行政机关承担无限的规制责任却使用着有限的规制资源，这一现实与食品安全风险信息的无限复杂性和日益多样性之间形成了突出的矛盾。

这种政府垄断型的食品质量安全监管面临着诸多困境，如政府执行规制、搜集信息以及实施监管的成本太高；地方政府出于政绩要求可能与企业合谋，出现规制俘获；社会日益发展成为一个风险社会，导致食品安全风险因素已经不仅仅局限在食品行业本身，因此单一主体的质量安全治理模式急需改变，多中心的食品安全协同治理已经成为必然趋势。

从食品安全规制的实践来看，国外经过20世纪80年代的管制放松，90 年代开始的规制绩效评价，到目前趋向于社会性规制手段的不断加强，其规制方式的实施主要基于多主体合作参与食品安全的治理。如美国 2011 年通过的《食品安全现代化法》（FDA Food Safety Modernization Act）体现了一种食品安全法律治理的潮流：在行政规制和司法规制基础上重视对私人规制的利用，借助与食品设施、食品进口商、认证机构及消费者之间的合作，创新食品安全治理机制，实现食品安全的目标。

而我国的食品安全监管实践则以强制性规制为主，这种自上而下的规制方式的制定多出自政府行政决策，并没有考虑社会多元化发展趋势下，现代社会对食品安全治理的多样性需求，如企业、消费者、行业协会、社会媒体等多主体参与治理、政府规制与私人规制的合作协调等。

内蒙古地处我国北部边疆，位于北纬 37°～53°、东经 97°～126°，属于温带大陆性季风气候，适宜奶牛生长。作为中国乃至世界最重要的奶牛养殖区和乳制品加工区之一，内蒙古的乳业形成了包括牧草种植、奶牛养殖、乳品加工、乳品流通等多个环节在内的完整产业链，呈现出明显的集群化趋势，乳业已成为推动内蒙古区域经济发展的支柱产业。2013 年，自治区政府明确指出要把内蒙古建设成为绿色农畜产品生产加工输出基地，乳制品生产加工与制造无疑是其中的重点产业。

作为全国重要的乳品生产基地，内蒙古无论是原料奶生产，还是乳品加工，都位于全国前列。2018 年，在原料奶生产中，内蒙古奶类产量为 571.8 万吨，占全国奶类产量（3 176.8 万吨）的 18.00%，位于全国第一名；牛奶产量为 565.6 万吨，占全国牛奶产量（3 074.6 万吨）的 18.40%，位于全国第一名；奶牛存栏 120.8 万头，占全国奶牛存栏（1 037.7 万头）的 11.64%，位于全国第二名。在乳制品中，液态奶产量为 237.1 万吨，占全国液态奶产量（2 505.59 万吨）的 9.46%，位于全国第三名；干乳制品产量为 17.72 万吨，占全国干乳制品产量（181.52 万吨）的

9.76%，位于全国第四位；奶粉产量为9.59万吨，占全国奶粉产量（96.8万吨）的9.91%，位于全国第三位。

近年来，内蒙古陆续出台了《关于质量强区的决定》《关于进一步加强质量技术监督工作的指导意见》等一系列政策性文件，提出了打造"四个内蒙古"（内蒙古标准、内蒙古创造、内蒙古品牌、内蒙古质量）。在此背景下，乳业作为内蒙古的优势产业，要打造乳业标准、乳业创造、乳业品牌、乳品质量，就要加强乳品质量安全管理，内蒙古通过多项措施加强了乳品质量安全管理并取得了一定成效。

基于此，本书围绕两个核心线索开展研究：一方面对我国乳品安全规制体系的构成、演变、发展趋势及乳品安全规制效果进行全面阐述与评价，另一方面对内蒙古乳品安全管理的政府规制和企业自我规制实践进行分析与评价。同时，本书也对国外乳品安全规制体系进行了比较分析，对国内其他乳业大省的安全规制经验进行了全面总结，试图从国际比较、国家层面、自治区层面多视角描述乳品安全规制的全貌，为维护和提高我国乳品安全提出一些有针对性的政策建议。

1.2 研究意义

2013—2017年，我国奶类产量持续稳定在3 600万吨以上，产量稳居世界第三位。农业部等五部委印发的《全国奶业发展规划（2016—2020年）》表明，到2020年我国奶类产量将增加到4 100万吨。回顾我国乳业的发展历程，真正快速发展始于1978年改革开放以后。1949—1978年不论是原奶生产，还是乳制品加工都处于缓慢发展阶段，液态奶产量年增长率只有5.3%，干乳制品产量从1949年的0.1万吨增至4.7万吨，乳品加工厂只能生产乳粉和炼乳两种乳制品。

1978年以来，我国乳业进入快速发展时期。1979—2000年，液态奶产量从130.1万吨增加到919.1万吨，20年间增长了6.1倍。加入世界贸易组织以后我国乳业发展速度加快，全国奶类产量由2001年的1 122.6万吨增加到2017年的3 648万吨，2001—2009年，平均增长率为 19.12%。2005—2017 年奶粉产量从 97.8 万吨增长到 120.7 万吨，干乳制品更是增长了 45 倍（产量由 5.4 万吨增长到 243.38 万吨）。从事乳品生产的企业不仅有国营企业，更多私营企业和外资企业也进入乳品市场的竞争中。因此，对这个日益复杂的乳业经济系统涉及的乳品安全规制问题进行全面分析，有着很强的理论意义和现实意义。

1.2.1 理论意义

1. 扩大了乳品安全规制的研究视角

政府规制一般分为经济性规制和社会性规制。经济性规制一般是指关注于约束企业定价、进入和退出方面的机制以及解决行业中的自然垄断和信息不对称的现象，以提高资源配置效率、确保服务公平供给为主要目的。相应地，社会性规制则是指以保障国民生命财产安全、保护消费者健康权益、增进社会福祉为目的，对制药业、产业安全、污染的排放控制、就业机会、教育等领域中出现的外部不经济和内部不经济的市场失灵现象的规制。乳品安全规制就属于社会性规制范畴中的政府规制。

在 20 世纪 70 年代之前，学术界的经济学家研究的规制经济学主要以经济性规制为主；近几十年来，随着全球经济的快速发展，经济学家逐步开始将规制经济学的研究重心转移到了关注消费者生命安全和社会环境的社会性规制。

本书在进行我国乳品安全规制研究时，首先观察了乳品安全范畴的演化，研究发现乳品安全已经包括质量安全、产业安全、公共安全三个层面的安全供给与需求，这与已有的研究只关注企业生产的乳品质量和政府监管的公共安全有显著的区别。这样的范畴延展就对政府规制提出了更高更复杂的安全规制要求，从而有助于拓展对安全规制的研究视角。其次，本书将规制理论和实证分析有效地结合，尤其是对政府和企业层面的规制效果的评价与现有很多学者关注乳品安全事件的政府失灵和市场失灵的定性分析相比有一定的创新性。因此，通过建立模型进行实证分析也是在乳品安全规制研究领域进行的新尝试，丰富了我国社会性规制的理论和方法，为我国其他食品安全规制研究提供一定的参考方法和研究思路。本书还首次尝试对激励乳业发展的政策措施进行了研究，并对国外乳业发展的激励经验进行了总结。由于自身的理论水平所限，作者对国外乳业发展的激励性规制理论及措施的应用并没有深入展开研究，这也是今后进一步努力的一个方向。

2. 丰富了乳品安全规制的研究内容

本书在阐述相关概念及理论的基础上，对乳品安全规制进行了全方位研究，不仅为制定更加科学合理的政策提供理论依据，而且拓宽了乳品安全规制的研究内容，对以后深入研究乳品安全规制提供更多的视角。

从研究框架来看，本书总体采用比较分析的研究方法开展了以下研究工作：第一，既对国内乳品安全规制体系的形成、演变与发展趋势进行了分析，又对国外主要乳业大国的乳品安全规制体系进行了比较；第二，对政府乳品安全强制性规制的效果进行了评价，也对我国激励性规制实践进行了总结；第三，对乳业发展较好的内蒙古、黑龙江的乳品安全规则经验进行了归纳总结。

从研究的前沿性来看，关注了国内外激励性规制的进展，也评价了我国乳品企业自我规制的经济效益。随着我国激励性规制的不断深入，企业自我规制的意愿不断加强，如何确定政府和市场主体在乳品安全供给的权力边界将是研究的重点和难点。因此，作者未来将进一步研究激励性规制与企业自我规制之间的联动机制和传递机理。

1.2.2 现实意义

由于乳品安全规制属于社会规制的一种，其主要规制目的就是保障乳品消费者的权益，维护乳品消费者的生命健康，促使我国乳品行业稳定健康的发展。乳品安全规制主要是通过法律法规、安全标准体系、信息披露等规制工具来改善乳品市场中的信息严重不对称以及规制失灵的问题，目前我国的乳品安全规制体系尚需完善，所以，本书旨在通过对我国政府和地方政府的规制行为进行分析，评价其规制效果，这对于乳品安全规制工具的有效使用以及保障乳品市场良好的经营环境、保障消费者和乳品生产者的合法权益是有实际意义的。

我国现行的食品安全规制模式脱胎于“分段规制为主，品种规制为辅”的环节管理，包括农业、质检、卫生、市场监督、商业、药监、城管、出入境检验检疫等不同部门，这些部门都有规制食品安全问题的责任和权力，分别规制不同的环节。由于系统内部管理方式的不同，某些食品安全的相关规制部门与当地政府形成隶属关系，造成了整个规制结构难以有效整合，在工作中经常会出现责任不明、相互推诿等情况。比如，农产品由农业部门负责，生产企业由质量监管部门负责，流通领域由市场监督部门负责等，政出多门，缺乏强有力的协调机制，导致多头管理与规制空白同时存在。

为了更有效地开展食品安全规制工作，提高食品质量安全，2009年国务院设立了食品安全委员会，为国务院食品安全工作的高层次议事协调机构。委员会下设三大常设机构，包括食品安全科学技术委员会、食品安全风险评估委员会、食品安全标准委员会，它们对国家食品安全委员会提供技术支撑。国务院食品安全委员会办公室不取代相关部门在食品安全管理方面的职责，相关部门根据各自职责分工开展工作。但是，从食品安全委员会的职责来看，它依然未能改变各部门分管一段的规制模式，在规制过程中，交叉管理、分管不清的问题还存在。

2013 年 3 月 22 日，“国家食品药品监督管理局”（SFDA）改名为“国家食品药品监督管理总局”（CFDA）。这一正部级部门的建立意味着我国食品安全多头分段管理模式正式结束。2018 年 3 月，第十三届全国人民代表大会第一次会议批准的国务院机构改革方案提出，将国家工商行政管理总局的职责，国家质量监督检验检疫总局的职责，国家食品药品监督管理总局的职责，国家发展和改革委员会的价格监督检查与反垄断执法职责，商务部的经营者集中反垄断执法职责以及国务院反垄断委员会办公室的职责整合，组建国家市场监督管理总局，作为国务院的直属机构。尽管规制机构进行改革，一定程度上是为了解决九龙治水的问题，但从实际执行层面来看，对地方规制机构的要求比过去更高了。

从规制实践来看，国内外政府从强制性规制到激励性规制都有了较好的经验。我国地方政府以内蒙古、黑龙江为代表，在乳品质量安全规制方面也有很好的成效。本书从理论与实证研究了我国乳品安全规制，对于提高我国政府规制效率，完善乳品安全规制体系，从而保障乳品行业稳定发展具有重要的现实意义。

从规制的对象企业来说，以伊利、蒙牛的乳品质量安全自我规制作为标杆，为其他乳品企业实施自我规制提供重要的参考，促进其他乳品企业积极学习其领先的质量安全规制经验，进而提升我国乳品企业整体质量安全规制水平。

1.3 研究现状与进展

由于国内对乳品安全规制的研究大多散落在食品安全规制的研究里，因此本书重点梳理了食品安全规制的国内外文献。

1.3.1 关于食品安全的政府规制研究

由于国外尤其是发达国家，已经进入依靠完善的安全规制保障食品质量安全的成熟阶段，食品市场体系非常发达，食品技术标准比较完善；而国内对食品安全规制问题的关注较晚，20 世纪 90 年代末才开始有学者对此进行研究。因此，国内外学者在食品安全政府规制方面的研究存在较大的差异。

从可查询的文献来看，食品安全的政府规制研究主要经历了政府规制的必要性研究、规制体系的构成、政府规制失灵的原因剖析、政府规制绩效的评价等几个主题的变化。

1.3.1.1 政府规制的必要性研究

食品安全的准公共品性质，确立了政府在食品安全供给方面的基础地位，很多研究成果表明，政府在食品安全监管中承担必要责任。

学者 Laffont（2003）指出，20 世纪 70 年代以来，在美国和欧盟各国的环境、食品药品、职位安全等领域推广的分权规制体制，在反映消费者偏好、削弱信息不对称、降低俘获和提高规制绩效方面存在优势。斯蒂克利茨（1989）认为信息在乳制品生产、储存和销售环节，以及在乳制品安全规制中起重要作用。汉森（1999）的研究则表明食品安全管制政策的选择是国内外消费者、农场主、食品制造商、食品零售商、政府、纳税人等利益集团博弈的结果，政府采取食品安全管制政策、手段可能更多处于政治上的考虑。甘德（2012）等学者借助摩尔多瓦的实证数据在对本国农民与加工企业之间的信息不对称现象分析的基础上，进一步探讨了牛奶质量的逆向选择问题。

一些学者对我国乳品安全监管进行了分析。如郭文博（2013）认为乳品质量问题的发生，其原因不能简单归咎于乳品生产企业，而是由制品供应链各参与者共同造成，是一个复杂的系统问题。李海龙，王荣艳（2016）认为目前我国乳品安全监管存在乳品质量标准没有得到统一，乳品质量认证体系落后等问题，需要健全乳品质量检测体系，完善相关法律体系。也有学者对国外乳品安全管理经验进行了介绍。如吴天龙（2015）认为丹麦乳品质量安全管理经验在于监管机构权责明确，法律、法规之间互相补充、层次清晰，针对性强。云振宇等（2013）的研究结果表明，由联邦农林渔业部一家机构全权负责国内及进出口乳制品的质量安全监管，有效规避了部门职责交叉、监管效能低下等问题，强有力地保证了澳大利亚乳制品的质量和安全。

1.3.1.2 规制体系的构成

从食品安全的政府管理实践来看，发达国家都建立了适合本国，且与国际接轨的食品安全与农产品质量安全的横向和纵向管理体系。横向管理体系以各种法律法规健全、组织执行机构配套、政府和企业逐步建立实施 HACCP （危害分析与关键控制点）的预防性控制体系为特征。纵向则实施“从农田到餐桌”的全过程管理，管理手段上强调制度激励手段与行政手段等多种手段的组合。

从理论研究来看，Whitehead（1995）提出了食品规制体系包括五个要素：食品法律、食品规制战略、食品规制功能、检测服务、分析服务。迪沃尔（2003）分析了单一部门规制的优越性，他从消费者的角度分析指出，建立单一的食品安全规制部门，会促进相关资源优化配置，带来更为理性的食品安全规制体系。克鲁斯（1999）则指出，由于发生食品安全问题的区域不同，各个区域都具有自身的特点，选择单一部门还是多部门体制应根据具体情况而定。

国内对于食品安全规制体系的研究成果较多，且以描述性分析为主。鉴于篇幅所限，这里对学者不做列举，只把研究内容加以归纳，主要包括质量安全管理法制体系、制度保障体系、信息化建设、中外食品安全管理体系的比较研究等。

1.3.1.3 政府规制失灵的原因剖析

近年来，学者们发现，即便是在严格的质量监管和控制标准下也不能杜绝食品安全事件的发生。因此，一些学者开始重新审视规制失灵的原因。代表性观点有：第一，政府执行规制、搜集信息以及实施监管的成本太高；第二，规制机制失去了可信度（规制的威胁是不可信的）；第三，规制者中可能会出现直接或间接的寻租行为；第四，对企业的技术创新可能会产生一定的阻碍（Lazzarini，2001）。也有学者则认为：一是由于地理位置引发的失灵；二是来自对产品属性、生产过程以及规制效果的不信任；三是来自信息不对称导致缺乏对保证食品质量的激励；四是由于规制体系不够灵活而在新风险面前表现脆弱（David.A，2003）。

与国外有所区别，政府失灵的原因剖析是国内研究的热点之一，主要集中在安全监管制度的内在缺陷、监管制度的执行失灵、监督失灵、问责失灵。詹承豫（2007）认为我国政府规制失灵主要由转型时期食品安全规制体系存在的五大矛盾造成，即食品安全链式供应与规制部门各自为政的矛盾、食品检测设备技术落后与食品安全隐患严峻之间的矛盾、小而分散的食品生产厂商与食品安全规制标准化需求之间的矛盾、食品安全隐患严重与薄弱的食品执法之间的矛盾、社会对食品安全的急切希望与国家对食品安全规制投入不足之间的矛盾。柳亦博等（2010）指出，我国仍以产品质量检验作为质量安全管理的主要手段，乳制品安全质量管理应逐步转化到以过程控制为主。

不论是事前预防还是事后追惩，政府有效规制的前提是产品质量安全信息的充分获取与有效甄别，而相关信息获取是否完备，则受制于政府部门可能投入的资源的刚性约束（凌潇等，2013）。杨潇（2014）认为乳品监管部门各自为政，缺乏协调配合，浪费了监管资源和时间，加大了乳品监管难度，乳品安全监管体系改革刻不容缓。

1.3.1.4 政府规制绩效的评价

政府规制绩效是目前食品安全管理研究的前沿领域，也是国内外学者研究的热点。20世纪90年代，发达国家开始对食品安全规制进行成本效率的分析研究。例如，1995年美国农业部成立了规制评估和成本收益分析办公室，其他许多国家也采用了一些规章性的审核，所有经济合作与发展组织（OECD）成员国的政府部门都要求使用一些科学方法对所实行的规制模式进行评估。

代表性成果体现为安特（1999）对食品安全规范的收益和成本，运用多投入与多产出模型进行了实证模型框架的推导，并对估计食品安全规范成本与收益的主要方法进行了总结。路易斯、罗伯特（2004）则介绍了估算规制成本和收益的方法；其中，估算规制成本的方法包括数量经济法、支出估算法和一般均衡模型方法，估算规制收益的方法则包括估计规制对象所愿意支付量和实际支付量两种。

与国外研究比较，国内规制绩效研究刚刚起步，目前主要是对国外规制影响制度的研究和规制影响评价方法中的成本效益法的研究，至于政府食品安全管理绩效的评价不论是实践还是理论都尚未全面开展。

刘录民等（2009）运用政府绩效评估的一般理论和实践经验，在理论上构建了一套地方政府食品安全监管绩效评估指标体系。穆秀珍等（2011）采用系统聚类法对我国食品安全规制的效果进行了实证检验。杨秀玉（2013）结合我国食品安全规制的现状，建立了包含11个指标的指标体系，运用熵值法和主成分分析法进行赋权，测算出我国2003—2009年食品安全规制的效果。张肇中、张红凤等（2014）从消费者营养健康视角出发，采用CHNS数据，基于反映政策冲击影响的倍差法，结合通过样本筛选控制协变量影响因素的倾向得分匹配方法，对规制的间接效果进行评价，研究发现：从企业角度来看，以投入产出效率衡量食品安全规制效果并不理想；对于消费者而言，尽管食品安全规制有助于恢复食品安全事故后消费者的信心，改善消费者营养和健康状况，但这种促进作用并不显著。刘小魏（2014）对我国食品安全规制绩效测度，研究结果表明，我国当前的食品安全整体绩效水平并不高，从对东部、中部和西部三个地区之间的食品安全规制绩效比较结果来看，东部地区的绩效水平明显高于中部和西部。李中东等（2015）基于投入产出指标体系，运用数据包络分析（DEA）模型并结合超效率 DEA 模型对我国1992—2012年食品安全规制的效率进行了评价。张在升（2016）从生产效率的视角对我国 1997—2012 年的食品安全规制效率进行了研究，研究结果表明，从长期来看，监督频次和处罚户次数的增加以及食品行业劳动力素质的提高均可以提高食品抽检合格率，而食品工业产量的增加则降低了食品安全规制效果。

1.3.2 关于食品安全的企业自我规制研究

自我规制（Self－Regulation）是指由市场中的某些群体自发地形成一系列制度的规制形式，包括正式和非正式的规则或标准（Baggot R，1989）。与此类似的概念有“私人规制”（Private－Regulation），是指对于作为对象的私人主体（包括企业、个人或其他组织）依据合同、法律或政府机构授权、委托以及自身使命获得相应 “权力”，从而独立或者参与经济、社会规制现象的总结和理论概括（胡斌，2017），是相对于政府作为公权主体而言与政府规制相对应的概念。鉴于研究的可行性以及与前期研究的继承性，本书将研究范围限定为私人规制中的企业自我规制，至于行业自我规制、消费者参与规制都不属于本书的研究范畴。目前企业自我规制的研究主要包括自我规制的动机、自我规制的方式与手段、自我规制的效应等。

1.3.2.1 自我规制的动机

目前全球治理呈现出两种明显的特征：一是私人主体的作用越来越重要；二是规制的自愿性多于国家的强制性，多为软法而非硬法（高秦伟，2016）。为什么会出现这样的趋势呢？从企业的动机来看，进行自我规制是为了应对政府规制而采取的策略性行为。汉森（2005）认为，一些拥有高潜在服从遵守成本的企业将会通过自我规制行为来传递有关企业显著特征的信号，以此来确保将来政府实施规制时能够得到更加宽容的对待。张小静等（2011）认为企业的自我规制行为能够减少规制者施加的监管压力，减少规制机构的监管范围。

1.3.2.2 自我规制的方式与手段

谭珊颖（2007）认为企业食品安全的自我规制，是指企业自觉遵从强制性法律的规制或采取自愿性的食品安全认证规制的行为。它包括两层含义：一是企业遵照法律法规的要求，通过加强生产的质量检测、控制、监督体系，对食品的安全性进行自主检验和控制；二是企业基于利益的考虑，在自愿的基础上设立或遵照更严格的生产标准和准则，实施自我监控、自我审查和自我纠正。

高秦伟（2016）认为在食品行业，质量标准应该由非政府机构甚至是某个企业为满足自身产品品质需求而制定，主要有自愿性标准、认证和措施。在全球食品链中，私人标准包含食品来源、食品安全、环境污染、社会责任等内容。

1.3.2.3 自我规制的效应

有经济学者通过对美国的肉类行业实施强制性公共规制和自愿性的私人规制的实证研究发现，在企业采取了各种自愿性食品安全规制措施的情况下，政府的强制性公共规制对食品安全水平提升的贡献仅为20%，另外 80%的贡献来自企业的私人规制行为（Michael Ollinger，Danna L．Moore，2008）。国外学者特别强调供应链管理对乳品质量安全的保障作用，建议实施 HACCP 对牧场原奶的生产进行质量控制（J.P.T.M，2005），一些学者以意大利、英国、荷兰为例，验证了 HACCP 对乳品生产者在成本控制和乳品质量感知方面存在好处（Donato Romano，2005）。为了解决上游生产的低效现象，零售商可以使用私人质量标准提高中间产品市场的讨价还价的地位，约束上游生产行为（Vanessa，2012）。针对坦桑尼亚牛奶供应无监管的情况，企业应使用卫生检查表和牛奶取样调查的方法对整个牛奶生产链的质量安全进行管控（Dagmar，2013）。

企业的自我规制不仅有助于保证产品质量，还有助于通过更高的、更为差异化的自我规制来推行自己的品牌战略，通过产品的差别化定位提高企业在市场中的竞争力（宋华琳，2011）。高秦伟（2016）认为食品安全超越了国界，采用跨国私人规制，既可填补政府规制空隙，又可以提升国内自我规制水准。从自我规制的正效应来看，企业自我规制的好处体现为：倚重市场化力量、弥补传统行政不足、更具有经验性以及规制成本与收益成正比（胡斌，2017）。

由此可见，食品安全领域的专业性越来越强，所涉及空间区域越来越广，这一趋势对传统政府规制是重大考验，企业自我规制可以在一定程度上解决政府规制投入资源有限、专业知识匮乏的困境。

1.3.3 关于规制效果评价方法的研究

从现行可查询的文献（国内）来看，我国学者对政府规制进行绩效评价的研究较少，起步较晚（大致始于 2001 年）。通过梳理相关文献，可以看出国内学者研究规制绩效评价的方法主要集中在以下几种：相对比值法、成本收益法、规制绩效的指数分析法、计量线性回归模型和统计测度、数据包络分析法、主成分分析法、灰色系统理论的微分方程〈GM（1，1）〉、层次分析法（AHP）、弹性分析法、引入物元模型的分析法以及压力（P）–状态（S）–反应（R）模型分析法等。

使用相对比值法的有：高阳、陈光建（2001）用相对比值法分析了湖南省医药行业的政府规制绩效，并结合实际情况进行了相应解释；朱琳娜（2013）运用比较分析法、历史的与逻辑的相统一的方法、理论分析与实证分析相结合的分析方法，以规制经济学为理论基础，从进入规制、价格规制和质量规制三个方面对我国自来水行业政府监管进行分析，考察现行监管体制下的规制绩效，并提出相对应的改革路径。

利用成本收益法进行评价分析的有：何立胜、樊慧玲（2005）运用成本收益分析和规制绩效的指数分析方法对我国政府经济性规制总体绩效测度，结果显示，我国政府经济性规制的绩效指数仍然较低；樊慧玲（2008）运用成本收益与规制绩效的指数方法进行政府社会性规制绩效的测度，利于提升政府社会性规制绩效和政府社会性规制变革的理性选择。

利用计量模型进行实证分析的有：于良春、杨淑云和于华阳（2006）

采用线性回归模型，利用我国电力企业层面和行业层面的数据，从发电企业和整个发电产业两个视角检验了“厂网分开”规制改革的绩效，并分析了影响绩效变化的因素；肖兴志、孙阳（2006）以 Cubbin & Stern 计量检验模型为基础，利用 1978—2005 年相关数据对中国电力规制效果进行了全面的实证检验，结果表明，明确的规制框架、独立规制机构和不断成熟的规制对象在统计意义上显著地提高了电力产业总量和效率，降低了价格水平和垄断利润，但在改善服务质量方面尚未发挥有效作用。

利用数据包络分析法进行规制评价的有：初佳颖（2006）主要采用数据包络分析中的 C2R 和 BC2 模型对我国电信产业的规制绩效问题进行分析，并将中国电信产业的特定影响因素纳入对激励规制绩效的研究中，研究结果显示，我国电信产业的激励规制政策并没有显著促进绩效的提升，目前的改革在促进竞争力方面还显得缺乏力度，或者说放松规制的速度太慢；邹颖（2013）选择了我国铁路运输业 1995—2008 年的投入、产出指标构造 DEA 评价的 14 个决策单元，对我国铁路业规制改革绩效进行分析，研究表明，我国铁路业的生产效率低下，验证了来宾斯坦提出的垄断造成生产效率低下的理论；关璐璐（2013）基于 SE－DEA 模型测量中国电力行业环境规制绩效，并通过简单的环境统计数据计算，对中国与美国电力行业的环境规制绩效进行比较分析，并探寻中国电力行业环境规制绩效下降的深层次原因，提出完善中国电力行业环境规制的政策建议；刘洋、张瑞、高艳红（2014）在设计中国环境规制绩效评价体系基础之上，运用非径向超效率 DEA 模型计算了中国的环境规制效率，研究发现，中国环境规制绩效存在区域差异，总体而言东部发达省份优于其他省份，中国区域环境规制效率整体上呈现出两头低、中间高的倒 U 形趋势。

利用主成分分析法进行规制评价的有：樊慧玲、李军超（2010）运用指数分析法和主成分分析法对社会性规制的绩效评估提供了一个分析框架，这也有利于探求适合于中国市场经济体制要求的社会性规制模式，提高社会性规制效率，实现社会性规制的合理预期；徐鸣哲、陈德昆（2014）运用主成分分析法，对相关消费者信任度改善的主成分方差贡献率进行因子载荷矩阵分析，在此基础上构建政府规制机构与不同规模食品生产企业的博弈模型，以此来探寻不同规模企业都生产不安全食品的内在原因。

利用灰色系统理论的微分方程、物元分析模式以及 PSR 模型分析法进行规制效果评价的有：王晓兵（2011）利用 GM（1，1）模型（即灰色系统理论的微分方程）、层次分析和弹性分析等工具分析我国环境规制绩效问题，在此基础上进一步分析我国环境规制绩效水平低下的原因，提出提高我国环境规制绩效的政策建议；周业旺（2012）将物元分析模式引入城市公共交通成本规制绩效评价体系中，并建立相关评价模型，通过计算指标的关联度确定评价系统等级。

利用环境库兹涅茨曲线（EKC）、广义最小二乘法（GLS）、层次分析法进行分析的有：李莹（2013）基于 EKC 实证分析环境规制绩效，得出结论，EKC 中环境污染水平随经济发展下降并不能自我实现，环境与经济增长的双赢需要一定的政策规制；万建香（2013）为验证波特假说（波特假说认为环境规制给产业造成的负担能够通过技术创新加以弥补，从而提高产业绩效的存在性），通过 2002—2008 年江西省重点调查行业面板数据，采用广义最小二乘法，以环境政策的经济绩效、环境绩效为被解释变量，以环境政策为解释变量展开研究，考察环境政策规制的产业竞争能力、创新能力和环保能力绩效，实证表明，市场型污染排放征税政策满足波特假说，而行政命令型环境治理建设项目“三同时”政策不满足波特假说；郭学静、陈海玉、刘庚常（2014）运用层次分析法构建了农民工劳动关系政府规制的关键绩效指标层次结构模型，该模型体现了“保护农民工的合法劳动权益，促进农民工劳动关系和谐健康发展”的战略导向，能督促各级政府部门将工作重点集中于对实现战略目标具有重大驱动力的要项，促进战略目标的达成。

利用定性分析法进行规制评价的有：刘洋（2014）运用定性分析法从我国环境规制体制的机构设置、制度框架和规制工具三方面对我国现行的环境规制体制进行研究，发现我国目前已形成了以三大环境政策为指导的新老制度相结合的初具规模的环境规制体制；然后在设计我国环境规制绩效评价体系基础之上，运用非径向超效率 DEA 模型计算了我国的环境规制效率，研究发现我国省际环境规制效率存在较大差异，但区域环境规制效率在整体上呈现出收敛趋势；并且通过对环境规制效率和经济增长耦合度和耦合协调度的测量，发现我国环境规制效率和经济增长耦合度总体处于颉颃时期，但由于各区域经济发展水平和环境规制效率的高低不同，其处于颉颃时期的原因也有所差异，环境规制和经济增长关系也不相同。

总结以上学者对各个行业的政府规制效果进行的研究，其中采用计量分析方法的居多。在不同行业采取不同的规制效果评价时所采用的规制指标也大不相同，很多方法都是值得借鉴的，但是部分指标的选取存在主观性太强以及变量的选取不够精准的不足之处。所以，在本书的研究中将根据乳品安全规制体系的特点以及我国乳品安全规制体系的发展，借鉴已有文献，选择适用的规制效果评价方法。

1.4 本书的基本框架和内容安排

1.4.1 研究内容

食品安全问题一直是国内外学者共同关注的热点问题，而乳品作为食品的一种，其安全规制更是涉及乳业全产业链。本书试图从安全规制的理论与实践出发，从国家和内蒙古自治区两个层面对我国乳品安全规制的现状、发展趋势及效果进行理论研究和实证分析，并对国内外的乳品安全规制体系与实践进行比较分析与归纳总结。全书分四个部分：第一部分包括第 1 章～第 5 章，主要对我国乳品安全规制进行理论研究和实证分析；第二部分包括第 6 章～第 9 章，主要对内蒙古乳品安全规制进行理论研究和实证分析；第三部分为比较分析篇，包括第 10 章～第 12 章，主要对国内外乳品安全规制进行比较研究；第四部分为政策措施篇，对提升我国乳品安全规制水平提出一些建议。具体的章节安排如下：

第 1 章绪论部分主要介绍乳品安全规制的研究背景、研究意义、国内外研究现状、研究内容及本书的研究创新点。

第 2 章界定了乳制品的基本概念和乳品安全规制涉及的基本内涵，并从规制经济、食品安全、乳品安全规制的成因三个方面进行阐述。

第 3 章从产业规模、经济效益、产业的投入产出情况、乳业发展的支撑要素以及市场结构对我国乳业发展全貌进行详细阐述。

第 4 章回顾我国乳品安全规制体系的演变，总结了各个发展阶段的特点，并且从规制主体、规制客体、规制工具、规制目标四个方面阐述我国乳品安全规制体系的构成，分析目前乳品安全规制存在的问题。

第 5 章分析评价我国乳品安全政府规制的效果，包括实证模型的设置、变量的选取及数据说明、研究假设及模型分析以及评价结果。

第 6 章从奶业产量、奶畜养殖、乳品生产与加工等方面介绍内蒙古乳业的发展状况。

第 7 章从乳品安全规制政策、规制机构和规制措施三方面分析内蒙古乳品安全政府规制现状。

第 8 章从宏观管理、法治管理、监督管理三个方面建立评价指标体系，对内蒙古乳品安全政府规制的有效性进行全面评价。

第9章首先对内蒙古乳业标杆企业的乳品安全自我规制实践进行介绍，继而运用因子分析法对伊利、蒙牛等企业自我规制的经济效益进行评价。

第 10 章采用 OECD 衡量农业支持水平的指标体系，比较分析我国政府与发达国家对乳业的政策支持水平。

第 11 章对国内外乳品安全规制体系进行比较分析，并对相关经验进行总结。

第 12 章从政策法律和财政补贴两个方面总结我国政府对乳业实施激励性规制的主要概况，并对美国、日本以及欧盟在乳业发展过程中实施的主要激励性规制措施进行介绍。

第 13 章从规制目标、规制主体、规制客体、规制工具四个方面就如何提升我国乳品安全规制水平提出具有针对性的政策建议。

全书的结构框架如图 1 – 1 所示。

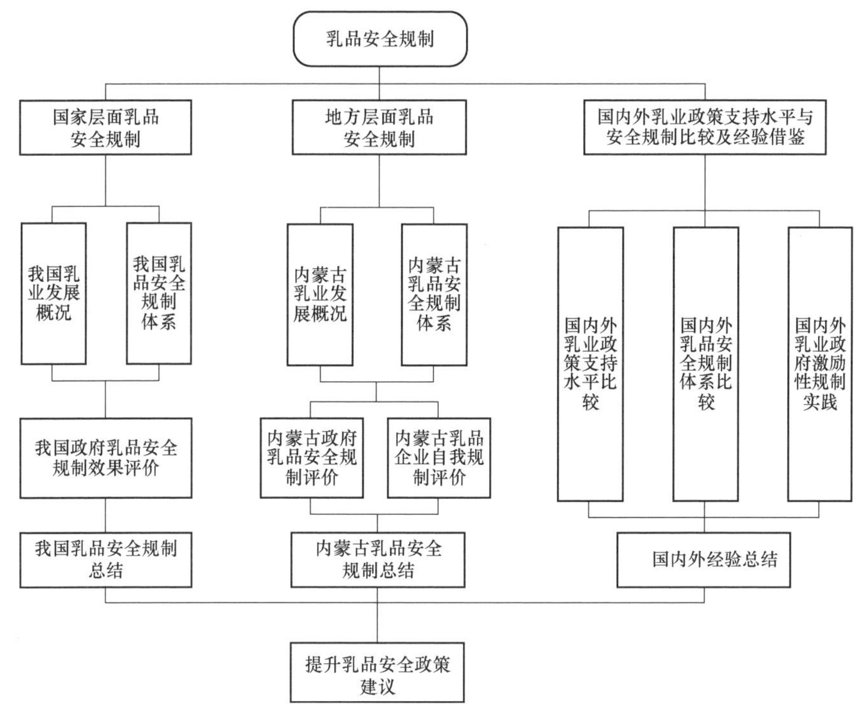

图 1－1　研究思路与框架

1.4.2　研究方法

（1）文献分析法

作者对国内外关于乳品安全与规制理论的相关文献进行查阅和系统的梳理之后发现，已有的政府规制研究大多是对电力行业、煤矿安全以及食品安全的研究，专门对乳品行业安全规制的系统研究较少。在文献梳理的过程中发现食品安全规制的最新趋势是协同治理视角下的多元规制，这为本书以及未来的深入研究开启了新的视角。

（2）统计分析法

本书通过对《中国奶业年鉴》、《中国食品工业年鉴》、中国奶业统计资料等有关乳业数据的分类整理，运用产业经济学、规制经济学等相关理论对我国乳业和内蒙古乳业发展的现状进行全面分析，从而总结归纳乳业发展存在的问题。

（3）比较分析法

本书采用比较分析法从时间和空间两个维度对国内外乳品安全体系、规制实践、规制演变阶段进行横向和纵向的比较分析，通过国际比较、国内比较，为本书的政策建议部分提供支撑。

（4）计量分析法

计量分析法在产业经济学研究中也被广泛应用，它能够揭示不同要素之间的数量关联，从而验证相关理论在实证层次上的有效性。本书运用相关计量模型对乳业安全规制效果、政府规制与市场结构关系、乳品企业经济效益评价等方面进行了实证分析，并基于分析结果提出了相关建议。

1.5 研究创新

1. 演化视角下的乳品安全范畴拓展

乳业生产规模扩大、市场需求层次提升、食品技术日益复杂、乳业链条不断延伸、相关利益体增多、地方经济支撑作用加大、乳品进口激增等因素造成乳品安全已经突破了旧的概念与内涵，其范畴已经演化为包括质量安全、产业安全、公共安全在内的三个层面的安全供给与需求，这与一些学者只关注企业生产的乳品质量安全或侧重政府监管的公共安全有显著的区别。这个范畴的扩展意味着政府安全规制的难度加大，既要约束企业提供质量安全的乳品，又要防范国际竞争导致国内乳业供给的产业安全问题，更要警惕乳品安全事件引发社会问题等。因此，本书在研究安全规制措施时考虑了以上视角，试图多方位考察我国乳品安全规制的现状，从而能够基于管理创新提出相关的政策建议。

2. 区域特色优势产业支撑下的企业自我规制

乳业一直是内蒙古的优势特色产业，伊利、蒙牛也是这一产业的龙头企业，2018 年已发展成中国乳业前两强和世界乳业第 9 与第 10 强企业。国外已有的研究表明，企业规模越大，企业自我规制的自愿性越强。但是由于我国乳品安全事件频发，企业的自我规制行为并不被消费者熟悉或认可。本书对伊利、蒙牛的自我规制实践进行了介绍，为其他乳品企业实施高质量乳品安全自我规制树立了标杆。

3. 强制性政府规制的效果评价

目前国内学者对乳品安全规制研究采用定性方法的居多，本书运用向量自回归模型（简称 VAR 模型）将规制力度量化，对乳品安全的强制规制从规制立法、规章制度、安全标准体系三个方面的规制影响效果进行评价，为提升规制水平的政策建议奠定实证基础。

4. 政府治理职能转变下的激励性规制

我国以强制行政性规制手段为主的乳品安全治理机制与日益复杂多样的乳品安全风险因素之间的矛盾迫使政府需要借助私人规制的力量来解决自身规制资源有限（受食品安全专业知识技能、规制人员配备、管理能力等政府有限理性影响）的现实问题。本书从协同治理的视角，运用规制理论、公共治理等理论和方法对国内外政府激励性规制的主要实践进行了研究，为其他食品安全规制提供可行的借鉴路径。

第 2 章　乳品安全规制的理论基础

2.1　基本概念

2.1.1　乳制品的相关界定

从产品形态来看，我国乳制品包括液体乳和干乳制品，且长期以来消费以液体乳为主。液体乳按原料成分主要有：全脂乳、脱脂乳、复原乳、调制乳、发酵乳；按杀菌程度分为：杀菌乳、灭菌乳。液体乳也被称为液体奶，有狭义和广义之分。狭义的指巴氏杀菌乳、超高温灭菌乳和发酵乳（即酸奶），这是国际奶业协会的定义；广义的则还包括调制乳以及含乳饮料等，我国统计数据方面采用广义这个范畴。

《乳制品工业产业政策（2009 修订）》对乳制品进行了解释，乳制品是以生鲜牛（羊）乳及其制品为主要原料，经加工制成的产品。包括：液体乳类（杀菌乳、灭菌乳、酸牛乳、配方乳）；乳粉类（全脂乳粉、脱脂乳粉、全脂加糖乳粉和调味乳粉、婴幼儿配方乳粉、其他配方乳粉）；炼乳类（全脂淡炼乳、全脂加糖炼乳、调味/调制炼乳、配方炼乳）；乳脂肪类（稀奶油、奶油、无水奶油）；干酪类（原干酪、再制干酪）；其他乳制品类（乳清、乳清粉、乳糖、干酪素、浓缩乳清蛋白等)。地方特色乳制品有：牦牛乳、马乳、驴乳、骆驼乳、奶皮子、奶豆腐、乳饼。

2.1.2 乳品安全的相关概念

乳品安全属于食品安全的一种，其概念不断演进，从产生到现在大体经过这样的变化：从早期的数量安全（即满足食品需求的温饱要求）到 1992 年国际营养大会明确的“安全和富有营养”的限定，食品安全被定义为“在任何时候人人都可以获得安全的富有营养的食物，以维持一种健康、活跃的生活的局面”。

由于现代乳制品种类繁杂，食品生产与加工技术越来越发达，所涉及的乳品供应链因而不断延伸。乳品安全因此从产品质量安全扩展到供应链安全。当我们食用的乳品形式是生鲜乳（Raw Milk）的时候，其安全风险相对简单。随着乳制品生产工艺复杂性的提升，危害消费者的乳品安全因素就不仅仅是微生物生长和繁衍导致的“鲜奶不鲜”这类问题了，更危险的可能是不可逆的化学性污染，如农药和兽药残留、天然毒素、环境污染物、食品不当添加及其他化学污染等。因此，乳品安全危害从食品安全属性来看，就有可能是生物性、化学性、物理性原因导致，涉及的环节有养殖、生产加工及运输过程等。具体而言，乳品安全风险的来源如表 2－1 所示。

表 2－1 乳品安全属性的具体表现及来源

<table>
<tr><th colspan="2">安全属性</th><th>乳品中主要表现</th><th>来源</th><th>供应链节点</th></tr>
<tr><td rowspan="3">生物性因素</td><td rowspan="3">食源性病原体</td><td rowspan="3">致病菌：以肠杆菌科的细菌为主；
其他微生物：使乳品变质或阻碍制备的细菌</td><td>挤奶、存储</td><td>养殖牧场</td></tr>
<tr><td>运输</td><td>运输环节</td></tr>
<tr><td>加工</td><td>生产加工企业</td></tr>
<tr><td rowspan="3">化学性因素</td><td>农药残留</td><td>杀虫剂、除草剂、肥料</td><td>原料乳</td><td>养殖牧场</td></tr>
<tr><td>兽药残留</td><td>抗生素、生长激素、杀真菌剂</td><td>原料乳</td><td>养殖牧场</td></tr>
<tr><td>天然毒素</td><td>真菌毒素、细菌毒素、其他天然毒素</td><td>原料乳、饲料</td><td>养殖牧场</td></tr>
</table>

续表

<table>
<tr><th colspan="3">安全属性</th><th>乳品中主要表现</th><th>来源</th><th>供应链节点</th></tr>
<tr><td rowspan="2">化学性因素</td><td rowspan="2">环境污染物</td><td>重金属</td><td>铅、砷、汞、铬、镉等</td><td rowspan="2">养殖水体、土壤、大气污染（自然背景+人类活动）</td><td rowspan="2">养殖牧场</td></tr>
<tr><td>持久性有机污染物</td><td>多氯联苯、多溴联苯醚、二噁英等</td></tr>
<tr><td colspan="2" rowspan="4">化学性因素</td><td rowspan="2">食品添加剂</td><td rowspan="2">不当使用食品添加剂、违禁添加化学物质</td><td>原料乳</td><td>养殖牧场</td></tr>
<tr><td>加工环节</td><td>生产加工企业</td></tr>
<tr><td rowspan="2">其他化学污染</td><td rowspan="2">润滑油、清洁剂、消毒剂、油漆、荧光增白剂（包括工具、用具的污染物）</td><td>加工、存储</td><td>生产加工企业</td></tr>
<tr><td>运输</td><td>运输环节</td></tr>
<tr><td colspan="2" rowspan="3">物理性因素</td><td colspan="2" rowspan="3">不正常、有潜在危险的外来物</td><td>牧场：石头、金属、木屑、泥等</td><td>养殖牧场</td></tr>
<tr><td>运输：昆虫、泥、金属等</td><td>运输环节</td></tr>
<tr><td>加工：玻璃、木屑、金属、包装材料异物等</td><td>生产加工企业</td></tr>
</table>

资料来源：根据《乳品安全》（化学工业出版社，2016：28－33）相关内容绘制。

近年来，我国乳品进口增长过快，尤其是奶粉的大量进口抢占国内乳品市场份额，使国内乳品企业面临巨大挑战。从市场竞争这个角度来看，乳品安全已经需要关注我国乳业的产业安全问题了。

现代社会正在经历着从“工业社会”到“风险社会”的转变，食品安全的技术性风险引发的不仅仅是简单的食品安全突发事件，更有可能会产生不可预知的社会风险。就乳品而言，乳品的生产技术、主要成分、涉及的产业链主体日益复杂，使得乳品安全的风险因素已经不仅仅考虑生产因素、技术风险因素，还需要考虑消费者健康安全、环境安全、社会安全等公共安全因素。我国乳业在快速扩张过程中，乳品安全事件频发，尤其是“三聚氰胺”事件对我国乳业发展造成了巨大影响，乳品的公共安全被提到一个前所未有的高度。为了整顿乳业秩序，振兴乳业发展，保障公共安全，2008 年以后我国出台了一系列法律，以及行政、经济方面的政策与措施，并对食品安全的管理机构进行了改革，以期提高安全规制水平。

综上所述，笔者认为乳品安全目前形成了以下几个层面的安全范畴：从数量安全演化到质量安全；从产品层次的质量安全演化到产业层面的供应链安全（生产性安全）与政府公共管理层面的公共安全；从国内的安全供给到关注国际竞争带来的产业安全问题；而公共安全层面，从关注健康危害的消费性安全到生态环境变化、社会系统风险加大引发的环境安全、社会安全。乳品安全范畴如图 2－1 所示。

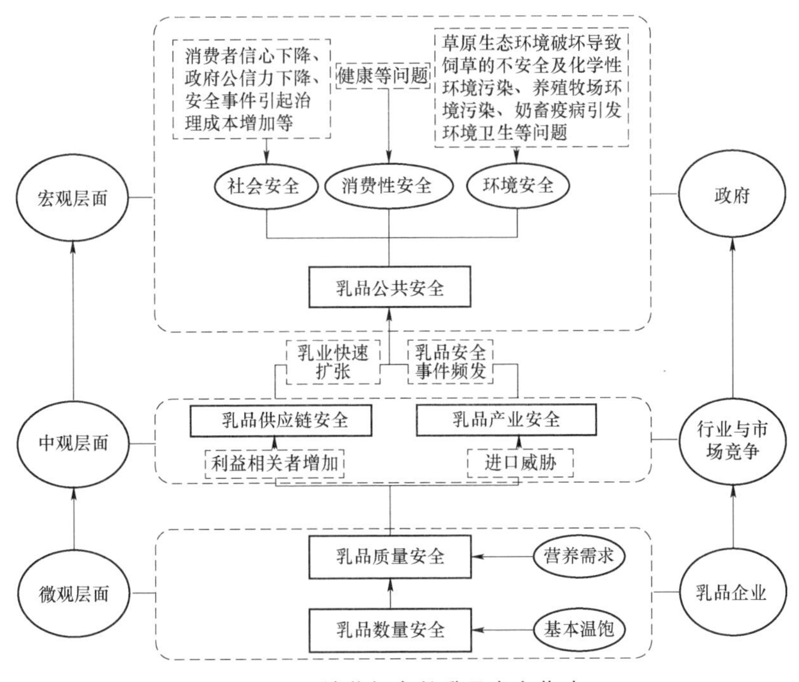

图 2－1　演化视角的乳品安全范畴

2.1.3　乳品安全规制的相关概念

2.1.3.1　政府规制

（1）政府规制的概念与主体

政府规制同义于政府监管、政府管制，含义即政府以及政府直属部门运用权力，通过制定一系列的规则和制度限制组织及个人的行为。而政府规制根据规制内容的不同又分为经济性规制和社会性规制两类。经济性规制规定的是市场进入和退出机制、商品价格、服务质量等，旨在维护行业以及经济社会的秩序；而社会性规制主要规定的是某些产品、服务以及相关活动的制度和规则，旨在保障国民生命财产、健康以及提高社会福利水平。食品安全不仅包含食品卫生和质量的合格、食品营养成分，还包含食品在生产、加工、流通等环节的安全，直接影响着消费者的生命健康，所以政府部门对于食品安全的规制属于社会性规制。乳品安全规制也同样属于社会性规制，法律法规的健全程度、规制结构职能安排的合理性、质量监督检查机构的检查标准以及食品安全规制绩效的评价机制都是影响乳品安全规制效果的重要因素。

政府规制作为一个新的概念，对其如何进行定义，不同的学者存在争议。日本经济学家植草益做出以下定义：规制是一种限制行为，其限制对象为个人和构成经济主体的活动。美国法学家塞尔兹尼克做出以下定义：规制是一种控制，由公共机构实施，控制对象为共同体认为的重要活动。我国学者马英娟教授做出以下定义：规制是以规则为依据，对市场及相应的经济活动进行的干预和控制。虽然不同的学者对政府规制的定义不同，但是共同点在于他们都强调政府的干预，强调政府在经济活动中的作用。

目前，我国政府规制的主体按其在法治管理中的地位分为立法监督部门和行政执法部门。立法监督部门包括全国人大常委会和国务院，行政执法部门包括国家卫生健康委员会、国家质检总局、国家市场监督管理总局、农业农村部等。

（2）政府规制的原因与目标

政府规制的原因主要包括两个方面：一是食品安全的外部性，二是信息不对称。对政府规制产生影响的外部性问题主要是负外部性，是生产、销售不安全食品的厂商对消费者和生产、销售安全食品的厂商产生的负外部性。在食品行业中，由于潜在的危害不能通过肉眼直接观察到，只能凭借以往的经验来判断，导致出现较高的失误率，这种存在于食品行业的信息不对称现象，会侵害消费者的利益。为保护消费者合法权益，维护市场稳定的秩序，需要政府加强管理，因此，政府规制应运而生。

政府规制的目标不仅包括经济性目标，也包括社会性目标。经济性目标主要是使安全规制失灵现象得到有效控制，维护市场的经济秩序。社会性目标是保障消费者的生命安全以及合法权益，避免乳品安全事故的发生。

我国的食品质量安全监管体制按时间划分，经历了两个阶段：管理职能和监督职能分离的阶段与管理职能和监督职能合一的阶段。在管理职能和监督职能分离的阶段，实行管理职能的是企业行政管理部门，实行监督职能的是卫生部门。在管理职能和监督职能合一的阶段，按照监管部门主体的职责，分为三个阶段，分别为：食品质量安全单部门监管、多部门监管和两部门监管。食品质量安全单部门监管阶段的监管部门是卫生行政部门，对食品质量安全实行统一监管。食品质量安全多部门监管机构包括卫生部门、质监部门、农业部门、工商部门，对食品的供应链全过程进行监管，形成多部门分段式管理体制。食品质量安全管理两部门监管指农业行政部门和食药部门，两部门监管是对多部门监管的整合，解决多部门机构重叠、职责划分不清等问题，实现统一监管职能。

（3）政府规制的内容与工具

按照规制的内容来划分，政府规制包括经济性规制和社会性规制。经济性规制是针对经济领域进行的规制，涉及的行业有保险业、电信业、银行业、证券业等。社会性规制是针对社会性领域进行的规制，是为了保障劳动者和消费者的安全、健康、卫生、环境等，涉及的行业有食品行业、医疗卫生行业、环境保护。

解决乳品行业中的信息不对称和负外部性最重要的手段就是政府规制措施，政府可以通过完善规制体系、加强乳品知识的普及、提高受害消费者维权速度等方式降低乳品安全事故的发生概率，有效地解决规制失灵导致的问题。乳品安全规制的效果直接关系着乳品消费者的生命安全以及乳品行业的发展程度，良好的规制氛围和合理有效的规制工具是解决乳品安全问题的必然途径。

政府规制运用的工具包括行政法律性规制工具与经济性规制工具。行政法律性规制工具包括法律性规制工具与行政性规制工具。法律性规制工具涉及立法、执法、司法以及守法；行政性规制工具涉及市场准入制度、安全预警及危机处理机制、风险评估评价机制、检验检测机制、召回制度等；经济性规制工具涉及市场价格调节、信誉评估、产权界定、消费者购买指数等。

（4）政府规制的多重分类

规制具有经济学和法学两个方面的含义。从法学的视角来看，政府规制的法律有基本法、普通法、行政法规和地方性法律与法规。

食品安全规制已经由经济学逐渐扩展到行政学、法学等更为广阔的领域。涉及乳品安全的基本法有《农产品质量安全法》《食品安全法》。我国的食品安全规制体系可分为两类：一是强制的食品安全规制体系，二是自愿的食品安全规制体系。从规制主体来看可分为公共规制和私人规制，前者以政府为主体，后者以企业、行业协会等为主体。传统政府规制以命令与控制型规制为主，近年来出于协同治理的思考，激励性规制、合作规制、私人规制日益被各界所关注。

政府规制又可分为权力性强制性规制和非权力性规制。权力性强制性规制包括依据法律施行的直接规制（比如确定刑罚）、依据行政权进行规制、（将规制的具体运用委托给行政机关）、对私法事项设置强制性义务；非权力性规制，包括国家以非权力性和私法手段介入经济、非权力性行政指导（王首杰，2017）。

2.1.3.2　激励性规制

（1）激励性规制的定义

关于激励性规制的定义不尽相同，常见的有以下几种：

日本学者植草益认为：激励性规制是规制者在保持原有规制结构的条件下，给予被规制企业一些竞争压力和提高生产或经营效率的动力，以激励被规制企业提高其内部效率。

美国学者沃格尔桑（Vogelsang）认为：激励性规制就是规制者给予被规制企业一定程度上的价格自主决策权，使被规制企业能够通过成本节约而获得利润的增长。对于规制者来说，其控制更多的是被规制企业的产出结果，而非被规制企业的行为。规制者能够借助被规制企业的信息优势以及利用被规制企业的获利动机，从而达到规制的目标。

乔斯科（Joskow）和施马兰西（Schmalensess）认为：激励性规制实际上是一种规制者和被规制者之间的激励性契约，可以将其理解为以激励为基础的任何形式的规制合约，只要被规制者的价格结构部分或完全与其报告的成本结构无关。

（2）激励性规制的实施方式

激励性规制理论发展至今，其理论的内涵和边界在逐渐拓宽，本文对现存的激励性规制的实施方式进行了梳理、概括和总结，就激励性规制的实施方式倾向强调的内容来看，其主要围绕三大主题展开：倾向于规制被规制者行为，倾向于规制者和被规制者双方关系，倾向于激励消费者（见图 2-2）。在此，就每个主题下的具体实施方式简述如下。

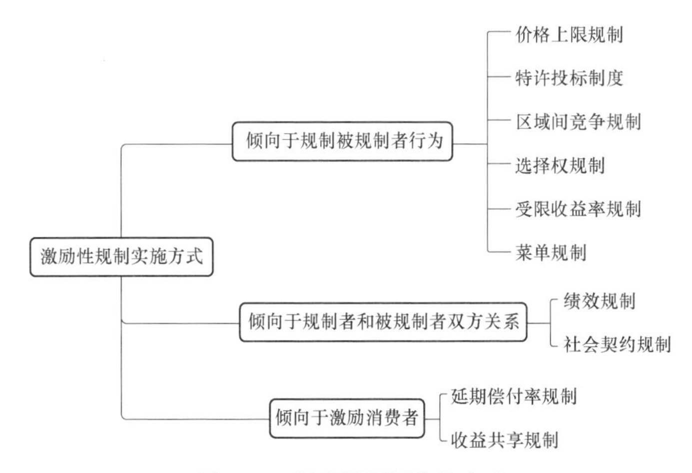

图 2-2　激励性规制实施方式

1）价格上限规制（Price Caps Regulation）

价格上限规制的确定原则是规制被规制行业提供的相应产品或服务的价格上涨幅度不能超过相应的通货膨胀率（RPI）。在诸多价格上限规制实施方式中 RPI-X 方案影响最广泛。

2）特许投标制度（Franchise Bidding Regulation）

特许投标制度核心内容是在政府规制的实施中引入一种竞争机制——通过拍卖相关产业或业务领域中产品或服务经营权的形式，让市场中众多被规制企业竞争获得该产业或业务领域中的独家经营权，从而让众多参与竞标的被规制企业在投标阶段对产品或服务的质量、最佳价格形成较为充分的竞争，最后给予报价最低的被规制企业相应产业或业务领域中的特许经营权。

3）区域间竞争规制（Yardstick Competition Regulation）

区域间竞争规制也称标杆竞争或标尺竞争。该规制实施方式的主要内容是，某个区域的规制者参照其他区域中垄断企业的相关生产成本，制定本区域相应垄断企业提供的价格或服务水准。作为参考的垄断企业需要满足的条件是独立于本地区被规制的垄断企业，且与本地区被规制的垄断企业在生产技术以及面临的需求方面具有一定的相似性。规制者采取该规制实施方式的目的是刺激本区域垄断企业提高内部效率，降低成本，改善提供的产品或服务。

4）选择权规制（Options）

该规制实施的思路是要求被规制企业在不同的激励规制方案中进行选择，这些可供选择的方案通常由价格上限规制和收益共享规制组合构成。该规制期望实现规制者在不能预先了解被规制企业状况的条件下制定的激励机制更适合于被规制企业的特定状况。

5）受限收益率规制（Banded Rate of Return Regulation）

受限收益率规制也称联合回报率规制，实施思路是允许被规制企业在一个事先规定的上下限内保留超额利润或利润亏空。只有当被规制企业收益率超出了事先规定的上下限范围时，才会触发费率的调整以使企业收益率重新回到上下限范围之内。

6）菜单规制（Menus Regulation）

菜单规制是一种综合性规制方式，实施思路是将多种规制方案组合成一个菜单，以供被规制企业选择。一般情况下，“菜单”包括价格上限规制和收益共享规制。这一规制方法的目的是使制定的规制机制更适合于被规制企业的具体情况。

7）绩效规制（Performance－Based Regulation，PBR）

绩效规制方式是以评定被规制企业的绩效为基础，进而由规制者决定采用何种规制的一种方式。该规制方式操作的基本思路是，规制者与被规制企业之间制定“分享”计划：规制者预先设定一种基本的回报率，被规制企业在运营的结果超过回报率时，超额利润将与消费者共同分享。这样，被规制企业运营的超额利润可以较为容易地被规制者观察确定，而且还能激发被规制企业提高效率，同时也降低了信息外生变量对规制双方的决策影响。另外，以被规制企业的绩效为规制基础能调节因地理差异而导致的不足。

8）社会契约规制（Social Contract Regulation）

社会契约规制又称成本合同规制或成本调整契约。该规制方式的主要内容是，规制者与被规制企业就某种规制内容订立相应合同，并将被规制企业的产品价格、运行成本等作为被规制的主要指标，对其做出相应约定，进而规制者根据被规制企业在实际中执行约定的情况，对被规制企业进行相应的奖励和惩罚。此种规制方式的目的是鼓励被规制企业降低成本、保护环境和提高服务水平。

9）延期偿付率规制（Rate Moratoria Regulation）

延期偿付率规制是一种倾向于相信消费者、给予消费者更多选择权的实施方式。该规制的主要内容是让被规制企业允许消费者先行消费相关的商品或服务，然后在约定的相应时期后再付给被规制企业相应费用。此种激励性规制对消费者具有较强的激励作用，受消费者欢迎，但可能导致被规制企业承担通货膨胀的风险。

10）收益共享规制（Profit Sharing Regulation）

收益共享规制的主要内容是规制者允许消费者直接参与被规制企业的超额利润或利润亏空的分配。该规制实施方式强调公平，并具备较好的激励效率，主要包括购买后退款（事后偿还）或为消费者未来购买产品或服务时提供价格折扣，主要目的是让消费者直接参与超额利润的分享。

2.2　食品安全的规制理论

乳制品属食品类，其安全规制与食品安全规制一样，同属社会性规制的范畴。在相关研究的基础上，乳制品安全规制可以被定义为政府依照法律授权，通过制定规章制度、设定许可审批、制定乳制品安全标准等路径，对乳制品原材料及乳制品的生产、加工、流通、销售等环节的企业和个体的行为进行控制。

乳品安全规制是以保障劳动者和消费者的安全、健康、卫生和防止公害、保护环境、确保社会福利为目的所进行的政府干预，其本质在于以增进社会福利为目的，为消费者提供安全、放心的乳制品，保护消费者利益，维护公共健康和安全。

2.2.1 规制经济理论

规制经济学是20世纪70年代以来逐步发展并在实证领域起重要作用的一门学科，它主要研究在市场经济体制下政府或社会公共机构如何依据一定的规则对市场微观经济体进行社会或经济干预管理，具体指规制机构以自然垄断规制和市场进退规制为主要手段，对企业的进入、退出、产品的价格、服务的质量等方面进行干预。

规制经济理论的发展经历了公共利益规制理论、规制俘虏理论、新规制经济理论、激励性规制理论等。

（1）公共利益规制理论

公共利益规制理论是规制理论的最初理由，在规制理论领域居于正统地位。该理论认为，规制发生的原因是存在着市场失灵，涉及自然垄断、外部性、信息不对称等，在这些情况下，政府对市场规制具有经济学上的合理性。它是一种实证理论的规范分析（A Normative Analysis as a Positive Theory）（理查德·波斯纳，1974）。该理论把政府对市场的规制看成政府对公共利益和公共需要的反应，它包含着这样一个理论假设，即市场是脆弱的，如果放任自流，就会导致不公正或低效率。所以政府规制是源于公共利益出发而制定的规则，目的是防止和控制被规制企业对价格进行垄断或者对消费者滥用权力，并假定在这一过程中，政府可以代表公众对市场做出无成本的、有效的计算，使市场规制过程符合帕累托最优原则。维斯库斯（1992）提出自然垄断的永久性理论和短暂性理论，认为应当动态地对待自然垄断产业的规制。

但是公共利益规制理论还存在许多缺陷：第一，公共利益规制理论规范分析的前提是对潜在社会净福利的追求，然而却没有说明对社会净福利的追求是怎样进行的（Viscusi，Vernon，Harring，1995）；第二，规制并不必然与外部经济或外部不经济的出现或与垄断市场结构有关（波斯纳，1974）；第三，斯蒂格勒和福瑞兰德（1962）的研究表明，规制仅有微小的导致价格下降的效应。

（2）规制俘获理论

该理论认为利益集团在公共政策形成中发挥重要作用，规制的供给是应产业对规制的需求（立法者被产业俘获），或者随着时间的推移规制者逐渐被产业控制（规制者被产业俘获）。它是由芝加哥学派的经济学家们发起的（Stigler，1971；Peltzman，1976；Posner，1979；Becker，1985）。他们认为：政府的基础性资源是强制权，它能使社会福利在不同人之间进行转移；规制的参与双方都是理性的，通过选择行为来实现自身利益最大化。规制的供给与利益集团收入最大化的要求相适应，通过规制，利益集团可增加其收入。斯蒂格勒（Stigler，1971）的经典论文《经济规制论》首次运用经济学的方法分析规制的产生，将规制看成经济系统的一个内生变量，由规制的需求和供给联合决定。

佩尔兹曼（Peltzman，1976）进一步完善了斯蒂格勒的理论，他证明了最优规制价格处于利润为零时的竞争性价格与产业利润最大化的垄断价格之间。立法者、规制者不会将价格定为使产业利润最大化得以实现的价格。最有可能被规制的产业是那些或具有相对竞争性或具有相对垄断性的产业。在竞争性产业中生产者将从规制中大量获益，而在垄断性产业中消费者将从规制中获益。

规制俘获理论完全超越了公共利益规制理论的公共利益范式，将经济人假设引入对政治家的分析中，将规制置于供求分析的框架下，更贴近现实，也具有很强的解释力。

（3）新规制经济理论

麦克切斯尼（McChesney，1987；1997）在对规制经济理论进行批判的基础上构建他的抽租模型，即新规制经济理论。他认为，规制者利用规制手段保持被规制企业的垄断地位的目的在于设立一个租金，以便让被规制企业来夺取这个租金，通过这种方式，规制者希望从被规制企业那里得到不同形式的回报。由此可见，规制为规制者创造了寻租的场所，其实质就是创造租金和分享租金的工具。

拉丰、泰勒尔以信息不对称及其框架下的委托——代理理论作为分析前提，正式将新规制经济理论融入主流规制经济学中。该理论主要有两点突破：一是引进信息不对称，建立起规制的委托——代理分析框架；二是改变了传统规制理论只注重需求方，而将供给方作为“黑箱”处理的缺陷。他们认为，对规制收买的正确分析必须靠信息的不对称，倘若不存在信息不对称，被规制企业不可能抽取租金，因而也没有影响规制的激励。在拉丰、泰勒尔看来规制经济学研究的重点不应批判是否存在规制俘获的威胁，而是如何针对规制俘获设计一套相应的规制机制，以减少或避免规制者被规制企业俘获的可能。

（4）激励性规制经济理论

激励性规制理论属于规制经济学分支，其理论产生于20世纪70年代末，其实践最早产生于20世纪80年代的英国，随后在美国等西方国家得到了更为广泛的应用。80年代中期开始，规制经济学在委托–代理理论、机制设计理论（Mechanism Design Theory）和引入信息经济学（Information Economics）等方面取得了明显进展，90年代，将激励理论和博弈论应用于激励规制理论分析后，规制经济学达到一个新的理论高峰。

激励性规制理论是在相关理论发展和实践检验的影响下发展起来的。从理论来看，激励性规制理论的基础源自管理学和经济学两个主要方面，是管理学与经济学的一种良好结合。具体来说，激励性规制理论是委托–代理理论、激励理论、博弈论等多种理论与规制经济学融合的结果。

从实践来看，激励性规制经济理论的产生有两点主要原因：一是传统的规制理论没有将信息不对称纳入理论研究和具体实践中，导致所设计的规制方案在实践中缺乏期望的效率，且容易引发诸如道德风险、寻租、逆向选择等问题；二是20世纪70年代末以来，由于传统规制理论在实践中的种种缺陷而遭到诸多质疑，从而导致放松规制运动，这就需要对规制理论进行改革与创新，期待更有效率的，同时对政府和企业有利的新型规制理论及方案产生。

从规制理论的发展历程来看，可以将激励性规制理论的演进脉络分为两个大的方向：公共利益范式下的激励性规制理论、利益集团范式下的规制理论，如图2–3所示。

1）勒布（Loeb）和马加特（Magat）的L–M方案

1979年，勒布和马加特在对自由市场经济、政府规制理论及行为效果深入研究的基础上，开创了激励性规制理论的先河。最为值得说明的是，两人首先将信息不对称因素引入规制理论的研究之中，给后来研究者提供一个新的研究思路，并将规制过程看作一种委托–代理问题，提出激励性契约模型，简称L–M方案。

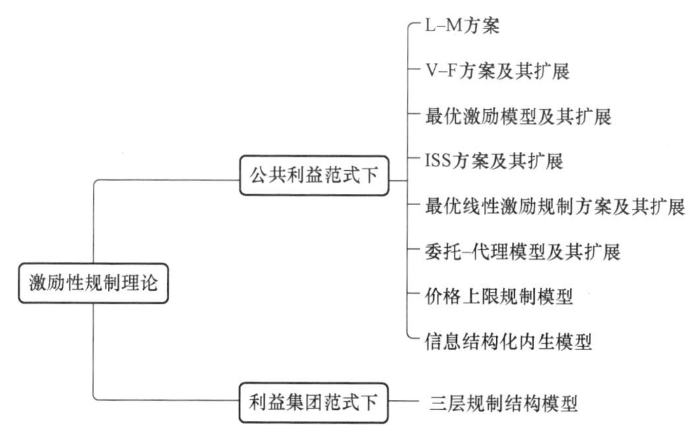

图 2-3 激励性规制理论发展分类脉络

2）沃格尔桑（Vogelsang）和芬西格（Finsinger）的 V-F 方案及其扩展

在 L-M 方案提出的同一年，沃格尔桑和芬西格提出最优规制激励机制，简称 V-F 方案。该方案是对 L-M 方案的完善和补充，产生的假设条件是规制者不能掌握被规制企业的成本、需求信息，且对被规制企业也不能提供补贴。1985 年沃格尔桑和芬西格进一步提出了 F-V 方案，对 V-F 方案进行了补充和优化。

3）巴伦（Baron）与梅耶森（Myerson）的最优激励模型及其扩展

1982 年，巴伦和梅耶森在对 L-M 等模型进行深入的研究与分析的基础上，对 L-M 等模型进行了批判性的思考，进一步借助信息经济学的理论成果，在委托-代理理论基础上提出了符合机制设计、贝叶斯方法的最优激励模型。最优激励模型不仅将信息不对称问题纳入激励性规制理论的研究之中，还在模型的设计时考虑了逆向选择问题和激励相容问题。

1983 年萨平顿（Sappington）基于成本不确定，将事后观察成本引入最优激励模型。

1984 年，巴伦和伯圣科（Besanko）将规制者可以对被规制企业成本进行随机审查的方式引入最优激励模型，弥补规制者与被规制企业相比自身的信息劣势。

4）萨平顿和西布利（Sibley）的 ISS 方案及其扩展

1988 年，萨平顿和西布利提出了跨期激励性规制模型 —— 增量剩余补贴方案，简称ISS方案。该方案假设规制者和被规制企业双方的需求为共同知识，而规制者缺少关于被规制者技术成本相关的信息，但是规制者可以在实施规制政策后的相应观察期的后一个时期了解到被规制企业的财务支出状况。该种激励性规制方案，通过允许被规制企业自行决定定价，并给予被规制企业一个相当于相邻两期（经营期）之间的社会剩余增量的补贴方案，来引导被规制企业实现规制者期望的社会经济利益的最大化。

1988年，刘易斯（Lewis）和萨平顿将需求信息不对称问题引入ISS方案，通过分析被规制企业与规制者之间掌握的不对称市场信息问题，设计了基于需求信息不对称问题的新型最优激励机制。

1989年，西布利基于与萨平顿合作提出的ISS方案，在刘易斯和萨平顿对ISS方案扩展研究的基础上将需求显示问题引入。西布利指出，即使在规制中规制者和被规制企业双方之间需求信息不对称的假设存在，也能通过引导被规制企业，使得其需求显示，从而促使ISS方案得以实现，这种方案简称ISS－R方案。

5）拉丰（Laffont）和蒂罗尔（Tirole）的最优线性激励规制方案及其扩展

1986年，拉丰和蒂罗尔研究发现，规制者能观察到被规制企业已发生的成本，但是观察不到对被规制企业的成本产生干扰的因素，也观察不到被规制企业产生的效率性参数以及努力程度。他们基于委托－代理理论，第一次将道德风险问题引入规制模型中，并且在考虑到逆向选择问题上，将激励理论和博弈论引入规制研究，提出了最优线性激励规制方案。此方案是在一种一期静态模型中得出的，目的是促使被规制企业实现规制者期望的社会福利最大化。

1988年，拉丰和蒂罗尔考虑到规制者和被规制企业在实践中的相互关系经常重复的问题，将激励契约的分析扩展到一个动态的框架中，并在一期静态模型的基础上构建了两期委托－代理动态模型。

6）萨平顿委托－代理模型及其扩展

1991年，萨平顿在拉丰和蒂罗尔研究的基础上，将研究的重点集中在代理人的道德风险上。为规避代理人不努力的道德风险问题，萨平顿运用了规制中的贝叶斯方法，提出了委托代理机制下的激励性规制模型。该模型的假设条件是：委托人不能很好地监控代理人的行为，但能通过对代理人进行激励，以期代理人能够实现委托人的意愿。

1994 年，威曼（Weyman）和琼斯（Jones）在萨平顿研究的基础上，进一步提出了一种既包含逆向选择问题，又考虑道德风险问题的激励性规制模型。

7）利特查尔德（Littlechild）的价格上限规制模型

规制者拥有被规制企业共同知识的假设是该激励方案或模型实施的基础。随着激励性规制理论的发展和实践应用的深入，规制者发现诸多激励方案仍然不能很好地激励被规制企业的积极性。此时，研究者提出让规制者为被规制企业设定一个外生的价格上限，被规制企业在价格上限下具有价格的自由裁度权，以此给予被规制企业更多的活动空间，同时满足政府的规制需求。该种机制被命名为价格上限规制。价格上限规制在实践中有多种，1983 年，由利特查尔德提出的，针对英国规制改革推行的 RPI－X 方案影响最为深远。

由于价格上限外生于被规制企业因素，给予被规制企业太多的空间以及一些其他适用性方面的不足，在具体的实践中，得到了利斯顿（Liston）、拉丰和蒂罗尔等规制专家的批评。

8）约萨（Lossa）和斯特罗福利尼（Stroffolini）的信息结构化内生模型

信息结构作为外生变量是该激励方案或模型的假设条件，然而在实践中信息结构往往是内生的，被规制企业可以在规制契约制定后隐藏经营行为，同时也能进行主动的、有成本的信息收集活动。鉴于此，2002 年，约萨和斯特罗福利尼在价格上限规制模型的基础上，创建了一个将信息结构内生化的激励规制模型。运用该模型能够对价格上限与最优机制进行比较，评价被规制企业采取的信息获取行为可以是有益还是损害了社会相关福利。

9）拉丰和蒂罗尔的三层规制结构模型

随着研究的进展逐渐深入，拉丰和蒂罗尔将规制体系分为规制机构和国会两层，并且将规制的需求方和供给方都置于委托－代理理论的框架下，构建了包含被规制企业、规制机构、国会三层的规制结构模型。

三层规制结构模型主要针对的是自然垄断性产业，采用的规制方式是对被规制企业的回报率和价格同时进行规制。该模型中被规制企业主要指企业利益集团，在该模型中其与规制机构都能通过自身占位优势，借助双方的信息不对称区获得各自想要的利益。该模型中的国会对规制机构有进行奖惩的权力，但是，国会要想监督规制机构和企业利益集团，不仅要考虑规制机构的行为对企业利益集团利益的重要性，而且要考虑规制机构和企业利益集团之间合谋的可能性。

2.2.2 食品安全的协同治理

协同治理在中文中还有类似的概念，如“合作治理”“协同规制”等，但英文都是 Collaborative Governance。从可查询的文献来看，关于食品安全的协同治理的研究主要围绕三个问题展开：为什么要协同治理？协同治理的主体有哪些？怎样进行协同治理？本书将从协同治理的必要性、协同治理的主体构成、协同治理的机制三个方面做简单阐述。

（1）协同治理的必要性

食品安全问题是国内外面临的共同难题，已经形成严格法律体系。拥有精密的技术标准和完善的预警保障体系的发达国家近年来也不断爆出食品安全事件丑闻。欧盟对转基因食品安全风险的成功规制就运用了相互合作模式。应当说日益复杂的社会系统，使得食品安全管理的网络化链接节点更为细密，这必然对安全治理的要求更高。面对食品安全的严峻形势，迫切需要融入创新协同治理理念进行整体性和全局性的调整，构建“大食品安全格局”协同治理（张英男，2017）。葛娟（2015）运用 DEA 方法测算了食品安全规制的综合效率、技术效率和规模效率，研究发现食品安全规制效率并不高，其原因是：传统的政府单一主体规制模式在多元化的社会发展格局中面临着诸多困境，已无法满足当今社会对食品安全规制的需求。食品安全供给主体各自为政、缺乏有效整合是导致食品安全问题频发的主要诱因（易开刚，范琳琳，2014）。

（2）协同治理的主体构成

很多学者从不同主体治理的作用进行考察，则食品安全的协同治理主体构成就出现了一些差异，如周开国（2016）认为要充分发挥媒体、资本市场与政府三方的协同作用，建立三方对食品安全进行共同监督、协同治理的长效机制，并且三方在监督过程中事前、事中、事后的不同阶段发挥着各自的作用。宋华琳（2016）则认为食品安全的合作治理除了政府的行政规制，更有赖于社会主体的参与，有赖于企业责任的实践、行业协会的自我规制以及公众对规制治理的参与。杨华锋（2017）则构建了整体性的协同分析框架，认为协同治理的行动者网络可分为府际协同、部门协同和内外协同等三个实践维度。

（3）协同治理的机制

协同治理的机制则包括不同的治理手段，如事前规制方式和事后规制方式，如命令–控制型方式与激励型规制方式（宋华琳，2016）。张丽彩（2016）提出协同治理有三种类别：第一种是政府主导，其他主体听从指挥，将管理决策分解为不同的协同治理的选择，作为实现期望目标的政策工具箱，阐释了为什么个人和组织选择自愿参加不具约束力的协同治理，而公共管理者作为领导如何发挥鼓励引导的作用，实现与个人和组织的治理合作来弥补政府治理缺口；第二种情况是治理主体之间达成一致协议，各自完成自己的任务，追求自身利益最大化；第三种情况是各治理主体实现协作，通过沟通协调，追求共同目标。易开刚、范琳琳（2014）建议食品安全治理方式应由“违法受罚”转向“守法有奖”，由“被动抵触”转向“主动合作”，由“后链治理”转向“全链治理”，由单向静态治理转向双向动态治理。

事实上，食品安全的实现有赖于国家监督和企业自律的共同作用。大型企业往往自愿实施高于国家的质量标准，早在 2014 年 11 月份，伊利液态奶、奶粉、酸奶、冷饮事业部已全部通过 FSSC22000 食品安全体系认证，成为中国第一家全线产品通过此全球性食品安全管理标准体系认证的乳品企业。蒙牛 2017 年在质量控制、检验检测、原奶质量等方面投入达到 10 亿元。由于乳品生产企业尤其是大型企业在产业链条中处于核心地位，在与奶农、消费者、政府的博弈互动中处于优势，政府如何设计激励机制促进企业自愿实现乳品质量安全供给，企业乳品安全自我规制行为如何督促政府规制的外在约束机制内在化，避免政府规制不足和市场激励失灵的双重窘境，缓解政府乳品安全规制的压力，建立提高企业自我规制意愿的协同治理机制尤为必要。

目前我国的食品安全治理中，采用的往往都是政府为主体的单方治理，其他各主体只是应政府的要求非常规性地参与食品安全治理中来，并往往带有自身的目的性。食品安全治理多元主体的合作缺乏常态化和制度化，而多元合作治理理论为问题的解决提供了坚实的理论基础。首先，食品安全治理中的多元合作弥补了治理的缺陷，在一定程度上缓解了治理自身存在的矛盾，即合作与竞争的矛盾、开放与封闭的矛盾、治理性与灵活性的矛盾、责任与效率的矛盾。其次，多元合作治理理论顺应社会发展需求。从现行的食品安全治理体制来看，其核心是政府治理机关的作用，而忽略了食品安全问题实质是一个社会多元主体共同促成的结果，进而忽略了食品安全领域中各主体的自我能动性。以政府为主的单元治理模式限制了社会领域中其他相关主体的潜在能力及参与食品安全治理中的积极性。随着食品领域多元化多样化的进一步发展，政府治理食品安全的负担越来越重，严重影响了政府职能的发挥，也影响了社会公共事业发展的动力和效率。因此，可以通过多元合作治理模式下政府引导社会各主体进入食品安全治理领域，多元主体通过合作，发挥自身优势进行食品安全治理，有利于食品安全领域的健康发展，推动食品安全的治理，加快健康食品环境形成的进程。依据不同主体在食品安全治理中扮演的角色，有目的科学合理地结合各主体之间的优势对食品安全进行治理，利于食品安全治理的顺利进行，达到预期效果。

2.2.3 乳品安全规制成因

（1）乳品安全的外部性问题导致市场失灵

乳制品行业具有较强的外部性。正外部性表现为乳制品行业的发展对自然环境、人文环境产生促进作用：一是促进自然环境的改善，如牧场植被的恢复和土壤的改良会给区域生态环境的改善带来好处；二是人文环境的提高，如市场提供高质量且数量充足的乳制品，将会改善人们的饮食文化，增强体质，提高生活质量和幸福指数。

乳制品行业的负外部性主要表现在：一是假冒伪劣或质量不达标的乳制品充斥市场，将会引发重大的公共食品危害事件，其危害不仅仅是给消费者带来身体上的损害，更严重的影响是影响消费者的消费信心，造成集体恐慌，给社会的和谐、稳定带来隐患；二是乳业的源头奶牛的养殖业对环境要求很高，由于沼气发电、沼气池等设备成本高，大多养殖户没有相应的粪便处理措施，给周边的环境带来很大的污染；三是引发的重大公共食品危害事件，会使整个乳制品行业受到极大的打击，小到事件原发企业退出市场，大到导致乳制品行业的发展会一蹶不振，对国民经济造成重大影响。2018 年的“三聚氰胺”事件从河北波及甘肃、江苏、陕西、山东、安徽、湖南、湖北、江西、宁夏等地，使中国的乳制品行业一下进入了冰点，很多乳制品企业被迫停产整顿或退出市场。针对乳制品行业存在的外部性问题尤其是负外部性，政府实施乳制品安全规制非常必要，这是行业经济发展的需求，也是维护消费者利益的需求，更是实施国家发展战略的需求。

（2）信息不对称导致市场失灵

乳品安全面临的市场失灵的最根本的原因就是信息的严重不对称，无论是在乳品的生产环节还是在运输和销售环节，消费者始终处于最劣势的地位，因为除商家发布的商品信息之外，消费者对于乳制品本身的各种信息无从得知。在乳品行业蓬勃发展的同时，“趋利心”会使一些不法分子利用管理的漏洞，在原料上想尽办法降低成本，在原料奶中添加各种违规添加剂，比如“皮革水解蛋白”“三聚氰胺”，以达到蛋白质等营养成分的检查标准，而消费者只有在这些违规添加剂导致生命安全受到危害的时候才能得知。

完全竞争市场结构模型假定，生产者和消费者之间拥有充分的信息，所有信息都是公开透明的，双方据此做出市场行为决策；但现实中，这样的条件难以满足，交易双方存在大量信息不对称的现象，由此诱发“逆向选择”和“道德风险”。

按照对信息占有情况的不同，可以把商品分为三类：搜寻品、经验品和信用品。搜寻品是指消费者在购买商品前就已掌握充分信息的商品。经验品是指消费者只有通过购买才能了解其质量的商品。信用品是指消费者购买后也不能了解其品质的商品。鉴于此，乳制品既是经验品又是信用品。在乳制品生产和流通中之所以存在信息不对称问题，主要是因为：一是乳制品产业链过长，产业链中各环节、各阶段，市场主体所占有的社会资源不同，所从事业务的内容、所需知识、工作对象和范畴，以及所追求目标的不同，必然导致信息不对称现象；二是在获取信息所付出的成本上，规制者和消费者对信息的占有量是有限的，规制者要想获得企业的尽可能充分的信息就要投入大量的人力、物力和精力，而消费者要想获得乳制品在质量和安全方面的信息更是难上加难；三是乳制品行业中，对食品安全信息占有绝对优势的是生产、加工、运输和销售企业，这些被规制者为了追求利益的最大化，可能会铤而走险，以次充好、以假乱真。针对乳制品安全信息的不对称问题，解决的途径不外乎有两种：一是政府采取有效手段进行规制；二是通过市场信誉机制的调节，达到优胜劣汰的市场均衡状态。

（3）市场体系不健全导致公共政策失灵

我国目前的市场经济体制改革正处于深化阶段，市场体系还需要继续完善。政府转变职能要处理好与市场的关系，对于市场失灵的领域政府规制应发挥作用。由过去全面介入市场的微观管理到现在退居幕后更多强调政府服务功能的宏观管理，都需要相应的机制建设加以配合。与发达国家相比，目前我国缺少一系列的保障食品安全的制度，如食品安全应急处理机制、食品安全风险评价制度、食品安全信息发布制度、食品安全信用制度。长期的计划经济体制导致政府的管理职能高于服务职能，规制也是以事实上的强制性规制为主的单一规制结构，使得政府不得不面临公众认为食品安全事件都归咎于政府监管不力这一误解。

（4）规制协调程度低导致政府失灵

国内外食品安全的监管实践使得人们日益达成共识，即公共规制和私人规制的合作治理是解决当前食品安全面临的市场失灵和政府失灵的双重困境的有效途径。

乳制品安全规制的行为主体一般是指规制者或政府规制机构（包括中央政府、地方政府）、乳制品生产和销售企业（包括奶站、奶农）、行业协会、消费者等。

中央政府对全国的食品安全负责，规制的重点在于全国性的乳制品安全法律法规的制定、监督执行以及对地方政府的规制，以保证全国乳制品市场的有效运转；而地方政府规制的重点主要体现在执行中央政府制定的乳制品的质量安全的法律法规、制度和标准，同时制定地方性的法律法规，规制乳品行业各环节的质量安全行为。

国家规定的法律法规，是一切制度以及行为的根基，它明确规定了在乳制品行业生产制造的所有环节中企业的责任义务，并声明了各种行为的合法性。而规制部门则依据国家所规定的法规，使用包括并不限于生产许可证、质量技术标准、信息规制或监督检查等规制工具，约束或制裁不符合要求的乳制品企业的行为。在企业生产乳制品前，规制机构会对企业进行相关检查，只有当企业符合规定，拥有了生产加工乳制品的资质后，才能获得生产许可证，没有生产许可证的企业无权进行生产。这样，通过在乳制品生产加工的根源对乳制品安全问题进行规制，可以让消费者更加方便地鉴别乳制品是否符合生产标准。

企业自我规制是企业以实现利润最大化为目标，为获得经济效益、社会效益而主动进行的规制。本书所涉及的主体主要是乳品生产经营者。企业进行自我规制是通过建立质量安全管理体系以及采用多种保障产品质量安全的手段。质量安全管理体系贯穿于整个供应链，从原奶收集过程中的散户奶农、奶站，生产过程中的乳品加工企业，运输过程中的分销商、零售商，直销过程中的送奶到户、专卖店，直到产品到达消费者手中，整个过程中都进行严格的质量安全管理。此外，还制定高于国家和行业代表企业标准，接轨国际标准；加大检验检测投入，增加检验检测设备、检验人员、检验标准；积极进行国际质量体系认证，例如ISO9001、ISO14001、OHSAS18001、GMP、HACCP等体系认证。

第三方规制是除政府规制、企业自我规制之外的参与质量安全规制的力量，主要包括行业性社会团体、民间团体以及自律性行业管理组织的协会。我国的乳品质量安全规制的第三方力量包括中国乳制品工业协会、中国奶业协会、中国食品工业协会、中国食品协会、中国安全食品协会、消费者协会以及中国质量检验协会。第三方规制通过社会性规制工具对乳品安全进行规制，发挥其规制成本较低、方式较为灵活的优势，在政府规制主体以及企业自我规制主体之间起到沟通和协调作用，从而为加强安全规制提供有力的支持。

第3章　我国乳业发展概况

2018年，全国牛奶产量达到了3 075万吨，是1949年的154倍，在国内乃至全球扮演着重要角色。本章从经济规模和经济效益、投入产出、支撑要素、市场结构等五个方面对我国乳业发展现状进行分析。

3.1　经济规模

乳品制造业在我国已经形成了庞大的产业系统，在生产总量方面已经取得了卓越的成就，全球地位进一步提升，区域发展速度加快，为乳品制造行业营造了良好的发展环境。本节从全球地位和国内发展两个维度，分层次比较和分析我国乳品制造业的经济规模。

3.1.1　全球地位

我国乳业迅速崛起，目前已在世界上占据了重要地位，奶类总产量连续多年排名世界前列。从2008—2018年四国奶类产量（见图3－1）来看，印度一直处于领先地位，其次是美国，中国与巴基斯坦势均力敌，四个国家形成了全球乳业的“四大龙头”。印度天然的地理优势和自然资源禀赋，使奶（水）牛养殖业比较发达，且具有特色的多层级划分的奶业合作社，成就了印度乳业在全球的地位。美国乳业高度机械化，规模化水平极高，具有现代化的高效生产流程，而且乳业集团在全球地位较高，因此美国奶类总产量规模庞大。中国和巴基斯坦的奶类总产量相近，大约是美国奶类产量的一半，与印度相差悬殊。

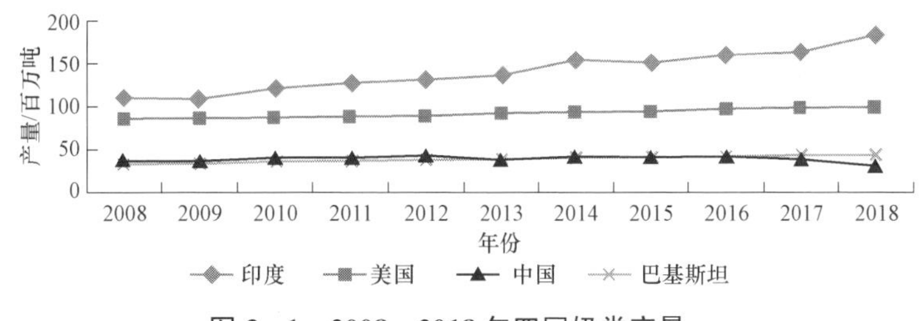

图 3-1　2008—2018 年四国奶类产量

从 2010—2018 年我国原料奶产量在全球的份额（见图 3-2）来看，2018 年我国原料奶产量在全球市场的份额为 7.41%，在亚洲市场的份额为 18.01%，是亚洲原料奶产量的主要贡献国家之一，说明我国乳业已经在国际上占据了不可或缺的重要地位。

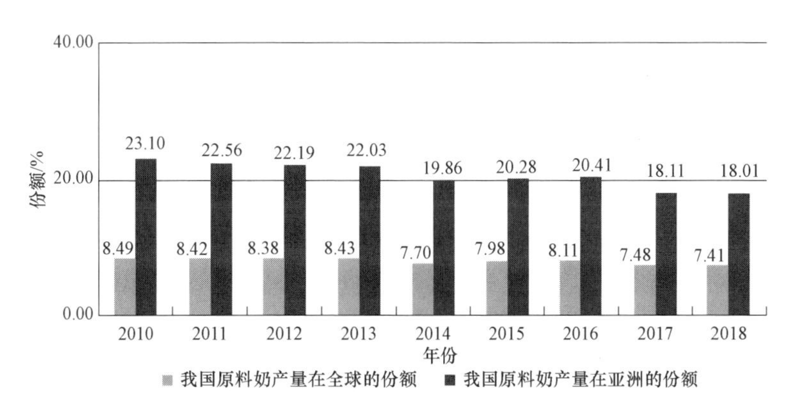

图 3-2　2010—2018 年我国原料奶产量在全球的份额

3.1.2　国内发展

乳制品产量大幅提高，标志着我国乳业生产力水平逐渐迈上新的台阶。根据《奶业统计资料》，我国乳业发展区域划分为华北、东北、华东、华南、西南、西北六大区域。

（1）全国乳制品产量

从图 3－3 可以看出，我国乳制品产量在 2008—2018 年曲折向上攀升，这期间政府加大扶持力度，企业内部进行快速调整，市场集中度进一步提高，整体发展态势良好，没有较大幅度的变化。

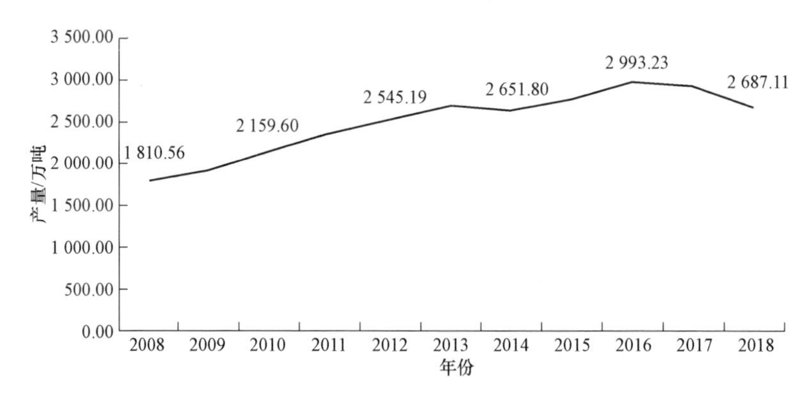

图 3－3　2008—2018 年我国乳制品产量

（2）区域奶类产量及乳品制造企业数量

由于缺乏 2016 和 2017 年区域企业数量的数据，因此对区域产奶量及乳品制造企业数量分为两图分析。结合图 3－4 和图 3－5，从乳业区域发展的总体来看，奶类总产量的变化波动不大，乳业安全规制加强使乳品制造企业数量在 2011 年大幅减少，说明乳品制造业的市场集中度有所提高。

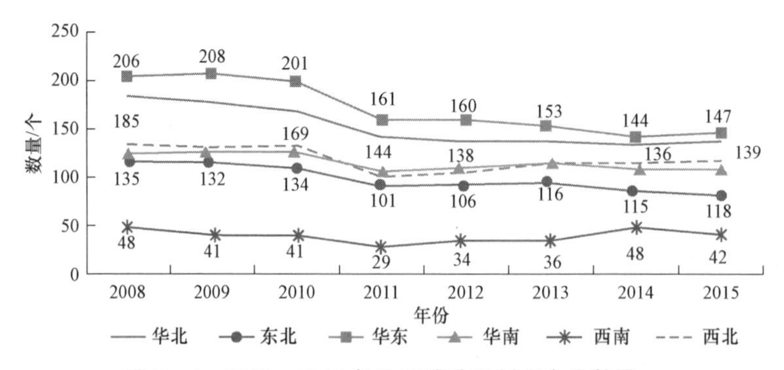

图 3－4　2008—2015 年分区域乳品制造企业数量

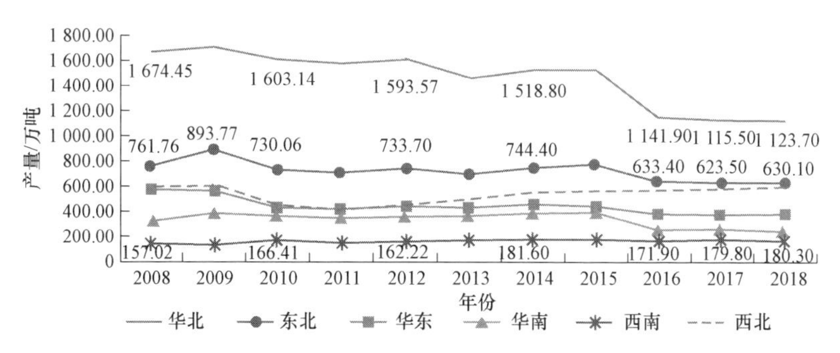

图 3－5 2008—2018 年分区域奶类产量

注：华北包括北京、天津、内蒙古、山西、河北；东北包括黑龙江、吉林、辽宁；华东包括上海、江苏、浙江、安徽、福建、江西、山东；华南包括河南、湖北、湖南、广东、广西、海南；西南包括重庆、四川、贵州、云南、西藏；西北包括陕西、甘肃、青海、宁夏、新疆

从区域发展来看，2008—2018 年华北奶类产量一直遥遥领先于其他五个区域，上下波动频繁，整体呈下降趋势。蒙牛、伊利、君乐宝可谓是整个华北地区奶类产量的重要支撑。正是如此，华北地区奶类产量居各区域榜首，但乳品制造企业数量并不是最多，反映了该区域规模化生产程度和市场集中度较高。其次是东北地区，是辉山乳业的主要所在地，该地区奶类产量在 2009 年达到最高之后逐渐下降，到 2014 年略有升高，但整体水平有所下降，企业数量在六个区域中处于中等水平。由于地区与资源优势，国家政策扶持和奶业规划对西北地区提出的发展任务，以及鼓励发展家庭牧场和奶农合作社，生产特色牦牛奶等乳业发展战略，西北地区从 2013 年开始奶类产量逐渐增长，企业数量与华南区域不分上下。华东地区大部分是沿海省份，经济相对开放，资本密集型产业和第三产业较为发达，是光明乳业的主要所在地，虽然不适宜养殖业发展，奶类总产量不高且处于中低水平，但集聚了较高的资本和人才，交通运输发达，消费水平较高，因此乳品制造企业数量在区域中最多。西南地区奶类产量保持在平均年产量 167 万吨左右，企业数量最少。

（3）奶类主要生产地区分布

从图 3－6 看出，我国奶类产品主要生产地区分别是内蒙古、黑龙江、河北三个地区，几乎占据了市场的一半份额。蒙牛、伊利位于内蒙古，辉山乳业位于黑龙江，君乐宝位于河北，均为本地乳业发展做出了突出贡献。内蒙古与黑龙江地理位置偏北，养殖牧场较多，天然的地理优势和自然资源禀赋，为当地乳业发展提供了良好的环境。

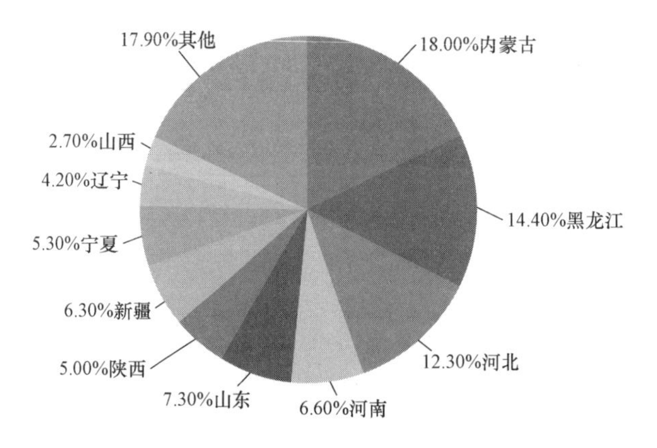

图 3－6　2018 年我国奶类主要生产地区分布

3.2　经济效益

乳品制造业市场集中度不断提高，2017 年销售额排名前 15 位的乳品制造企业占据市场份额的 53.9%。然而乳制品供需不平衡，人均奶类产品消费水平较低，进口乳制品挤占国内市场、贸易逆差加剧等问题，严重阻碍了我国乳业发展和国际奶业竞争力的提升。乳制品供给需求是反映经济效益的本源，经营效果则是经济效益的最终体现，因此本节内容从乳制品经济效益方面的供给需求和经营效果两个角度分析我国乳品制造业发展现状。

3.2.1 供给需求

3.2.1.1 乳制品供给

根据《奶业统计资料》显示，2017 年我国乳业市场总供给的 74.94%来自国内自产，2018 年下降为 70.18%，而 2017 年乳业市场份额的 25.06%来自国外进口，2018 年进口份额为 29.82%，如图 3－7 所示。这组数据说明目前我国的乳业市场超过四分之一的市场份额被国外乳制品挤占，我国乳业市场正在遭受进口乳制品的严重冲击。

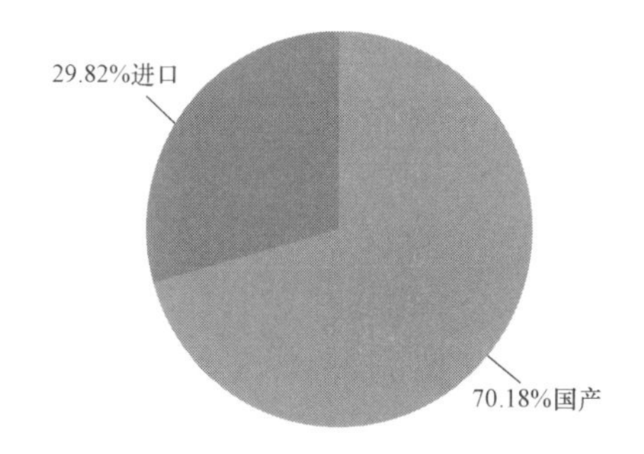

图 3－7 2018 年我国乳业市场份额

在乳制品供给方面，我国乳品制造业起步相对较晚，产品结构较为单一，主要包括液态奶（鲜奶和酸奶）和干乳制品两大类别，液态奶为主要生产种类。从图 3－8 看出，2008—2013 年我国乳制品产量不断提高，以后几年呈小幅的上下波动，到 2017 年产量达到 2 935 万吨。虽然在 2015 年 12 月我国与澳大利亚签订了“中澳自由贸易协定”，但我国乳制品产量并未受太大影响，仍保持总量上升的趋势。液态奶产量平稳上升，2008—2018 年期间干乳制品产量的变化趋势类似抛物线状，在 2012 年达到最高 398.62 万吨，2017 年下降至 243.38 万吨，2018 年进一步下降到 181.52 万吨。总体来看，乳制品总产量和液态奶产量十年之间呈现上升的趋势，尤其是液态奶，2017 年产量约占乳制品产量的 92%，是干乳制品的 11 倍。两者产量相差悬殊的主要原因包括两个方面：一是产品本身属性不同，液态奶属于一次性消费饮料，而干乳制品更多用于原料或辅助性食品；二是我国居民的乳制品消费习惯更加偏好液态奶。

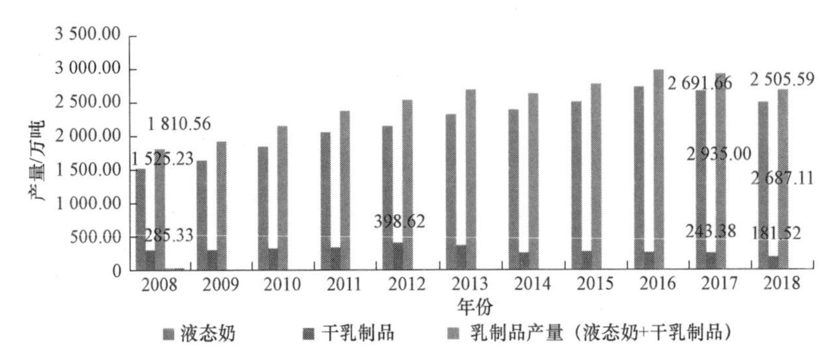

图 3－8　2008—2018 年我国乳制品产量

在乳制品出口方面，我国乳制品生产种类虽然齐全，但出口产量相差较大，其中最主要的出口乳制品是液态奶。由图 3－9 可知，在 2018 年我国乳制品出口中，鲜奶出口量为 2.71 万吨，占乳制品出口总量的 69.97%，是乳制品出口的主要组成部分。干乳制品包括奶粉、乳清、奶油、干酪、炼乳，出口量一共占 24.5%。干乳制品出口总量较少，一定程度上受产量和产品属性的影响，另外国外的干乳制品口感和质量更佳，因此我国的干乳制品出口量相对较少。

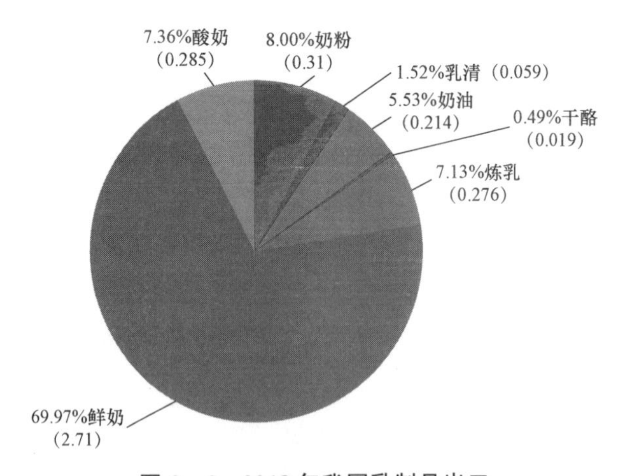

图 3－9　2018 年我国乳制品出口

注：图中括号里的数字为各类乳制品出口量，单位以万吨计

3.2.1.2 乳制品需求

乳业是强壮一个民族的重要标志，其发展与民生和国民体质息息相关。我国作为一个发展中的人口大国，虽然相对发达国家起步较晚，但发展迅速，已经跻身全球奶业大国前列。乳业作为依赖消费型产业，乳制品消费需求是带动乳业发展的关键因素；然而目前我国乳制品消费支出水平较低，城乡消费结构存在较大差距，说明我国乳制品需求仍有一个较大的提升空间。因部分数据缺少和统计方式调整，仅对指定年限进行分析。

在乳制品需求方面，随着我国经济的快速发展和人民生活水平的不断提高，乳制品消费量呈现不断上升趋势，但增长速度缓慢，2011—2016年平均增长率只有2.89%，如图3－10所示。

图3－10 2011—2016年我国居民乳制品消费量

在城乡居民乳制品消费方面，城镇与农村消费量差距较大。鉴于自2013年起城乡居民人均乳制品消费统计方式的调整和统计数据的有限性，此处仅对2013—2016年我国城乡居民人均奶类消费量进行对比分析。图3－11显示城乡奶类消费市场发展不均衡且存在较大差异，虽然城镇居民是我国奶类消费的主要群体，消费量几乎是农村的3倍之多，但是消费动力不足，2014年呈现下降趋势。农村收入水平较低，消费量虽在不断增长，但非常缓慢。因此，增大城镇乳制品消费动力和普及农村乳制品消费观念对扩大乳制品消费市场至关重要。

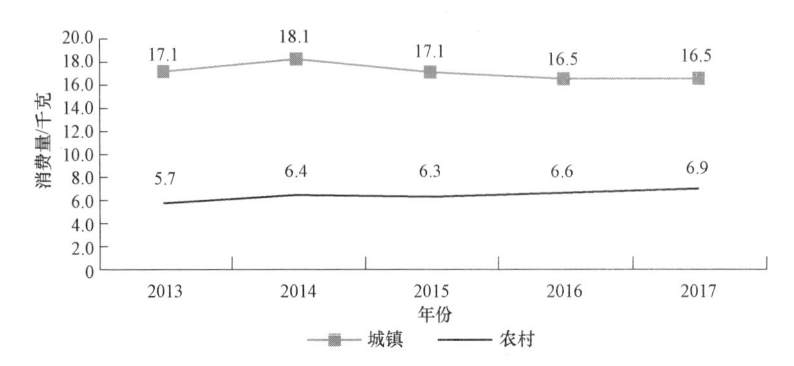

图 3-11　2013—2017 年我国城乡居民人均奶类消费量

从图 3-12 可以看出，城镇居民人均乳制品消费支出占可支配收入的比重逐年降低，由 2008 年的 12.030‰下降到 2017 年的 7.640‰，整体下降了 36.49%。但是乳制品消费量却在逐年递增，这是由于国民收入水平和可支配收入的不断提高，在恩格尔规律作用下，一定程度上降低了乳制品消费支出占可支配收入比重。

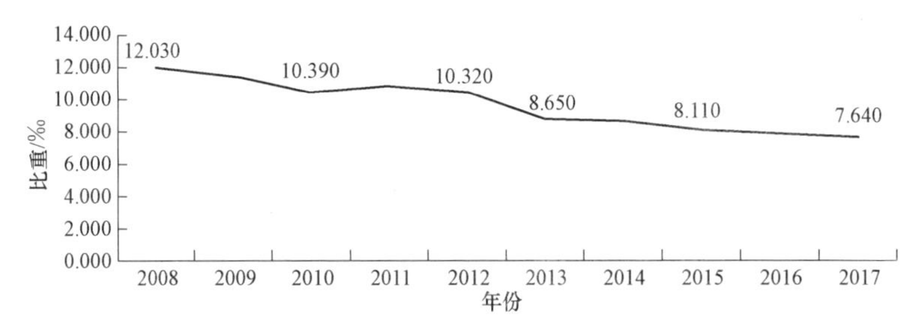

图 3-12　城镇居民人均乳制品消费支出占可支配收入比重

在乳制品进口方面，我国对进口乳制品的主要需求明显倾向于鲜奶、奶粉和乳清，2018 年进口量分别为 67.33 万吨、80.14 万吨和 55.72 万吨。其中奶粉进口量占比最高，达到 34.67%，如图 3-13 所示，其他干乳制品需求较少，这与我国居民对乳制品的消费偏好有关。

值得注意的是，奶粉的进口量逐年升高，对国产奶粉造成了巨大冲击。由于我国乳品安全进口规制以关税为主，而近年来为了满足乳制品进口需求，中国的进口关税税率已经多次调整，显著降低。2015 年，与澳大利亚签署“中澳自由贸易协定”，同时降低了乳制品的进口关税。与新西兰签订关税自贸协定后，2019 年起从该国进口乳制品关税已为零。而日本对于脱脂奶粉、全脂奶粉和奶油的进口关税分别为16%、24%和35%，除了在配额范围内提高进口关税，日本政府和销售代理还对上述三种产品实行加价销售，加价幅度高达392%、413%和594%，并限制乳制品的进口。低关税水平、国内养殖成本增高、企业降低生产成本的需求、消费者盲目崇信进口奶粉等多因素共同导致我国乳制品进口激增，如图3－14和图3－15所示。

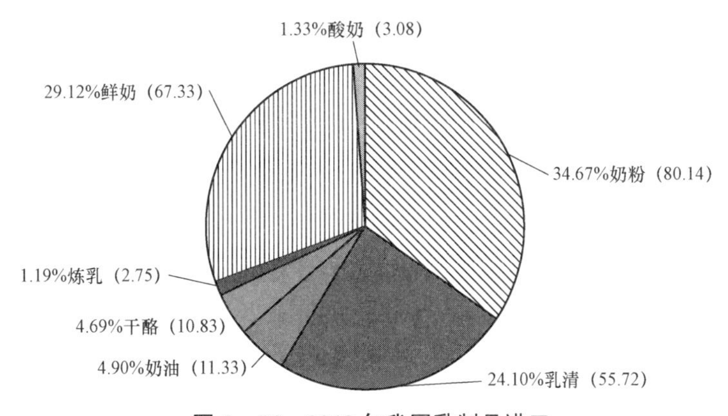

图3－13　2018年我国乳制品进口

注：图中括号里的数字为各类乳制品进口量，单位以万吨计

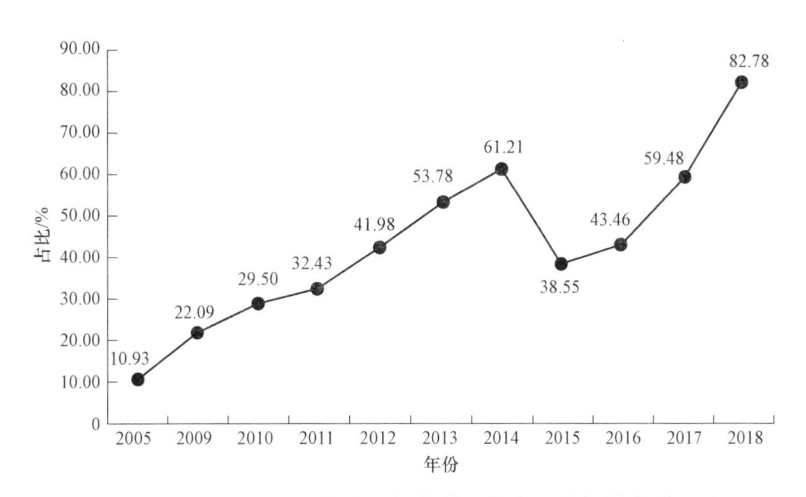

图3－14　2005—2018年我国奶粉进口量占国内奶粉产量比重

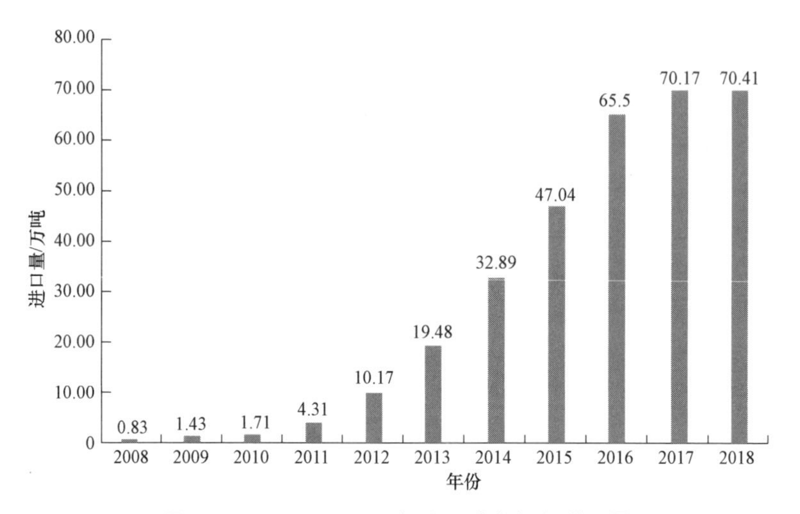

图 3－15　2008—2018 年我国液态奶的进口量

3.2.2　经营效果

我国乳制品的利润总额总体可以分为三个阶段，如图 3－16 所示。2008—2010 年利润总额增长速度最快，增长了四倍。该阶段乳制品产量有较大提升，小企业陆续退出市场，行业逐渐度过“三聚氰胺”时期，并进行内部调整，利润总额增长较快。而 2011—2013 年是各类乳品安全事故发生后，政府出台的安全规制政策效果发挥的主要时期，行业的主要任务是对产品质量和运营模式进行调整，此时的利润总额保持基本不变状态。2014—2016 年行业逐步实现了利润总额稳定增长，此时的乳品制造业处于最佳盈利状态，整体经营环境良好。2017—2018 年可能是受进口乳制品的市场冲击，国内乳制品利润总额有所下降。

在贸易方面，我国乳业虽然发展规模逐渐扩大，但贸易不平衡依然在不断加剧，贸易逆差逐渐增大，2008—2017 年贸易逆差扩大了 14 倍之多，如图 3－17 所示。这在一定程度上反映了居民对乳制品的重视程度不断提高，需求量也在不断扩大，而乳业安全事件在居民心中仍有一定的担忧，越来越多的居民倾向消费国外乳业品牌，尤其青睐于婴儿奶粉的购买。

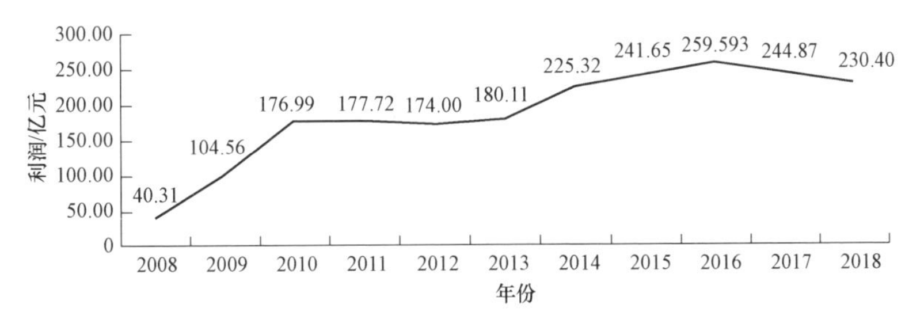

图 3－16　2008—2018 年我国乳制品利润总额

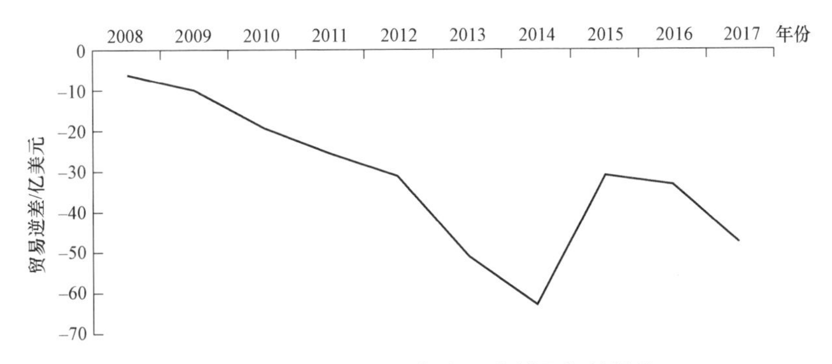

图 3－17　2008—2017 年我国乳制品贸易逆差

数据来源：《奶业统计资料》及万德数据库整理计算所得。

3.3　投入产出

从现代经济学角度考虑，生产要素投入可分为劳动力、资本、技术、知识等，由于数据可获得的局限性，在此只就劳动力、总资产、广告投入和管理投入几个方面进行分析；产出主要对销售收入进行分析。

3.3.1　投入要素

（1）劳动力投入

由于 2012 年以后没有对乳品制造业就业人员的官方数据统计，在此只对 2008—2012 年的就业人员做简要分析。如图 3－18 所示，就业人员 2008—2011 年一直处于上升趋势，说明乳品制造业在发展的同时解决了很大的就业问题。在 2012 年稍有下降趋势，可能是由于乳品制造业提高了规模化程度，采用了大型机械设备，减少了人工操作，从而减少了劳动力的投入。

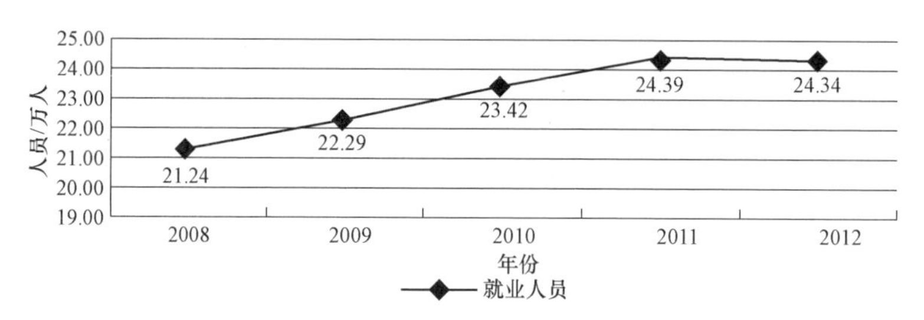

图 3－18　2008—2012 年乳品制造业就业人员

（2）总资产投入

如图 3－19 所示，从乳品制造业的资产和负债总额情况来看，资产负债率在 50%左右的水平上维持了较长时间的动态平衡，资产和负债总额的绝对量不断增加，2008—2017 年资产总额增长了 2.15 倍，负债总额增长了 1.9 倍，在一定程度上说明乳制品行业规模正在不断扩大。

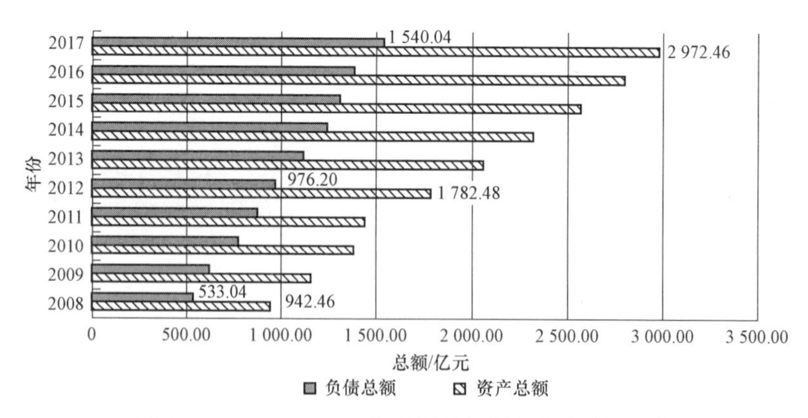

图 3－19　2008—2017 年我国乳品制造业资产与负债

（3）广告投入和管理投入

乳品制造业是广告投入最密集的行业之一，几乎包揽了各大电视台的热播时间，尤其是网络媒体的明星代言更是受到乳品制造企业的青睐，还包括图书、杂志、灯箱等其他广告方式，高昂的广告投入是销售费用的主要组成部分。因此有必要了解销售费用的变动情况，理性选择广告宣传，提高行业利润率。从图 3－20 来看，销售费用远远高于管理费用，且呈现出较大的增长幅度，管理费用相对较少，2008—2012 年小幅增长，2013 年有所减少后，到 2017 年几乎保持不变。

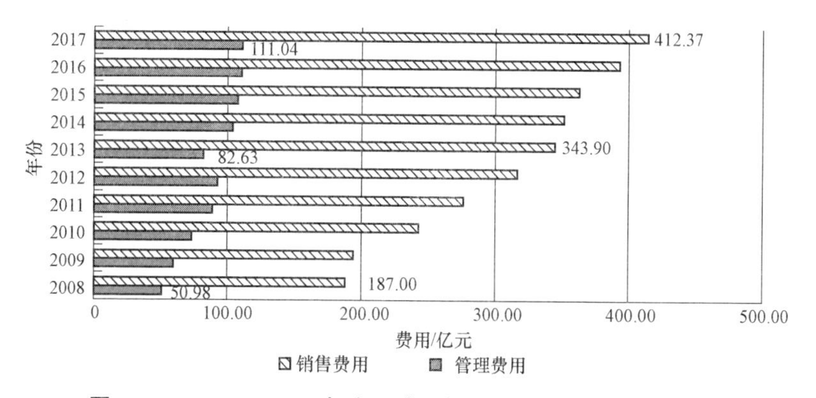

图 3－20　2008—2017 年我国乳品制造业销售费用与管理费用

3.3.2　产出收益

销售收入是乳品制造业产出收益的主要表现。从图 3－21 来看，2008 年以来销售收入一直不断向上攀升而且增速相对较快，直到 2014 年收稳，2015—2017 年呈现出平缓增长的态势，2018 年略有下降。这虽与利润总额的走势有所差异，但两者整体水平都在上升，有较好的发展态势，一部分原因是销售成本和其他费用的不断提高，导致两者的变化趋势不同。由此可见，我国乳制品行业面临规模总量较大而创收不高的局面，因此有待全面了解我国乳品制造业的经济绩效的整体水平，发掘主要的影响因素，进一步提高销售收入和利润总额，促进行业高质量的快速发展。

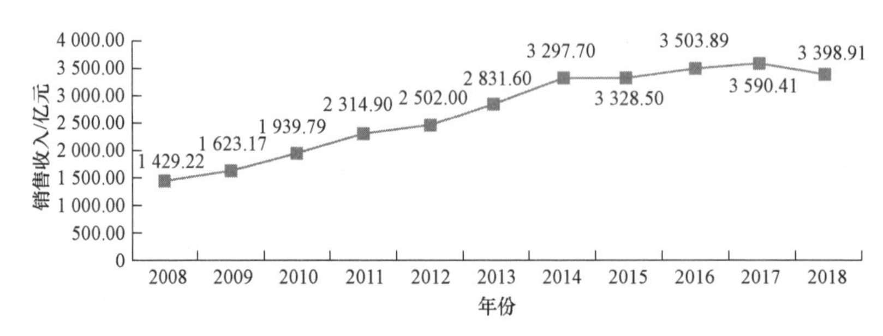

图 3－21　2008—2018 年我国乳品制造业销售收入

3.4　支撑要素

乳品制造业具有较长的产业链，涉及奶牛养殖、饲料加工、产品销售和物流运输等相关产业，这些产业能够为乳品制造业的发展提供稳定支撑，而乳品制造业的发展反过来又能扩大关联产业的市场需求，为其发展开拓了市场空间，促进关联产业的发展。关联产业的发展状况能够在一定程度上反映乳品制造业的经济绩效，其中主要涉及上游的奶牛养殖业和饲料加工业，二者是乳品制造业发展的重要支撑要素。由于下游关联产业较为繁杂，此处不便进行具体描述分析，只针对上游所涉及的奶牛养殖和饲料加工进行现状描述分析。

3.4.1　奶牛存栏

我国国土面积大约有 37%为草原，总面积接近 360 万平方千米，其中牧区、半牧区可利用草原 33 亿亩[①]，农区有 10 亿亩草山草坡，丰富的自然资源为我国奶牛养殖业的发展奠定了基础。我国奶牛存栏量从 1998 年开始呈现出迅速增长态势。以 1990 年奶牛存栏为基础，我国用了 11 年时间，奶牛存栏数到 2001 年实现了翻一番；用了 4 年时间，

① 1 亩=666.67 平方米。

到 2005 年实现了翻两番。2008—2018 年，全国奶牛标准化规模养殖水平大幅上升，奶牛存栏量相对稳定。由于牧场环境标准要求提升，个别年份出现下降趋势，如图 3－22 所示。

图 3－22　2008—2018 年奶牛年末存栏量

3.4.2　饲料加工

饲料加工业是与乳品制造业紧密关联的重要行业，该行业的发展状况能够间接反映出乳品制造业的经济绩效。当饲料加工企业数量增加或行业资产规模、营业收入等增加时，说明受需求市场向好的影响，该行业绩效得以提升，也间接反映出乳品制造业经济绩效的提升。如图 3－23 所示，我国饲料加工企业数量十年间未发生较大变化，并没有随着乳业规模扩大而变化显著，其根本原因是该行业的主要生产资料来源于农产品和牧草的加工，而目前农产品种植减少，价格上升，生产成本提高导致生产者获利较少，饲料加工企业数量不会大幅增加。

从图 3－24 看出，我国饲料加工行业的主营业务收入和资产总额不断增长，尤其是主营业务收入增长明显，而利润总额增幅远远低于营业收入，基本稳定在年利润总额 500 亿元左右。说明虽然我国饲料加工行业的营业收入在增长，但实际经营效果并不显著，行业利润未能实现相应的增长，其原因可能是由农产品等原料价格成本和其他费用较高导致行业利润额较低，这也是导致饲料加工企业数量没有较快增长的原因之一。除此之外，乳品制造业作为饲料加工业的晴雨表，其发展必定带动和促进饲料加工业的进步。

图 3－23　2008—2017 年我国饲料加工企业数量

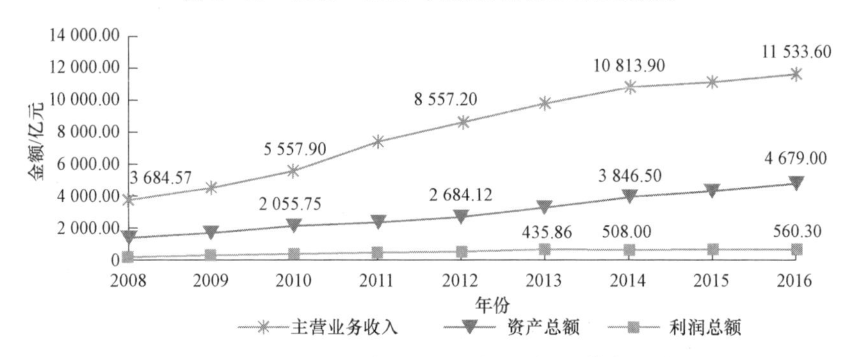

图 3－24　2008—2016 年我国饲料加工行业基本经营状况

3.5　市场结构

3.5.1　市场份额

纵观乳制品企业的发展历程不难发现，随着企业数量的增加，原来实力较强的企业通过兼并、收购等方式将原有结构打破重组，成为规模更大的企业，从而在竞争中保存实力并抢占市场份额。

2007 年，在我国乳品市场销售收入排名前 4 位的蒙牛、伊利、三鹿和光明 4 家企业销售收入共计 589 亿元，占全国乳品企业销售收入总额的 45%。2015 年，乳业销售收入位列前茅的 4 家企业依次是伊利、蒙牛、光明和三元，销售收入共计 1 333.1 亿元，占全国的 40.0%；其中伊利和蒙牛各占 18.1%和 14.7%，所占份额之和达到 30%以上，光明占 5.8%，三元有 1.4%，其余乳品企业则大多没有超过 1%。截至 2017 年，市场份额在全国排名前 4 的乳企依次为伊利、蒙牛、光明、君乐宝，4

家企业市场份额之和超过30%。在相当长的一段时期内，我国乳业基本形成由两大乳品企业主导的市场结构，如表3－1所示。

表3－1 2007—2017年我国主要上市乳品企业市场份额 单位：%

企业	2007	2008	2009	2010	2011	2012	2013	2014	2015	2016	2017
伊利	14.7	15.1	15.0	15.3	16.2	17.0	16.9	16.5	18.1	17.2	19.0
蒙牛	16.3	16.7	15.8	15.6	16.1	14.6	15.3	15.2	14.7	15.3	16.8
光明	6.3	5.1	4.9	4.9	5.1	5.6	5.8	6.2	5.8	5.8	6.0
共计	37.3	36.9	35.7	35.8	37.4	37.2	38	37.9	38.6	38.3	31.8

数据来源：根据2008—2018年《中国奶业统计年鉴》数据整理计算。

3.5.2 市场结构测度

市场集中度是指在某一特定产业中，市场份额控制在少数大企业中的程度，是反映特定产业市场竞争和垄断程度的概念。市场结构根据不同的标准有不同的分类，贝恩依据产业内前4位与前8位的市场集中度指标，对不同垄断、竞争程度的产业市场结构进行了分类，这就是著名的贝恩分类标准，如表3－2所示。

表3－2 贝恩标准的市场结构分类

市场结构	市场集中度 CR_4/%	市场集中度 CR_8/%
寡占Ⅰ（极高）	$75 \leq CR_4$	/
寡占Ⅱ（高）	$65 \leq CR_4 < 75$	$85 \leq CR_8$
寡占Ⅲ（中上）	$50 \leq CR_4 < 65$	$75 \leq CR_8 < 85$
寡占Ⅳ（中下）	$35 \leq CR_4 < 50$	$45 \leq CR_8 < 75$
寡占Ⅴ（低）	$30 \leq CR_4 < 35$	$40 \leq CR_8 < 45$
竞争型	$CR_4 < 30$	$CR_8 < 40$

3.5.2.1 市场集中度的测算方法

市场集中度又称行业集中度（CR_n），是指选取行业内规模最大的几家企业，通过收集其一定时期内的相关数据（如产量、产值、销售量、销售收入、职工人数、资产总额等）来测算某一指标在整个行业的份额，计算公式如下：

$$CR_n = \frac{\sum_{i=1}^{n} X_i}{\sum_{i=1}^{N} X_i} \quad (3-1)$$

其中：CR_n为行业中最大的前 n 位企业的市场集中度；X_i为第 i 家企业的产量、产值、销售量、销售收入、职工人数、资产总额等数值；n 为选取的企业数，通常 n=4 或 n=8；N 为行业内的企业总数。

3.5.2.2 近年来我国乳业市场结构

通过收集 2011—2017 年销售收入排名前 8 位的乳品企业数据（见表 3－3），对我国乳业市场集中度进行了测算，如表 3－4 所示。

表 3－3　2011—2017 年我国乳品企业销售收入排名

单位：亿元

排名	2011		2012		2013		2014		2015		2016		2017	
	企业	销售额	企业	销售额	企业	销售额	企业	销售额	企业	销售额	企业	销售额	企业	销售额
1	伊利	374.5	伊利	419.9	伊利	477.79	伊利	544.4	伊利	603.6	伊利	603.12	伊利	680.58
2	蒙牛	373.9	蒙牛	360.8	蒙牛	433.57	蒙牛	500.5	蒙牛	490.3	蒙牛	537.79	蒙牛	601.56
3	娃哈哈	263.0	光明	137.8	光明	162.91	光明	203.9	光明	193.7	光明	202.07	光明	216.72
4	光明	117.9	贝因美	53.5	贝因美	61.17	三元	45.0	三元	45.5	三元	58.54	三元	61.21
5	美赞臣	53.5	雅士利	36.6	雅士利	38.90	雅士利	28.2	圣元	24.5	澳优	27.40	澳优	39.27
6	完达山	53.1	三元	35.5	三元	37.88	圣元	24.7	澳优	21.0	圣元	23.81	雅士利	22.55

续表

排名	2011		2012		2013		2014		2015		2016		2017	
	企业	销售额	企业	销售额	企业	销售额	企业	销售额	企业	销售额	企业	销售额	企业	销售额
7	多美滋	52.0	银桥	18.5	飞鹤	35.00	澳优	19.7	银桥	16.4	燕塘	11.01	天润	12.40
8	贝因美	50.97	圣元	17.56	圣元	21.25	银桥	18.09	燕塘	10.3	天润	8.75	燕塘	12.39
行业销售总额	2 315.6		2 465.4		2 831.6		3 297.7		3 328.5		3 503.9		3 590.4	

数据来源：2012—2018 年《中国奶业年鉴》统计数据。

表 3－4　2011—2017 年我国乳业市场集中度

年份	CR_4/%	CR_8/%
2011	48.77	57.82
2012	39.43	43.81
2013	40.10	44.80
2014	39.23	42.00
2015	40.05	42.22
2016	40.00	42.02
2017	43.45	45.86

数据来源：根据《2018 中国奶业统计资料》数据计算。

由表 3－3 可知，蒙牛、伊利的市场地位在近几年变化不大，两家企业的乳品销售额占市场总额的 30%以上，总体呈上升趋势。以 CR_8 为衡量标准，我国乳业市场集中度只有 2011 年超过了 45%，属于较高程度的寡占市场，2012 年开始市场集中度大幅下降，随后 3 年又落入较低程度的寡占市场，但是在 2017 年，CR_4 与 CR_8 突然增高，市场集中度相对前 5 年有增长的趋势。

3.5.2.3　“乳品危机”前后市场结构对比

已有学者对我国 2008 年之前的乳业市场结构进行了划分：以 CR_4

为标准，2003年之前的市场集中度小于30%，是典型的竞争市场；2005—2007年，乳业市场结构接近较高程度的寡占市场；2008年市场集中度降低到40%以下，又落入低度寡占市场（见图3-25）。

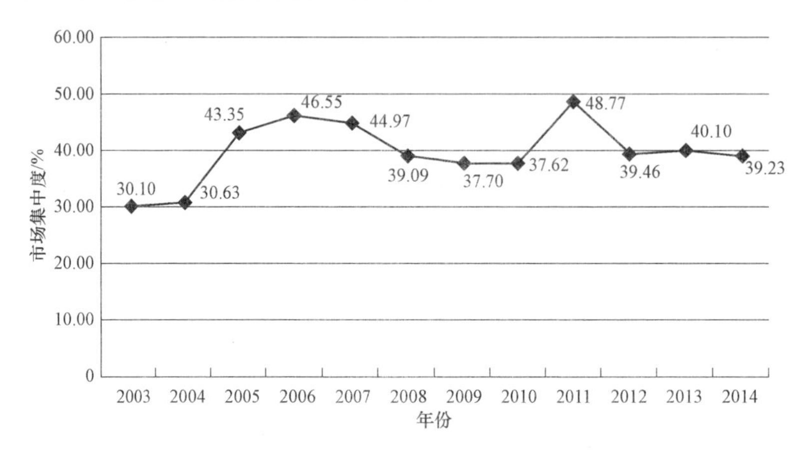

图3-25　2003—2014年我国乳业市场集中度（CR_4）

以CR_4为衡量标准，在“乳品危机”之后，我国乳业市场集中度在短期内大幅上升，随后又急剧下降。从市场集中度的影响因素来看，造成这种现象的原因一方面可能是“乳品危机”发生后的近几年内政府规制发生作用，部分违规企业退出市场，市场集中度升高；另一方面也可能是受“乳品危机”影响，市场进入壁垒升高，新兴企业进入市场受到阻碍，市场集中度升高。2012年之后，随着规制作用的减弱，企业数量又随之增加，市场容量扩大，市场集中度也随之下降。

3.5.3　市场结构与政府规制

政府规制对乳业市场结构能够产生一定的影响，本节重点针对我国“乳品危机”前后的政府规制加以分析，进而找出政府规制在优化市场结构中存在的问题。

3.5.3.1　“乳品危机”前后我国乳业规制现状

（1）法律法规数量

由于有关乳业法律法规的制定涉及全国人大常务会、国务院办公厅、农业农村部、卫健委、国家质检总局等众多部门，因此就上述法律部门 2003—2014 年出台的有关奶牛养殖、乳品生产、卫生检疫等方面的法律法规数量进行了统计，如表 3－5 所示。

表 3－5　2003—2014 年我国出台的乳业规制法律法规数量（累计值）

项目	2003年	2004年	2005年	2006年	2007年	2008年	2009年	2010年	2011年	2012年	2013年	2014年
数量/项	21	21	21	22	24	51	55	62	77	90	119	138

数据来源：根据 2003—2014 年全国人大常委会、国务院办公厅、农业部、卫生部、食品药品监督管理局、国家质检总局、海关总署等部门官方网站数据统计。

截止到 2014 年，上述部门累计出台有关乳业法律法规共计 138 项。2003 年之前，由于我国乳业生产规模较小，发展速度缓慢，因此乳业法律法规数量较少。2003 年之后，乳业规模逐渐扩大，政府开始对乳品企业生产行为进行规制，但每年出台的法律法规数量仍然较少，2004 年和 2005 年没有出台 1 项法律法规，2006 年和 2007 年分别仅有 1 项和 2 项新法规出台。这说明，2003—2007 年，我国乳品安全规制措施出台的数量与乳业市场快速扩张的步伐并不一致。2011 年，我国乳业市场集中度达到 48.77%，为历年最高，但 2012 年又迅速下降至 39.43%；2013 年市场集中度升高至 40.10%，主要得益于政府增加了有关乳业法律法规的出台数量（29 项），这虽然实现了提高市场集中度的目标，但幅度较小，与 2012 年相比增长还不到 1%。

（2）规制内容

从颁布乳业规制法律法规的主体来看，截止到 2014 年，全国人大常委会出台与乳业规制相关的法律 9 部，占乳业规制的法律法规总数的比重还不到 7%；农业部出台的法规数量最多，占 21%；其次是国务院办公厅，占 13%；与此形成鲜明对比的是卫生部、发改委、海关总署等部门，其颁布的法规数量均不超过 5 项；除此之外，多部门联合出台的法规占全部乳业规制的法律法规总数的比重为 13%。如图 3-26 所示。

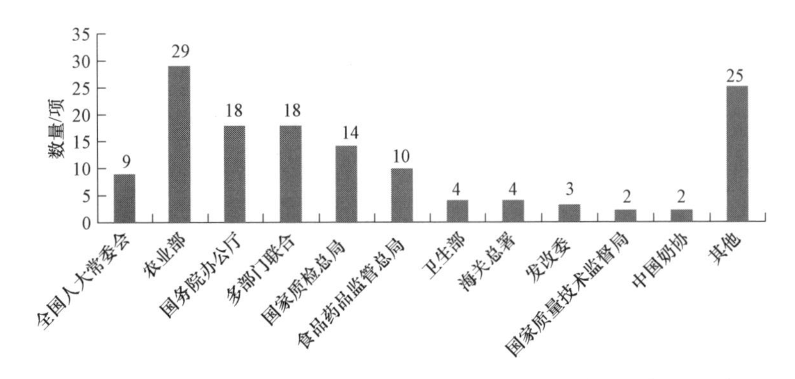

图 3-26 2003—2014 年我国颁布的有关乳业的法律法规数量分布

数据来源：根据 2003—2014 年全国人大常委会、国务院办公厅、农业部、卫生部、食品药品监督管理局、国家质检总局、海关总署等部门官方网站数据整理。

3.5.3.2 乳业规制与市场集中度之间的灰色关联分析

已有学者对市场结构和政府规制之间的关系进行过定性研究，但目前还没有学者对乳品市场与政府规制的关联度进行定量分析。本节试图运用灰色关联分析法对“乳品危机”前后两个时期的政府规制与市场结构之间的内在联系进行研究（集中度取 CR_4 的值），得到的结果如表 3-6 所示。

表 3-6 “乳品危机”前后政府规制与乳业市场结构之间的灰色关联度对比

项目	“乳品危机”前					“乳品危机”后						
年份	2003	2004	2005	2006	2007	2008	2009	2010	2011	2012	2013	2014
市场集度（X_0）	30.19	30.63	43.35	46.55	44.97	39.09	37.80	37.62	48.77	39.43	40.10	39.20
新增规制数量（X_1）	3	0	0	1	2	27	4	7	15	13	29	19
灰色关联度	0.49					0.57						

注：由于规制的滞后性，2008 年出台的乳业规制措施在“乳品危机”后产生规制效应。

3.5.3.3 乳业规制对市场结构的影响

以上实证分析说明，政府规制与市场结构之间存在一定的关联，且“乳品危机”前后时期的关联程度不同。“乳品危机”前，我国出台的乳业法律法规数量较少，且制定的法律法规内容在某种程度上滞后于乳业市场发展，小企业数量众多，集中度较低。政府规制与市场集中度之间的灰色关联度仅为0.49，因此政府规制对市场结构的影响较小。

“乳品危机”后，国家和地方政府重新制定了规制内容，出台的法律法规数量也逐渐增加，部分法律法规能够针对乳业市场中存在的问题发挥作用，淘汰了一批违规企业。市场结构在适应规制的过程中呈现出明显的波动趋势，我国乳业市场集中度有所提高，政府规制在优化市场结构中的影响力增强，关联度达到0.57，但仍存在可提升的空间。

3.6 本章小结

本章从经济规模、经济效益、投入产出、支撑要素四个方面分析了我国乳品制造业的发展现状，在此基础上对乳业的市场结构进行了测算，并以“三聚氰胺”事件为分界点，分析了危机前后我国乳业市场结构与政府规制的关系，研究结果表明：

第一，我国乳业发展迅速，近几年的产业规模比较稳定，在全球占有重要的地位，排名位居世界第四，印度、美国、巴基斯坦位次排名前三，但是我国乳品制造业与乳业大国相比还存在较大差距。

第二，从区域发展来看，2008—2018年华北奶类产量领先于其他五个区域，但产量波动频繁，整体呈下降趋势。

第三，我国乳业市场总供给由70.18%来自国内自产，29.82%来自国外进口。我国对进口乳制品的主要需求明显倾向于鲜奶、奶粉和乳清，其中奶粉进口量占比最高。

第四，奶牛养殖近几年存栏数下降，国内饲料加工企业数量十年间未发生较大变化，并没有随着乳业规模扩大而变化显著。乳品企业的销售收入和利润近几年出现下降。

第五，我国乳业基本形成由两大乳品企业主导的市场结构，国内新进企业遭遇淘汰较多，但国外大型乳品企业在国内市场趁机夺得了一定的市场份额。“乳品危机”前，政府规制与市场集中度之间的灰色关联度仅为 0.49，因此政府规制对市场结构的影响较小；“三聚氰胺”事件发生后，国家和地方政府提升了规制强度，淘汰了一批违规企业，市场结构在适应规制的过程中呈现出明显的波动趋势，政府规制在优化市场结构中的影响力增强，关联度达到 0.57。

第 4 章　我国乳品安全规制体系的演变与构成

改革开放以来，我国乳品行业发展迅速，然而随着生产规模的不断扩大，乳品质量安全问题频发。在 2008 年的“三聚氰胺”事件发生之后，我国加大了对乳品质量安全的管理力度，乳品安全规制体系逐步趋于完善。本章根据我国乳品安全规制体系的完善程度，将规制体系进行分阶段阐述，并总结了每个阶段的特点；然后从规制主体、规制客体、规制工具和规制目标对我国乳品安全规制体系的构成进行了介绍。

4.1　我国乳品安全规制体系的演变

规制是指依据一定的规则对构成特定社会的个人和构成特定经济的经济主体进行限制的行为。而体系，泛指一定范围内或同类事务按照一定的秩序和内部联系组合而成的整体。规制体系则是指由规制目标、规制主体、规制客体以及规制工具等要素构成的整体。

一个健全的食品安全规制体系是由规制目标、规制主体、规制客体和规制工具四个因素构成的。规制主体不仅仅包括公共规制主体，即立法监督部门以及执法行政部门，还应该包括实行自我规制的食品生产经营者和实行第三方规制的行业协会、消费者协会、标准协会、新闻媒体等第三部门组织；规制客体即指被规制者的总体，是规制工具实施的对象；规制工具是规制主体对规制对象进行管理和监督的手段、方法，是实现规制目标的途径；规制目标是保障消费者的生命健康安全，还包括维护食品生产经营者的利益，通过提高食品行业的发展水平、协调食品行业经营秩序来实现社会经济的稳定。乳品安全规制是指规制主体针对乳品交易市场中出现的负外部性、“寻租”以及规制失灵等问题实施相应的规制工具，将乳品质量安全风险降到最低，达到规制目标。我国现行乳品安全规制体系如图 4－1 所示。

4.1.1 乳品安全规制空白阶段（1949—1957 年）

中华人民共和国成立初期，因为生产资源有限，尤其是资本和技术十分匮乏，从而导致我国奶业发展基础薄弱，发展迟缓。总人口 5 亿的中国，全国奶牛及改良种奶牛仅有 12 万头，产奶量 20 万吨，加上山羊奶 1.7 万吨，牛羊奶总产量共计 21.7 万吨。而中国牛奶主要是由国营奶牛场养殖的奶牛生产，在产量的限制下，奶制品严重供不应求，大部分普通人喝不到牛奶。

在计划经济体制背景下，中华人民共和国成立初期对乳制品行业的规制属于由部门管理的计划管理，乳制品生产主要由轻工业部下设的食品工业处进行管理。除轻工业部之外，同时期我国乳制品安全规制相关部门有中央人民政府卫生部、中央人民政府农业部，但这两个部门基本没有颁布过有关乳制品安全规制方面的规章制度，并且由于当时的乳制品行业未显现安全问题，乳品安全规制体系属于空白阶段。

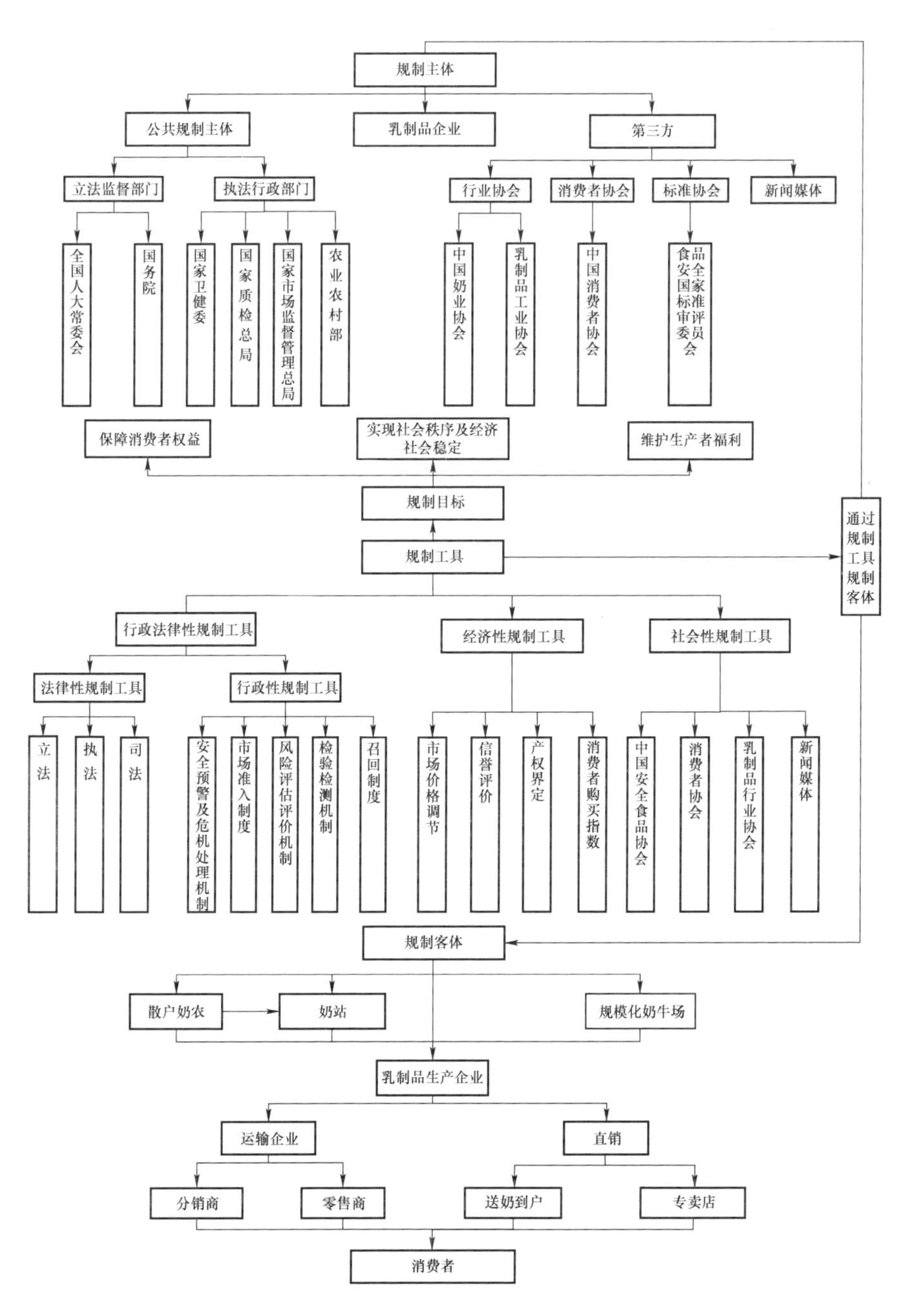

图 4-1 我国现行乳品安全规制体系

4.1.2 乳品安全规制起步阶段（1958—1981年）

1958年，轻工业部颁布了乳品第一部行业标准《乳、乳品质量标准及检验方法》，开始了我国乳品规制的历程。1965年，国务院同意卫生部、商业部、第一轻工业部、中央工商行政管理局、全国供销合作总社制定的《食品卫生管理试行条例》，在该条例中，规定了卫生部门的职责：负责食品卫生的监督工作和技术指导；根据需要，逐步研究制定各种主要的食品、食品原料、食品附加剂、食品包装材料（包括容器）的卫生标准（包括检验方法）等。该条例在1979年由国务院修订为《中华人民共和国食品卫生管理条例》，进一步明确了卫生管理部门管理的范围以及职能要求，卫生部门、工商行政管理部门和食品生产、经营主管部门有权处置违反该条例的单位和个人。

在本阶段中，我国对乳品的安全规制属于单一部门主管，多部门协管的规制体制，国务院并未对我国食品安全监管原则提出明确规定。本阶段的乳品安全规制体系正处于起步阶段。

4.1.3 乳品安全规制逐步发展阶段（1982—2008年）

1982年颁布的《中华人民共和国食品卫生法（试行）》是我国第一部食品卫生专门法律，是我国食品安全规制法律的起点，建立了我国的食品卫生监督制度，即通过立法确定了整套监督检查措施，由法定的食品卫生监督机构及其食品卫生监督员执行食品卫生监督任务，行使监督权。随后，全国人大常委会先后颁布了《中华人民共和国标准化法》《中华人民共和国产品质量法》《中华人民共和国反不正当竞争法》《中华人民共和国农业技术推广法》《中华人民共和国广告法》《中华人民共和国食品卫生法》《中华人民共和国农产品质量安全法》等法律，进一步完善了我国的食品安全规制法律体系。

在本阶段中，我国乳品行业迅速发展，乳品安全规制体系也随之发生了渐进式的变化，演变成为多部门监管的规制体制。自2005年1月1日起实施的由国务院颁发的《关于进一步加强食品安全工作的决定》中，明确规定了我国的食品安全监管原则是“一个监管环节由一个部门监管”，采用“分段监管为主、品种监管为辅”的方式，由农业部门、质监部门、卫生部门、工商部门和食品药品监管部门等不同的部门分别负责初级农产品的生产、生产环节、消费环节、流通环节、综合监督和重大事故处理。国家质检总局下设的进出口食品安全局负责对进出口食品的安全管理，另外海关总署参与国际贸易食品的安全规制。

2008 年 3 月行政部门改革后要求卫生部承担食品安全综合协调、组织查处食品安全重大事故的责任，以及负责组织制定食品安全标准，同时将国家食品药品监督管理局改为由卫生部管理，负责食品卫生许可，监管餐饮业、食堂等消费环节食品安全。

4.1.4 乳品安全规制迅速发展阶段（2009—2013 年）

2008 年的中国奶制品污染事件给我国乳品行业的发展带来了沉重的打击，但也在一定程度上推动了我国乳品安全规制体系的发展，使我国的乳品安全规制体系进入了迅速发展阶段。

首先，全国人大常委会在 1995 年颁布的《中华人民共和国食品卫生法》的基础上，于 2009 年 2 月 28 日颁布了新的《中华人民共和国食品安全法》（以下简称《食品安全法》），《食品安全法》确立了以食品安全风险监测和评估为基础的科学管理制度，明确食品安全风险评估结果作为制定、修订食品安全标准和对食品安全实施监督管理的科学依据。《食品安全法》的颁布确立了我国乳品安全规制以《食品安全法》《中华人民共和国农产品质量安全法》为核心，《乳制品质量安全监督管理条例》《乳制品企业良好生产规范》《关于进一步加强乳品质量安全工作的通知》等行政管理规章制度为辅助管理办法的法律法规体系。

随后，2009 年 3 月 31 日，中国国家认证认可监督管理委员会发布了《乳制品生产企业危害分析与关键控制点（HACCP）体系论证实施规则（试行）》，旨在促进乳品企业自我质量控制水平的提高。但是，早在 1995 年日本厚生省就已经开始对乳制品实行 HACCP 管理体系。我国质量认证体系滞后，GAP、GMP、HACCP 推广不到位也是导致我国乳品安全监管效率低下的原因之一。

2009年4月，我国成立了国务院食品安全管理委员会，把原有的分散型规制模式转变为集中型规制模式。该委员会的主要职能是：分析食品安全形势，研究部署、统筹指导食品安全工作；提出食品安全规制的重大政策措施；督促落实食品安全规制责任。该委员会分别由各相关部委的负责人组成，各部委分管的业务工作对委员会负责。这一举措在一定程度上避免了在食品安全问题上的相互推诿、无人负责的情况，但是并没有从根本上改变各部门分管的规制体制，由于“九龙治水”的局面没有彻底改变，在规制过程当中出现的交叉管理、分责不清、监管“碎片化”问题仍然在影响规制效果。

4.1.5 乳品安全规制逐步完善阶段（2013—至今）

4.1.5.1 规制机构改革

2013年3月22日，国家食品药品监督管理局（SFDA）改名为国家食品药品监督管理总局（CFDA），这一正部级部门的建立意味着我国食品安全分多头分段管理模式正式结束。

国家食品药品监督管理总局将食品安全办的职责、食品药品监管局的职责、国家质检总局的生产环节食品安全监督管理职责、工商总局的流通环节食品安全监督管理职责整合，对食品和药品的生产、流通、消费环节进行无缝监管。国家食品药品监督管理总局设17个内设机构，其中负责食品安全的下设机构有食品安全一司、食品安全二司、食品安全三司，分别负责拟订生产加工环节食品安全监督管理的规章制度及技术规范和指导食品生产加工环节检验检测工作、拟订流通和餐饮消费环节食品安全监督管理的制度措施并督促落实和指导下级行政机关开展流通和餐饮消费环节食品监督抽检工作、拟订食品安全风险监测工作制度以及组织协调并建立与农业、卫生计生、质检等部门有关食品、食品相关产品和进出口食品安全信息衔接机制。每司部门又分别下设监管四处，将每司承担的职责进行更加详细的分配和规定。

2018年3月，根据第十三届全国人民代表大会第一次会议批准的国务院机构改革方案，将国家工商行政管理总局的职责、国家质量监督检验检疫总局的职责、国家食品药品监督管理总局的职责、国家发展和改革委员会的价格监督检查与反垄断执法职责、商务部的经营者集中反垄断执法职责以及国务院反垄断委员会办公室的职责整合，组建国家市场监督管理总局。2018 年 4 月 10 日，国家市场监督管理总局正式挂牌。图 4-2 为我国现行乳品安全规制机构。

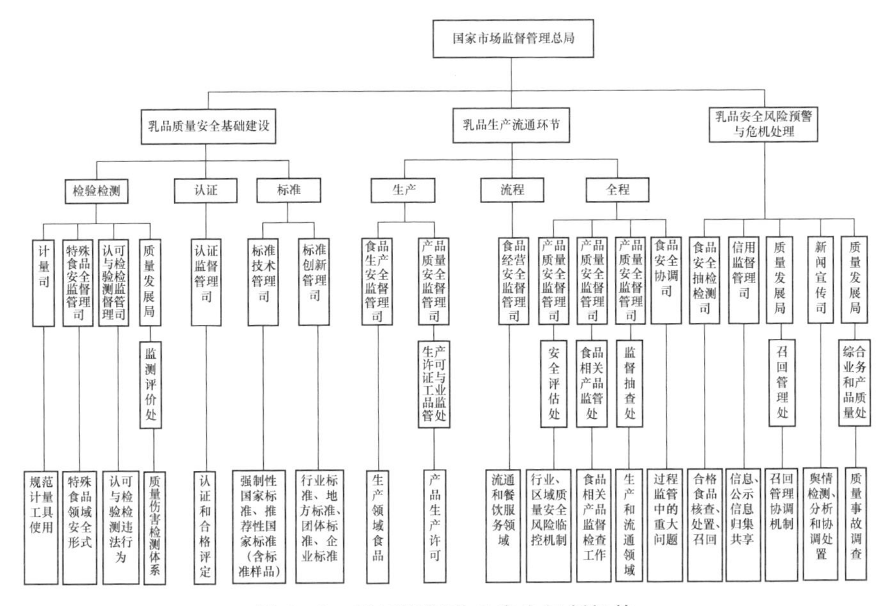

图 4-2　我国现行乳品安全规制机构

4.1.5.2　规制工具完善

国家食品药品监督管理总局自成立以来，先后颁布了《食品药品行政处罚程序规定》《食品药品监督管理统计管理办法》《食品安全抽样检验管理办法》《食品召回管理办法》《食品生产许可管理办法》《食品经营许可管理办法》，更加全面且详细地规定了食品在生产经营过程中的管理办法。

在与其他部门的协调合作上，国家食品药品监督管理总局与农业部于 2014 年 11 月召开的全国治理“餐桌污染”会议现场签署了合作协议，建立了“从农田到餐桌”衔接顺畅、良性互补的协作制度。随后双方在 2015 年 10 月首次联合开展全国食品安全城市和农产品质量安全县创建试点工作。

国家食品药品监督管理总局的成立并不意味着我国乳品规制体系演变为单一规制机构负担规制任务。张肇中（2014）基于多任务委托代理模型的理论模型的分析，证明了在我国食品安全规制面临多规制任务的情况下，进一步整合现有的机构设置和权力配置，尽可能地将规制任务交托综合部门协调执行是一种相对有效的规制体制模式。但国外学者的研究表明指出，单一规制机构并非任何情况下的最优模式，尤其是被规制企业为具有较大市场势力的垄断企业，且存在潜在规制俘获可能的规制领域，规制机构之间的竞争与制衡将成为限制规制俘获的因素（Laffont，Martimort，1999）。因此，国家食品药品监督管理总局在主管我国食品安全的同时，也需要和其他政府部门协调合作，共同达到规制目的。

国家食品药品监督管理总局与农业部的合作已经进一步指明了我国的乳品安全规制体系的改革方向是应该在适当保留原有规制机构职能的基础上由国家食品药品监督管理总局综合统筹协调，负责权衡我国乳品安全规制各方面因素并进一步完善我国乳品安全规制体系。

4.2 我国现行乳品安全规制体系的构成

4.2.1 规制主体

我国目前形成了以政府为主的多主体规制体系，政府作为主体主要是实施行政性规制和法律性规制，保障公共安全；企业作为市场主体，主要是实施自我规制，自愿采用质量控制体系和其他技术手段来保证产品的质量和安全；作为乳品安全规制“第三方力量”的行业性社会团体、民间团体以及自律性行业管理组织的协会在乳品安全规制上也具有一定的管理职能。我国参与乳品安全规制的行业协会有中国乳制品工业协会、中国奶业协会、中国食品工业协会、中国食品协会、中国安全食品协会，此外，还有消费者协会以及中国质量检验协会。

需要注意的是，国家市场监督管理总局的建立强化了食品安全监管部门的职能整合，但与卫健委、农业农村部、商务部、工信部、财政部、环境部、税务局、海关总署以及发改委、科技部等行政部门在食品安全规制方面的交集仍然存在。如，科技部负责食品安全的科技攻关项目，环境部参与产地环境、养殖场和食品流通企业污染物排放的监测和控制工作，海关总署负责进出口食品的安全检疫与检测等。

4.2.2 规制客体

我国乳品安全规制的规制客体核心为进行乳制品生产和销售的乳制品企业，除此之外还包括乳制品产业链中的相关组织和个人，其中有向乳制品企业提供奶源的散户奶农、奶牛养殖小区管理者、奶站以及负责乳制品销售环节的承销商、承运商。总的来说，由供应链节点的对应情况来看，若生产加工企业选择原料乳（生鲜乳）作为生产原材料的话，各种质量危害因子主要来自养殖牧场；若生产加工企业选择原料乳粉还原后进一步生产加工，则危害因子就主要来自原料乳粉供应者及可追溯的养殖牧场源头。

2008 年婴幼儿奶粉事件后，国家加强了乳业的整顿和振兴，实施了严格的乳品行业准入和审核制度。规模以上乳品企业由 2008 年的 1 000 多家减少至 2017 年的 600 多家。2018 年，中国规模以上乳品企业 587 家，比 2017 年又减少 24 家。随着规制力度加深，行业集中度也进一步提高。

4.2.3 规制工具

规制工具作为联系规制主体和规制客体的手段以及运用相应规制手段的程序和方法的总体，根据方式的不同分为行政法律性规制工具、经济性规制工具和社会性规制工具。行政性规制工具是指通过政府部门制定的法律、行政法规、部门规章制度的方式进行规制；经济性规制工具是市场通过市场价格、信誉、信用、产权、信息披露等经济工具对参与乳制品生产经营市场的消费者、生产经营者以及政府部门进行协调的方式；而社会性规制则是指乳制品行业协会、消费者协会、食品安全协会、标准协会和新闻媒体等“第三方规制力量”在乳品安全规制主体和客体之间的沟通、协调以及提高社会监督效率的方式。

在三种规制工具中，行政法律性规制工具具有效果好、公信力强的优势，但也存在时滞性的特点；经济性规制工具的规制效果直接、持久，但不具有强制性；社会性规制工具的特点是规制成本偏低以及规制方式灵活，并能加强消费者与生产者的沟通和联系。既有效率又有效果的规制体系需要这三种规制工具形成互补、互动、互助的关系，合理分配社会资源，从而实现规制目标。

4.2.4 规制目标

根据学术界对规制的分类，乳品安全规制属于社会性规制，即政府为控制负外部性和可能会影响人身安全健康的风险，而采取的行动和设计的措施。根据经济学家植草益对社会性规制的定义，“社会性规制是以确保国民生命安全、防止灾害、防止公害和保护环境为目的的规制”，社会性规制的目标可以分为经济性目标和社会性目标；经济性目标是指需要对市场中的负外部性和信息不对称所带来的市场失灵进行规制，而社会性目标则是指通过规制手段有效地防止因市场失灵导致的危害国民健康和安全的事故发生。

相应地，乳品安全规制的经济性规制目标即通过规制手段保障乳制品市场的经济秩序，减少因负外部性以及信息不对称所造成的乳品安全规制失灵，社会性目标则是以有效的规制方式规范乳制品的生产、加工和销售过程，保证消费者的生命安全以及合法权益，避免乳制品安全事故的发生。

4.3 我国乳品安全规制存在的问题

4.3.1 规制主体存在的问题

为了解决多头管理导致的规制失灵，我国一直致力于规制机构改革，从 2009 年成立国务院食品安全管理委员会，将原有的分散型规制模式转变为集中型规制模式，到 2013 年建立正部级部门国家食品药品监督管理总局，从国家层面结束食品安全分多头分段管理模式，再到 2018 年国家市场监督管理总局正式挂牌，旨在建立集中统一的大部制垂直一体化管理体制。并且，国家市场监督管理总局设立食品安全协调司，承办国务院食品安全委员会日常工作，主要职责为：拟订推进食品安全战略的重大政策措施并组织实施；承担统筹协调食品全过程监管中的重大问题，推动健全食品安全跨地区跨部门协调联动机制工作。

这些举措在一定程度上避免了在食品安全问题上的相互推诿、无人负责的情况，但是并没有从根本上改变各部门分管的规制体制。

其他私人规制主体，如企业、行业协会等，参与乳品安全规制一方面是自愿，另一方面取决于政府激励。由于我国激励性规制尚处于起步阶段，对其他规制主体参与社会规制的积极性并不高。大型乳品企业的自我规制依赖于自律和社会责任约束，社会团体等第三方规制仍然需要政府激励措施不断创新和完善。

4.3.2 规制客体存在的问题

规制客体是规制主体活动的对象，以政府为规制主体的安全规制，涉及乳业全产业链。乳品安全的供给涉及上游饲料种植、奶牛养殖、乳品的生产加工、经营流通、餐饮消费等环节的各个利益群体。因此，规制的客体涉及奶户、奶站、乳制品生产企业等。

4.3.2.1 原奶环节

“三聚氰胺”事件暴露出的问题，恰恰是生鲜乳环节没有全部纳入农业部门的监管，不法奶站、奶农的投机掺假与乳企默认产生的恶果。2009 年开始，国家质监局连续 3 年在全国实施生鲜乳质量安全监测计划，通过专项监测、飞行抽检、隐患排查等方式，以奶站和运输车为重点，加大对三聚氰胺等违禁添加物的检测抽检力度，坚决打击各种违法添加行为。农业部门则依法开展了奶站清理整顿工作，所有奶站由乳品企业、奶畜养殖场和奶农合作社三类合法主体开办，全部持证收购。三鹿集团的覆灭，与我国奶业的分散饲养、集中挤奶的生产组织模式直接相关。内蒙古牛奶生产在“三聚氰胺”事件发生之前，按其生产组织模式划分，可分为农户家庭分散饲养、奶农片区集中饲养、乳品企业牧场园区集中饲养、业主规模化饲养四种。其中，业主规模化饲养的现代化程度最高，乳品企业牧场园区集中饲养的现代化程度次之，奶农片区集中饲养（奶牛小区）有一定的组织和管理形式，在现代化程度上比农户家庭分散饲养前进了一步，而农户家庭分散饲养的现代化程度最低。

“三聚氰胺”事件发生后，我国大力推行规模化养殖，开展奶源基地建设，尤其是集中整治了各类奶站。目前，从养殖方式来看逐渐形成了两种类型：一类是家庭散养以及小规模片区养殖，另一类是大型标准化牧场养殖。2016 年，我国奶牛规模养殖比重首次超过 50%，养殖方式实现由传统向现代化的转变。

因此，从奶源供给来看，散养和小规模片区养殖方式的安全风险因素比大牧场养殖较为复杂，所涉及的奶农、奶站等利益方往往是乳品奶源安全规制的重点。下文简单分析这两种方式下的规制客体行为可能导致的风险因素。

（1）奶农分散生产

奶农分散生产是指以分散的奶农为单位，进行奶牛养殖的生产组织模式。奶农分散生产在内蒙古原奶生产组织形式中仍然占绝对比例。在奶农分散生产条件下，乳品企业与奶农是通过奶站完成交易的（见图 4-3）。奶站是建立在奶源基地，从事牛奶的集中和运送的专业性经济组织。奶站的诞生是由于公司控制奶源基地的需要。由于鲜奶的鲜活易腐性，企业可控的收奶半径有限，为了满足企业生产能力不断扩大对原料奶的需求，企业通过整合社会资源，建立奶站，与奶站达成牛奶交售合约，扩大奶源基地范围；同时通过奶站集中挤奶，企业也可很好地杜绝奶农掺杂使假等行为，规避奶农的道德风险和逆向选择，确保原料奶质量。

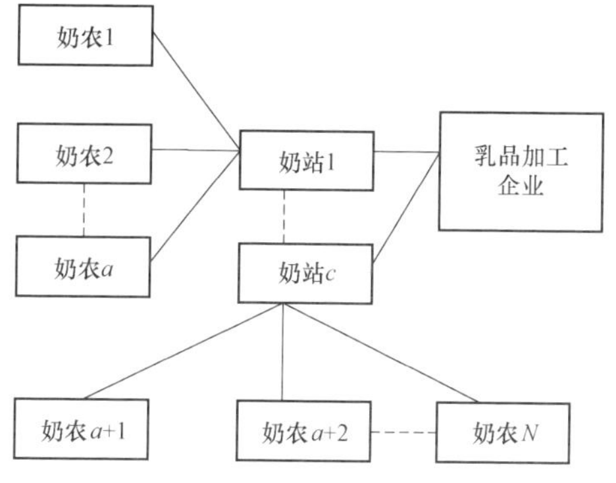

图 4－3 奶农分散生产组织模式交易示意

由于饲养技术、设施以及质量安全意识等原因，奶农分散生产的产量和质量相对较低，无法满足乳品加工需求。具体而言，奶农分散生产的安全风险主要表现为以下几个方面：

第一，饲料安全没有保证。奶农小规模、分散饲养的饲养方式粗放，奶农主要是自拌料或是从市场上购买廉价料饲喂，无法保证饲料的合理搭配、营养价值及安全标准。目前我国饲料市场不规范，监管不严，饲料生产商违规，在饲料中添加有害物质以提高饲料营养成分含量或感观效果。而分散独立生产的奶农缺少鉴别知识，又不具备饲料化验手段，一般是根据市场价格选择饲料，奶农的廉价需求恰好迎合了饲料生产商的投机行为，使得饲料市场上出现“劣质饲料驱逐良质饲料”现象。一些饲料中的有害添加物进入奶牛机体内，对牛奶生产造成污染。

第二，饲养设施简陋，饲养管理技术落后。奶农分散养殖布局呈现典型 “庭院经济”特点，奶牛圈养或拴养在院子里，活动场地小，粪便得不到及时、科学处理，环境卫生差，环境中的有害物质经由生物食物链条传递并浓缩于牛奶中，影响质量安全。奶农分散生产是种养结合、以种定养的兼业型生产，通常是自家产什么就喂什么，青粗饲料不做合理调剂。

第三，疫病风险高，抗生素残留严重。牛奶分散生产，奶户饲养规模小、分布不集中，奶牛疫病得不到有效监控，牛结核、布什杆菌病等人畜共患病的患病率高。加之部分奶农未严格按照规范要求防治奶牛乳房炎，导致奶牛用药频繁，特别是抗生素在生产中用量大，长期使用会导致奶牛体内细菌失调，耐药性增强，疾病难以彻底治愈，药物残留增多，严重影响牛奶质量。

第四，奶农机会主义行为难以避免。在奶农分散生产条件下，乳品加工企业不可能对其生产行为进行监督。出于短期利益驱动，奶农会产生机会主义行为。奶农机会主义行为主要表现为：以次充好，即让病牛或体内有抗生素的牛进站挤奶；偷懒，即在挤奶前，不认真清洁奶牛乳房，敷衍了事，致使牛奶中细菌杂质数量增加；惜奶，即按要求奶牛在上吸奶器之前，奶农应将头三把奶丢掉，但多数奶农不舍得丢奶；违规操作，即在挤奶过程中，通过重复拔吸奶器，增加管内气压，使得计量瓶内奶量虚高。

第五，中间商机会主义行为难以控制。在奶农分散生产条件下，乳品加工企业委托中间商——奶站来完成牛奶的集中和运送，乳品企业根据奶站交售牛奶的数量和质量，分级给付管理费。奶农牛奶的低质量和乳品加工企业的高要求，对奶站形成产生机会主义行为的倒逼机制，严重影响牛奶质量安全。奶站是独立于乳品加工企业和奶农的利益主体，由于经济利益的驱动，进入奶业产业链的中间环节，负责牛奶的采集和运送，奶站上不对奶农负责，下不对企业负责，以赚取中间更高的服务费用为主要目的。因此，在交售牛奶数量少，质量低的情况下，奶站极易采取不正当手段，在牛奶中掺杂使假，提高牛奶的质量检测等级和数量，赚取高额的服务费用，破坏牛奶质量，危及产业安全。同时由于企业与奶农的交易没有实现以质论价，而企业与奶站的交易实现以质论价，因此，这种价格机制不利于激励奶农优质牛奶生产，又催生奶站的机会主义行为，牛奶质量实难控制。

（2）奶农片区集中生产

奶农片区集中生产，是将奶农分散的奶牛集中在建设好的片区，实行统一管理、集中建设、分户饲养、集中挤奶、系列服务的生产运作模式，就是我们通称的奶牛养殖小区。

奶牛养殖小区大多采取“五统一、一分户”的方式运营，即奶农以每年交纳一定的费用或扣除奶款为条件，进入小区饲养。小区实行统一管理、统一防疫、统一挤奶、统一销售、集中供料、分户饲喂方式运营。

目前内蒙古乳业奶牛养殖小区主要有三种类型，不同类型的小区组织管理方式也不同。

第一，当地政府统一建设小区。这类小区政府补贴30%后出售给奶农，公用设施由政府出资建设。小区为奶农提供养殖场地，统一建设标准化牛舍，要求入区奶农的养殖要达到设计规模。实行人畜分离，奶农自愿加入，土地无偿使用。小区内由龙头企业建设挤奶站，奶农免费进入挤奶站挤奶。

第二，龙头企业建设小区。龙头企业购买土地，统一建设牛舍，修建绿化带，建设挤奶站等公共设施，形成一定规模的小区，然后把牛舍卖给奶农来饲养奶牛。购买牛舍的奶农还可以得到企业的贷款。进入小区的奶农必须按企业的要求统一饲料、统一防疫、统一配种、统一奶价、统一消毒。小区由企业派人成立管理机构，实行全面管理，除自主经营、自主决策外，其他活动必须服从小区的管理。小区不向奶农收取管理费用。

第三，奶农出资建设小区。这类小区管理较为松散，虽然有服务站，但服务的内容少，机构也不健全，奶农各自为政，小区内也没有健全的管理制度。小区内有奶站，奶农可以免费到奶站挤奶。

奶牛养殖小区作为具有一定饲养规模的奶农片区集中饲养模式，比奶农分散生产前进了一步，但一些客观存在的问题有待解决，主要体现在以下几个方面；

第一，小区缺乏整体规划，易于疫病群发。许多小区选址时没有根据小区规模、水源条件、奶牛的生态学特征、牛奶的销售、交通条件和周围社会关系等进行长远考虑。在空间布局上，相当数量的小区不分管理区、生活区、生产区、粪污处理区，各功能室设置不合理，消毒设施不健全，造成整个小区防疫不严格，污染严重，疫病的交叉感染在所难免。而且规划时没有对小区的发展做出科学的预见，小区面积不易向外扩张，养殖单元被限定在一个小区域内，没有为以后发展留下余地，随着奶牛存栏数的增加，各单元显得十分拥挤。

第二，片区统一管理不到位，环境污染严重。小区建设的初衷是优化人居和牛群饲养环境，实现人畜分离，扩大奶牛活动范围，提高奶牛饲养管理水平。但调查中发现，生产现实并非想象的那般景象。由于投资建设者和生产者分离，奶牛养殖小区建设，管理主体缺位，卫生防疫不到位，饲料管理不统一，生产管理水平不高，小区环境污染严重，原本是人畜分离，却变成了更为广泛意义上的人畜混居，奶牛活动范围扩大了，但是奶牛饲养主体——奶农的生活环境却每况愈下，成为危及牛奶生产的又一新的难题。

第三，养殖小区的功能不够完善。第三方检测体系、优质优价体系没有完全建立起来，小区或乳品加工企业未对原奶进行分户鉴定质量，而是按统一价向奶农支付奶款，原奶质量较高的奶农的利益得不到保障，逐渐使得小区的原奶质量越来越低。

4.3.2.2　生产加工环节

乳品生产企业作为被规制的客体，事前有生产经营许可的准入，事中需按照国家规定的法律法规体系和食品安全体系进行生产，事后出现安全事件需要接受相关规定惩戒。乳品生产企业既是强制性规制的客体，同时也是自愿性规制的主体。从企业乳品安全管理的实践来看，大型乳品企业基于社会责任的担当和声誉机制的影响，对乳品质量安全往往采取非常严苛且高于国家要求的标准生产，尤其在实施HACCP 方面，更是众多中小企业不能做到的。然而，不排除为了追求营养指标提升、保质期延长等因素带来的利益，企业会运用技术更新手段突破现有规制的要求，或者向规制机构提供寻租利益，实现规制俘获。

再者，企业与消费者在乳品安全信息方面存在严重不对称，不论是专业性还是技术性企业都是优势的一方。隐瞒和虚假宣传产品信息都会导致消费者利益受损。因此，乳品企业需要建立常态健全的信息披露制度，让消费者获得公开、透明的产品信息。

另外，从乳品安全的外部技术风险因素来看，乳品质量会受微生物污染、化学性污染、环境污染等因素影响，有时候很难单纯归咎于企业的生产环节。运输储存、销售环节也存在重大安全风险因素。因此，乳品安全规制客体是对全产业链各利益方的规制，传统以注重终端产品规制和事后惩罚的模式会导致消费者认为乳品安全事件爆发是政府监管不力和乳品企业质量失控造成的。

4.3.3 规制工具存在的问题

我国政府规制工具以法律手段和行政手段为主，社会性手段运用还需加强。目前来看，规制手段的完善与创新是共性需求。

（1）法律规制

从法律手段来看，乳品安全属于食品安全，其法律框架应该包括以食品安全法为基本法，其他具体法律相配合，辅以食品安全技术法规和标准的多种层次的法律法规体系。目前，我国已经形成了以《食品安全法》《产品质量法》《农产品质量法》《标准化法》《进出口商品检验法》《刑法》修正案（八）等法律为基础，以《食品生产加工企业质量安全监督管理办法》《乳品质量安全监督管理条例》《食品标签标注规定》《食品添加剂管理规定》等一系列法规为主体，以各省级地方政府关于食品安全的规制为补充的食品安全法规体系（程景民，2013）。

由于我国目前的法律体系是1978年后重新构建的，因此法律规制与发达国家有很大的差距。2008年“三聚氰胺”事件发生之前的食品安全法律分散而不成体系。具有基本法地位的是1995修订的《食品卫生法》，且适用范围仅是食品的生产经营阶段。另一部《产品质量法》则侧重于生产和销售阶段，质监局据此制定了《食品生产加工企业质量安全管理办法》。而处于初级生产阶段和进出口的食品则适用《农产品质量安全法》《进出口商品检验法》。分段式立法和零散的部门规章导致食品安全的法律规制不论是立法还是执法都存在明显漏洞。

2009年出台的《食品安全法》实现了由卫生到安全的立法理念的转变，但是在监督管理体制和执法效率方面依然面临多部门监管和规制资源有限等现实问题。因此，2013年启动了《食品安全法》的修订工作，2015年完成。新法虽然对政府部门安全监管体系的责任进一步明确，但落实层面的配套规章有待继续完善，除了《食品生产许可管理办法》《食品经营许可管理办法》，下位法的具体化设计需要继续完善，地方性立法和司法解释还处于起步阶段。

（2）行政性规制

行政性规制是国家以行政权为规制运作基础，其规制效果一方面取决于行政部门的机构体系设置是否合理，另一方面需要各部门的沟通协作。长期以来的多头管理和分段监管，再加上法律规制滞后于安全监管的现实需求和市场经济体制不健全导致的政府干预和市场职能的边界不清，使得我国食品安全出现了市场失灵和规制失灵的双重窘境。虽然2018年组建了国家市场监督管理总局，初步实现了垂直一体化管理和半垂直管理的混合管理方式，但在地方层面的政府职能转变仍然存在条块分割、碎片化的格局，尤其在基层，食品安全规制人员缺乏与集中管理导致监管职能增加的矛盾比较明显。

行政性规制通常使用国家标准和地方性标准管理体系，多部门出台标准产生的协调性差，与国标差距大的现实问题并没有因为行政机构改革得到根本性解决。《食品安全法》规定，食品安全有四个标准：食品安全国际标准、食品安全国家标准、食品安全地方性标准、食品安全企业标准。标准之间的关系亟待厘清。

另外，监管技术体系落后，技术保障体系不健全导致的事中控制、事前预防不能很好实现，这种重视终端规制且事后监管的模式与国外全过程防控有很大差距。食品安全的风险因素中技术因素日益复杂，提升政府食品安全监管技术要求也日益凸显。落后的检测技术和技术装备、安全技术知识的更新都对行政人员的规制素养提出了更为苛刻的要求。

（3）社会性规制

社会性规制的概念国内并没有统一，有从规制的目标定义的，如针对激励正外部性、限制负外部性、减少信息不对称产生的公众利益损害采取的规制方式，具体来说有行业准入、明令禁止、行业认证、职业资格、信息披露、补偿与收费等；有从规制的内容界定的，如美国的社会性规制主要分为安全、健康和环境保护；也有人认为相对于公共规制主体为政府，私人规制主体为社会团体、行业协会、媒体等实施的规制为社会规制。

我国长期形成的自上而下的行政法律性规制实践使得食品安全规制对固有的规制手段有路径依赖，社会性规制手段贫乏。国外的规制有很多恰恰是自下而上的路径，社会团体或行业协会等社会力量的权威规制被政府认可并授权，有益于激励更多主体参与规制，实现共治。我国乳品安全的行业准入在“三聚氰胺”事件发生之后提高了，主要是生产规模的门槛提升，然而乳品安全的信息披露制度并不健全，连蒙牛这样的大型企业也要受谣言的影响，质量优先的社会奖励和违规的企业惩戒制度也未深入人心。

政府规制的很重要的作用是减少信息不对称产生的公众利益损害，而乳品安全信息具有很强的专业性、流动性、隐蔽性，政府的法律规制和行政性规制如果出现纰漏，企业可能会利用专业技术知识实施貌似合法的投机行为来获取超额利润。

4.4 本章小结

在 2013 年国务院及有关部门相继颁布的一系列政策法规对乳制品企业的管理、生产进行改革、规范和指导以来，我国乳品行业规制的混乱现象得以管理和整治，规制体系也趋于完善，但较乳品产业的高度发达，我国乳品安全规制体制仍需深化改革和转变。本章从我国现行乳品安全规制体系的构成、规制体系演变的过程以及我国现行乳品安全规制失灵的问题予以梳理和分析，为下一章我国乳品安全规制效果的评价提供有效的理论依据。

第5章　我国乳品安全的政府规制效果评价

在对我国乳品安全规制的相关理论基础以及乳品安全规制体系的演变进行梳理和分析的基础上，本章采用时间序列数据对我国乳品安全的政府规制效果进行分析。由于政府规制过程中颁布的行政规章以及安全标准等规制工具从颁布到切实发挥作用会有时滞性，所以本章采用VAR向量自回归模型进行评价。

5.1　方法介绍

5.1.1　向量误差修正模型

向量自回归模型简称VAR模型，是一种常用的计量经济模型，1980年由克里斯托弗·西姆斯（Christopher Sims）提出。VAR模型是用模型中所有当期变量对所有变量的若干滞后变量进行回归。VAR模型用来估计联合内生变量的动态关系，而不带有任何事先约束条件。同时向量自回归是基于数据的统计性质建立模型，VAR模型把系统中每一个内生变量作为系统中所有内生变量的滞后值的函数来构造模型，从而将单变量自回归模型推广到由多元时间序列变量组成的向量自回归模型。VAR模型是在处理多个相关经济指标的分析与预测方面最容易操作的模型之一，并且在一定的条件下，多元MA和ARMA模型也可转化成VAR模型。向量误差修正模型（VEC模型）是对各变量施加了协整约束条件的向量自回归模型。若VAR 模型中的非平稳变量存在协整关系，可以在VAR 模型基础上建立向量误差修正模型。

5.1.2 脉冲响应函数

脉冲响应函数用来分析每个向量的变动或冲击对它自己及所有其他内生变量产生的影响作用。第 i 个内生变量的一个冲击不仅直接影响到第 i 个变量，而且还通过VAR模型的动态结构传递给其他的内生变量，脉冲响应函数就是用来反映这些变量的变动轨迹，显示任意一个变量的扰动是如何通过模型影响所有其他变量，最终反馈到本身的过程。

考虑一个 p 阶 VAR 模型，$y_t=C+A_1y_{t-1}+A_2y_{t-2}+\cdots+A_py_{t-p}+\varepsilon_t$，模型中的扰动项称为信息，因为在预测时实际受到了误差项的动态影响。如果 ε_t 发生变化，不仅当前内生变量的取值会受到影响，而且会影响到以后各期的取值。

5.1.3 方差分解

利用VAR模型，还可以进行方差分解研究模型的动态特征。其主要思想是，把系统中每个内生变量（共 m 个）的波动（k 步预测均方误差）按其成因分解为与各方程信息相关联的 m 个组成部分，从而了解各信息对模型内生变量的相对重要性。考察VAR系统中任意一个内生变量的预测均方误差的分解。

通过方差分解，我们可以考察每个变量对随机冲击的贡献，然后计算每一个变量冲击的相对重要性。

本章是基于政府规制理论以及博弈分析的实证研究，使用计量经济学中的格兰杰因果检验分析各规制指标对规制效果的影响，并运用

VAR 模型对时间序列数据进行检验和分析，建立 VAR 规制效果评价模型。

5.2 实证研究假设

我国政府在加强乳品安全规制的手段方面主要是通过颁布法律法规，制定更加翔实和科学的生产安全规范来达到的，法律法规对于规制主体、规制客体都具有强制的约束性，一旦规制客体发现约束的漏洞就会为了一己私利不顾消费者的身体健康以及乳品行业的发展降低生产成本，做出威胁到消费者生命安全以及损害乳品市场的违法违规行为。大部分研究我国乳品安全规制的学者都认为作为我国乳品安全规制主体的行政管制部门对于乳品安全事故的责任人处罚程度较低，乳品安全规制体系不够完善，从而导致我国乳品安全事故频发。根据我国乳品安全规制的法律、法规、安全标准的颁布条例和乳品抽检合格率的变动可以看出，随着我国乳品规制的法律、法规和安全标准颁布的累计值的增多，乳品抽检合格率也是有所提高的，如图 5-1 所示。

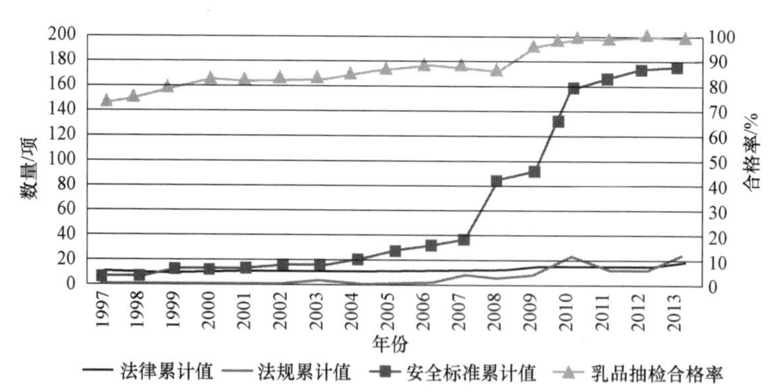

图 5-1 法律、法规、安全标准的颁布累计值和乳品抽检合格率的变动

因此，本文提出假设如下：

假设 1：法律的颁布数量与乳品抽检合格率呈正相关关系。

1982 年颁布的《中华人民共和国食品卫生法（试行）》是我国第一

部食品卫生专门法律，是我国食品安全规制法律的起点，建立了我国的食品卫生监督制度。随后，全国人大常委会先后颁布了《中华人民共和国标准化法》《中华人民共和国产品质量法》《中华人民共和国反不正当竞争法》《中华人民共和国农业技术推广法》《中华人民共和国广告法》《中华人民共和国食品卫生法》《中华人民共和国农产品质量安全法》等法律，进一步完善了我国的食品安全规制法律体系。在立法的广度和范围上都可以看出法律的颁布数量可以在一定程度上体现我国立法的规制力度，加大规制立法的力度可以在一定程度上提高乳品质量，即提高乳品抽检合格率。

假设 2：法规的颁布数量与乳品抽检合格率呈正相关关系。

1958 年，轻工业部颁布了乳制品第一部行业标准《乳、乳制品质量标准及检验方法》，开始了我国乳品规制的历程。1983 年 9 月，卫生部发布《混合消毒牛乳暂行卫生标准和卫生管理办法》；1984 年 7 月，国家经济委员会将乳制品工业作为行业发展方向和重点，列入《1981 年至 2000 年全国食品工业发展纲要》；1986 年 9 月，卫生部下发关于修订《混合消毒牛乳暂行卫生标准和卫生管理办法》的通知；1988 年 4 月，卫生部发布《混合消毒牛乳卫生管理办法》；2003 年由卫生部出台和颁布《乳和乳制品卫生管理办法》《乳制品良好生产管理规范》（征求意见稿）；2006 年，国家质检总局出台《婴幼儿配方奶粉产品许可证实施细则》；2007 年，国务院颁布《关于促进奶业持续健康发展的意见》。以上行政法规的颁布规定了乳制品生产过程中各个环节的卫生规范，逐步完善了乳品安全规制体系。在不同的规制体制以及不同的规制过程中法规的颁布都能够体现乳品安全规制的完善过程和发展，促进我国乳品生产质量的提高。

假设 3：乳品安全质量技术标准的颁布数量与乳品抽检合格率呈正相关关系。

从总体上来说，我国的乳制品质量技术标准没有国际标准严格。云振宇（2011）分析了日本的乳制品安全规制情况。通过分析，他指出日本根据实际需要已经制定了一套完善严格的乳制品法律和安全标准，共同保障日本的乳制品质量安全。王猛（2012）指出，我国的乳制品质量技术标准要求低，许多指标的含量在发达国家根本不过关，但是却达到了我国的要求，这会给我国的乳制品行业带来安全隐患。乳制品安全质量技术标准颁布的数量在一定程度上可以和标准体系的完善程度成正比，标准体系就能够提高乳品抽检合格率。

5.3 模型设置

设 VAR 模型为：

$$Y_t=A_1T_{t-1}+A_2T_{t-2}+\cdots+A_pT_{t-p}+\varepsilon_t \quad (5-1)$$

其中：Y_t=（$APSQR_t$，APL_t，APR_t，$APSS_t$），表示 4 维的内生变量矢量，Y_t 为 4 个内生变量 $APSQR_t$、APL_t、APR_t、$APSS_t$ 组成的向量，$\boldsymbol{A}_{(p)}$表示相应的系数矩阵，P 表示内生变量滞后的阶数，ε_t 表示 4 维扰动列矢量。本章以乳品抽检合格率的增比（Additional Proportion of Sampling Qualification Rate，APSQR）作为政府规制效果检验指标，选取法律累计值的增比（Additional Proportion of Laws，APL）、法规累计值的增比（Additional Proportion of Regulations，APR）、安全标准累计值的增比（Additional Proportion of Safety Standards，APSS）作为解释变量。

5.4 数据来源及说明

5.4.1 规制行为指标

参考我国政府在乳品安全规制中的四个影响因素，即法律法规的健全程度、规制机构职能安排的合理性、质量监督检查机构的检查标准、乳品安全规制绩效的评价机制，结合我国政府对乳品安全规制的行为现状，本章采用我国颁布的法律、法规、安全标准的累计值增比作为量化规制力度的指标。

本章研究的规制行为指标包括法律指标（APL）、法规指标（APR）

以及安全标准指标（APSS）。法律是所有规制行为的依据，规制主体均是按照法律履行相应的职责、承担一定的规制责任。我国为了不断完善法律制度，会陆续发布新的法律。本章的法律指标、行政法规指标、安全标准指标均按照《中国乳业年鉴》以及已颁布的乳品相关法律、法规、标准体系的分类进行统计，将累计值的增比作为规制行为的指标。其中，乳品规制法律是指由全国人大常委会制定并颁布的和乳品安全相关的法律，属于强制性规范；乳品规制法规是国务院根据宪法和法律制定的和乳品安全相关的法规以及国家最高行政机关所属的各部门、委员会在自己的职权范围内发布的调整乳品安全规制的规范性文件；安全标准是指由国家标准化管理委员会发布的国家标准、由发改委发布的中国轻工业联合会的强制性标准、由商务部发布的商业标准、由农业农村部发布的农业行业标准、由国家质检总局发布的出入境检验检疫行业标准等乳品安全标准。

5.4.2 规制效果指标

我国政府对乳品安全规制的目标主要是保证乳品的安全生产和运输，为消费者提供有效的乳品安全保障，最大限度地避免乳品安全事故，促进我国乳品行业的稳定发展。目前我国政府对乳品安全规制的主要检验形式是抽样检查，并向公众公开抽检合格率，所以，在本章的实证分析中将乳品抽检合格率的增比值作为评价我国政府对乳品安全规制效果的指标。本章中用于实证分析的抽检合格率数据来源于历年《中国奶业年鉴》以及国家质检总局公布的《产品质量抽查公告》。

5.5 实证分析及结果

5.5.1 平稳性检验

为了避免在建模的过程中非平稳性序列导致的虚假回归现象问题，时间序列中的各个变量需要具有同阶平稳性，对模型所包含的时间序列实施一阶差分后完成 ADF 单位根检验，据此检验其稳定性。检验结果如表 5-1 所示。

表 5-1　ADF 单位根检验结果

变量	ADF 统计量	1%临界值	5%临界值	10%临界值	*P* 值	平稳性
APSQR	-3.562 994	-3.959 148	-3.081 002	-2.681 330	0.020 9	平稳
APL	-4.190 523	-4.004 425	-3.098 896	-2.690 439	0.007 2	平稳
APR	-3.117 096	-3.959 148	-3.081 002	-2.681 330	0.046 9	平稳
APSS	-4.441 407	-3.959 148	-3.081 002	-2.681 330	0.004 1	平稳

从表中的单位根检验结果可以看出，原序列的 ADF 值都小于 5%的临界值且概率 *P* 值都小于 0.05，认为不存在单位根的原假设，认为原序列都不存在单位根，即原序列为同阶平稳序列。

5.5.2　VAR 估计以及滞后阶数选取

VAR 模型的稳定是保证脉冲响应和方差分解有效性的前提条件。假如只是构建 VAR 模型，那么模型会出现不平稳和脉冲响应函数不收敛现象，导致 VAR 模型的脉冲响应函数丧失其应用价值。由于原时间序列同阶平稳，所以本章选择建立 VAR 向量自回归模型。根据最佳滞后期准则（AIC，SC，LR）选择滞后期为 2 期，建立的 VAR 模型如表 5-2 所示。

表 5-2　VAR 模型的参数估计和检验统计量结果

项目	APL	APR	APSQR	APSS
APL（-1）	0.263 682	1.687 564	-0.001 770	-0.001 031
	(0.460 96)	(1.893 45)	(0.209 99)	(0.021 16)
	[0.572 03]	[0.891 26]	[-0.008 43]	[-0.048 73]

续表

项目	APL	APR	APSQR	APSS
APL（-2）	-0.772 472	0.674 670	-0.086 016	0.003 134
	(0.444 23)	(1.824 73)	(0.202 37)	(0.020 39)
	[-1.738 90]	[0.369 74]	[-0.425 05]	[0.153 65]
APR（-1）	0.013 089	0.113 986	-0.016 353	0.009 626
	(0.102 89)	(0.422 62)	(0.046 87)	(0.004 72)
	[0.127 22]	[0.269 71]	[-0.348 91]	[2.037 78]
APR（-2）	0.076 203	-0.147 041	0.028 999	-0.006 905
	(0.118 79)	(0.487 96)	(0.054 12)	(0.005 45)
	[0.641 47]	[-0.301 34]	[0.535 88]	[-1.266 14]
APSQR（-1）	0.029 657	0.085 878	0.119 354	-0.015 756
	(0.739 74)	(3.038 56)	(0.336 98)	(0.033 96)
	[0.040 09]	[0.028 26]	[0.354 19]	[-0.463 94]
APSQR（-2）	0.200 528	-2.406 214	-0.302 095	-0.040 352
	(0.518 52)	(2.129 88)	(0.236 21)	(0.023 81)
	[0.386 73]	[-1.129 74]	[-1.278 94]	[-1.695 09]
APSS（-1）	5.811 484	28.790 50	8.789 052	-0.007 984
	(8.026 01)	(32.967 8)	(3.656 19)	(0.368 47)
	[0.724 08]	[0.873 29]	[2.403 88]	[-0.021 67]
APSS（-2）	-8.998 847	32.030 28	-1.544 061	0.455 223
	(12.851 1)	(52.787 5)	(5.854 25)	(0.589 99)
	[-0.700 24]	[0.606 78]	[-0.263 75]	[0.771 58]
C	4.269 398	6.828 798	0.416 037	0.160 533

续表

项目	APL	APR	APSQR	APSS
	(3.156 97)	(12.967 6)	(1.438 13)	(0.144 94)
	[1.352 37]	[0.526 60]	[0.289 29]	[1.107 62]
R – Squared	0.595 364	0.567 586	0.802 836	0.725 695
Adj. R – Squared	– 0.052 054	– 0.124 276	0.487 373	0.286 808
Sum Sq. Resids	167.970 6	2 834.084	34.857 15	0.354 031
S.E. Equation	5.796 043	23.807 91	2.640 347	0.266 094
F – Statistic	0.919 598	0.820 374	2.544 945	1.653 489
Log Likelihood	– 37.258 26	– 57.038 06	– 26.250 55	5.876 863
Akaike AIC	6.608 323	9.434 008	5.035 792	0.446 162
Schwarz SC	7.019 146	9.844 831	5.446 615	0.856 985
Mean Dependent	4.426 823	23.138 00	1.629 839	0.209 179
S.D. Dependent	5.650 835	22.453 54	3.687 739	0.315 088
Determinant Resid Covariance （dof adj.）		5 122.543		
Determinant Resid Covariance		83.340 01		
Log Likelihood		– 110.421 1		
Akaike Information Criterion		20.917 29		
Schwarz Criterion		22.560 58		

从模型的结果中可以看出，当 APSQR 作为被解释变量的时候模型的拟合优度最高，其他 3 个解释变量可以在一定程度上解释被解释变量的变动。

对于滞后期长度为 m 且有 k 个内生变量的 VAR 模型，特征根多项式有 $m \times k$ 个特征根。本模型中有 5 个内生变量，且滞后长度为 2，因此有 10 个特征根，当 VAR 模型的所有特征根的倒数的模小于 1（位于单位圆内），则 VAR 模型是稳定的；如果有一个特征根的倒数的模等于 1（位于单位圆上），则 VAR 模型不稳定，需要重新设定。本模型的 AR

特征根的倒数的模的单位圆如图 5－2 所示，可以看出，没有位于单位圆外面以及单位圆上的特征根，那么本模型可以通过稳定性检验，认定模型是稳定的。

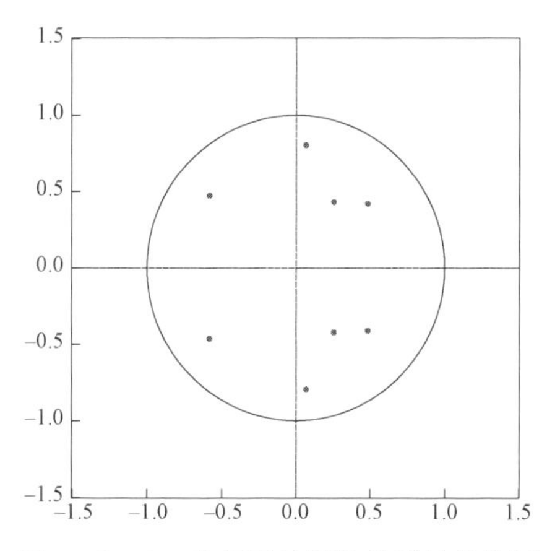

图 5－2　AR 特征根的倒数的模的单位圆

5.5.3　格兰杰因果检验分析

格兰杰因果关系可以用来检验某个变量的所有滞后项是否对另一个或几个变量的当期值有影响。如果影响显著，说明该变量对另一个变量或者几个变量存在格兰杰因果关系；如果影响不显著，说明该变量对另一个变量或者几个变量不存在格兰杰因果关系。格兰杰因果关系检验的原假设是被检验变量与因变量不是因果关系。如果检验的概率 P 值小于设定的置信水平（通常为 5%），则认为被检验变量与因变量构成因果关系；反之，认为被检验变量与因变量不是因果关系。检验结果如表 5－3 所示。

表 5－3　VAR 模型的格兰杰因果关系检验结果

Null Hypothesis	Obs	F－Statistic	Prob.
APR Does not Granger Cause APL	14	0.530 58	0.605 6
APL Does not Granger Cause APR		1.958 99	0.196 7

续表

Null Hypothesis	Obs	F－Statistic	Prob.
APSQR Does not Granger Cause APL	14	0.418 15	0.670 4
APL Does not Granger Cause APSQR		0.869 75	0.451 5
APSS Does not Granger Cause APL	14	2.406 52	0.145 5
APL Does not Granger Cause APSS		0.520 02	0.611 3
APSQR Does not Granger Cause APR	14	2.259 33	0.160 3
APR Does not Granger Cause APSQR		1.581 82	0.257 8
APSS Does not Granger Cause APR	14	2.792 00	0.113 9
APR Does not Granger Cause APSS		3.519 44	0.074 3
APSS Does not Granger Cause APSQR	14	12.151 4	0.002 8
APSQR Does not Granger Cause APSS		0.226 99	0.801 4

根据格兰杰因果检验分析可以看出，在 APL、APR、APSS 三个变量中，APSS 是能够成为 APSQR 的格兰杰原因的，因为规制体系的完善能够最直接地提高乳品的生产安全效率，从乳品的生产环节提高乳品质量，降低安全事故的概率。由于格兰杰因果关系检验的结论只是一种预测，是统计意义上的“格兰杰因果性”，而不是真正意义上的因果关系，不能作为肯定或否定因果关系的根据，所以本检验结果不代表规制立法和规章不能够影响规制效果。

5.5.4 脉冲响应函数分析

由于 VAR 模型中系数只反映了一个局部的动态，并不能捕捉全面复杂的动态关系，而本章的实证研究需要关注的是乳品安全规制主体的规制强度对乳品安全的规制效果，在这种情况下，通过绘制脉冲响应函数（IRF），可以比较全面地反映各个变量之间的动态影像。本模型的脉冲响应函数如表 5－4 所示。

表 5－4 APSQR 对三个规制指标的脉冲响应

Period	APL	APR	APSS
1	－0.436 027	－1.301 228	0.000 000
2	－0.678 468	－0.882 624	2.180 291
3	－1.418 350	3.022 427	－0.259 564
4	1.353 379	－0.628 522	0.496 259
5	1.024 985	0.021 335	0.256 668
6	－0.447 188	0.107 416	－0.612 178
7	－0.525 472	－0.721 059	0.009 957
8	－0.135 461	0.146 768	－0.146 070
9	0.445 933	－0.197 779	0.101 618
10	0.040 658	0.130 832	0.093 464
11	－0.298 183	0.205 573	－0.123 269
12	0.003 348	－0.136 627	0.062 345
13	0.139 683	0.037 964	0.020 650
14	0.062 940	－0.012 009	－0.002 528
15	－0.090 121	0.005 409	－0.005 807
16	－0.064 574	0.016 889	－0.031 171
Cholesky Ordering：APL、APR、APSQR、APSS			

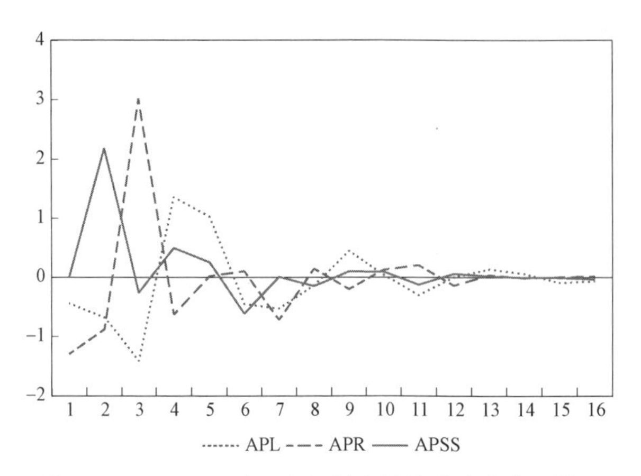

图 5－3　APSQR 对三个规制变量的脉冲响应函数图

图 5－3 中三条曲线分别表示 APSQR 对 APL、APR、APSS 的冲击反应走势，横轴表示冲击的期数（由于时间序列总共为 16 年，所以为了清楚看到变量间的冲击效果，采取 16 期的冲击长度，即一期为一年），纵轴表示被冲击变量 APSQR 的响应。

根据 APSQR 对三个规制变量的脉冲响应可分析得出以下结论：

第一，APL 在 3 期内对 APSQR 有负向的冲击作用，之后逐渐转为正向冲击，并在 4 期左右达到冲击峰值，这说明规制法律从颁布到真正落实到规制客体并能够产生效果需要 3～4 年。由于规制法律是乳品安全规制最主要和最具强制性的规制手段，所以在制定的过程以及实施的细节规定部分一定要符合规制实际，提高落实效率，才能真正达到规制目标。

第二，APR 在 2 期内对于 APSQR 是负向的冲击作用，但是之后立即转为正向冲击，并在 3 期左右达到冲击峰值。和规制法律的冲击相比，可以看出规制法规在提高规制效果的效率上要高一点，因为在制定法规到执行的滞后时间要短，法规能够比法律更快速地提高规制效果。

第三，APSS 在 3 期内对于 APSQR 都具有正向的冲击，并在 2 期左右达到冲击峰值，这说明和规制法律、规制法规相比，安全标准的制定和实施是最具效果的也是最有效率的，因为安全标准是在乳品生产的源头即在乳品生产的卫生及质量上提高乳品的安全质量。

5.4.5 方差分解

一般情况下，脉冲响应函数捕捉的是一个变量的冲击对另一个变量的动态影像路径，而方差分解可以将 VAR 模型系统内的一个变量的方差分解到各个扰动项上。因此方差分解提供了关于每个扰动项因素影响 VAR 模型内各个变量的相对程度，即对乳品安全规制效果的贡献程度。本小结做出 VAR 模型中 APSQR 的反差分解，如表 5－5 和图 5－4 所示。

表 5－5 方差分解结果

Period	S.E.	APL	APR	APSQR	APSS
1	5.796 043	2.727 126	24.287 64	72.985 24	0.000 000
2	6.039 815	4.983 987	18.943 41	39.647 57	36.425 04
3	8.428 116	10.563 52	46.058 06	24.248 37	19.130 05
4	8.623 082	15.822 29	42.259 23	24.076 86	17.841 62
5	9.004 380	18.663 73	40.404 23	23.652 48	17.279 56
6	9.046 937	18.898 74	39.526 66	23.453 62	18.120 97
7	9.139 079	19.252 92	40.083 30	23.049 55	17.614 23
8	9.190 663	19.271 98	40.069 80	23.012 04	17.646 18
9	9.257 217	19.749 75	39.877 94	22.832 46	17.539 84
10	9.276 738	19.737 60	39.896 98	22.813 39	17.552 03
11	9.299 401	19.926 45	39.845 87	22.708 83	17.518 85
12	9.308 306	19.911 65	39.874 95	22.695 36	17.518 04
13	9.311 015	19.958 49	39.850 42	22.684 48	17.506 61
14	9.317 285	19.968 24	39.845 48	22.682 01	17.504 27
15	9.318 172	19.988 49	39.835 04	22.676 73	17.499 74
16	9.321 597	19.998 17	39.829 12	22.672 91	17.499 80
Cholesky Ordering：APL、APR、APSQR、APSS					

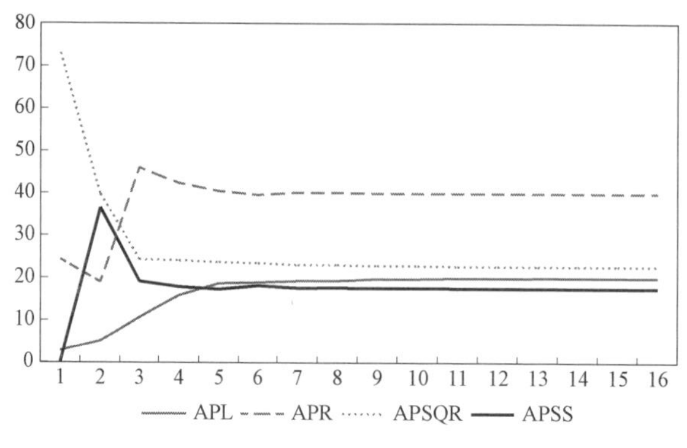

图 5-4　方差分解图

图 5-4 中纵轴表示各规制指标对规制效果的贡献程度，而横轴表示滞后阶数，在方差分解图中可以清晰地看出各规制指标对于规制效果影响的相对重要程度。当一个解释变量的贡献率越大，则该解释变量对规制效果的影响越大，对于提高规制效果越有效。

在方差分解结果表中可以看出：在长期内，APR 对于 APSQR 的贡献率最大，从第 1 期开始大幅度上升，并在第 3 期达到贡献率的峰值，从第 4 期开始保持在 40%左右，说明法规的颁布无论在短期内还是在长期内都能够影响规制效果；其次是 APL，5 期内逐年递增，从第 5 期开始保持在 19%左右，在最后一期达到峰值，说明规制法律的颁布在长期内都是能够影响规制效果的，而且影响程度是逐年递增的；APSS 的贡献率和 APL 的贡献率相差不大，从第 6 期开始保持在 17.5%左右，但是在第 2 期的贡献率高达 36%，这说明安全标准的颁布能够在短时间内对规制效果产生比较大的提升作用，长期内的影响不如规制法律和规制法规。

5.6　本章小结

本章根据乳品安全规制的理论基础和实际乳品规制时间序列的面板数据建立了评价规制效果的 VAR 模型，在对模型进行格兰杰因果检验、脉冲响应分析以及方差分解分析后，最后得出规制法律、规制规章、安全标准的颁布对乳品安全的规制评价效果，为政府对乳品安全规制的政策建议奠定了实证基础。

本章的研究结论如下：

（1）从联合格兰杰因果关系检验来看，所有解释变量不能联合构成被解释变量的格兰杰因果关系。APL、APR、APSS 三个变量中，APSS 是能够成为 APSQR 的格兰杰原因的，即安全标准体系的完善能够最直接地提高乳品的生产安全效率，从乳品的生产环节提高乳品质量，降低安全事故的概率。

（2）从三组脉冲响应函数分析结果可以看出，APL 和 APR 对乳品安全规制的冲击在 3 期以内都是具有负向冲击效果的，而 APSS 对乳品安全规制的冲击在 3 期以内都是正向的，这是由于安全标准对于乳品安全的规制在短期内属于具体的、具有显著效果的规制，相比规制法律和规制法规来说更具有立竿见影的效果。

（3）方差分解分析结果表明：

第一，在长期内，APR 对于 APSQR 的贡献率最大，且从第 4 期开始保持在 40%左右，说明法规的颁布无论在短期内还是在长期内都能够影响规制效果。

第二，APL 的短期规制效果不明显，长期来看，法律的颁布对规制效果的影响是逐年递增的。

第三，APSS 短期贡献率明显，长期对规制效果的影响不如法律和法规。

第二篇

内蒙古乳品安全规制

第 6 章　内蒙古乳业发展概况

乳业是内蒙古的优势产业和特色产业，近年来，内蒙古依靠丰富的草原资源、畜牧业文化和乳业基础，乳业的规模、水平和市场竞争力得到大幅提升，原料奶生产和乳品加工产量都位居全国前列。本章对内蒙古乳业从产量、牲畜养殖、乳制品生产与加工几个方面进行介绍。

6.1　奶业产量

内蒙古作为全国重要的乳品生产基地，无论是原料奶生产，还是乳品加工，都位居全国前列。2018 年，原料奶生产中，内蒙古奶类产量为 571.8 万吨，占全国奶类产量（3 176.8 万吨）的 18.00%，位居全国第一名；牛奶产量为 565.6 万吨，占全国牛奶产量（3 074.6 万吨）的 18.40%，位居全国第一名；奶牛存栏 120.8 万头，占全国奶牛存栏（1 037.7 万头）的 11.64%，位居全国第二名。在乳制品中，2018 年全区乳及乳制品产量 254.82 万吨，较上年增长 55.94%；液态奶产量为 237.1 万吨，较 2017 年增长 61.52%，占全国液态奶产量（2 505.59 万吨）的 9.46%，位居全国第三名；干乳制品产量为 17.72 万吨，占全国干乳制品产量

（181.52 万吨）的 9.76%，位居全国第四名；奶粉产量为 9.59 万吨，占全国奶粉产量（96.8 万吨）的 9.91%，位居全国第三名。图 6-1 为 2010—2018 年内蒙古乳制品产量。

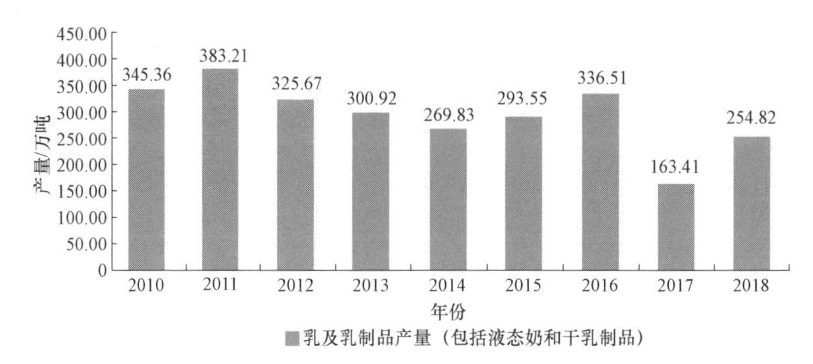

图 6-1　2010—2018 年内蒙古乳制品产量

6.2　奶畜养殖

近年来，内蒙古按照加快现代化奶业发展的思路，积极优化奶业生产布局，加快生产结构调整，优质奶源生产实力不断增强。2018 年奶牛存栏 120.8 万头，较 2007 年（284.6 万头）减少 57.55 个百分点，与 2017 年基本持平；牛奶产量 565.6 万吨，较 2007 年（909.8 万吨）减少了 37.83%，较 2017 年（552.9 万吨）增长了 2.3 个百分点，位居全国第一位（见图 6-2）。奶业形成了以嫩江、西辽河、黄河三大流域和呼伦贝尔、锡林郭勒等为主的“五大牛奶生产区域”。

自治区政府鼓励乳品企业开展奶源基地建设，引导乳品加工企业把奶源基地作为企业的“第一车间”，推进现代化奶源基地建设。早在 2013 年，国家对内蒙古奶牛标准化养殖场建设累计投入资金已达到 5.5 亿元，扶持改建扩建奶牛规模养殖场 801 个，建设资金重点用于改善棚圈、污粪处理、疾病防疫及饲草饲料基地等配套设施建设。2016 年，内蒙古基本已实现散养奶牛 100%入养殖小区。

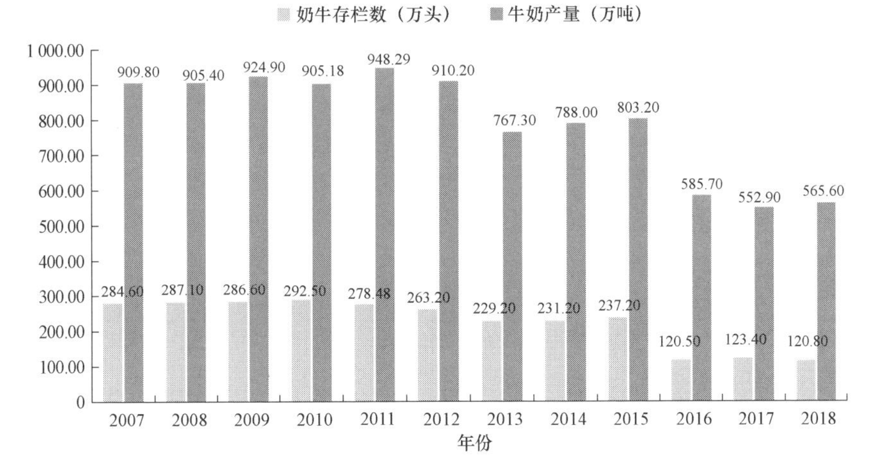

图 6－2　2007—2018 年内蒙古奶牛存栏数与牛奶产量

6.3　乳品生产与加工

乳品企业分为综合类、液态奶类、乳粉类、冰淇淋类、其他乳制品类。内蒙古自治区作为我国乳业的传统优势产区发展迅速，目前入选内蒙古乳制品企业名录的有 246 家。该名录是由中国客户网编辑整理的最新企业名录，在工商登记资料的基础上，通过呼叫中心、专家分类等方法，收录了截至 2018 年年初所有在注册运营的乳制品企业的最新信息，覆盖率在 99%以上。

伊利股份、蒙牛乳业（02319.HK）、光明乳业是乳业上市公司的前三名，如表 6–1 和表 6–2 所示。

表 6－1　2018 年中国快消品上市公司乳业 10 强

排名	名称	营业收入/亿元	营业收入同比/%	净利润/亿元	净利润同比/%
1	伊利股份	789.76	16.92	64.39	7.31
2	蒙牛乳业	689.77	14.66	30.43	48.70
3	光明乳业	209.86	－4.71	3.42	－44.87

续表

排名	名称	营业收入/亿元	营业收入同比/%	净利润/亿元	净利润同比/%
4	三元股份	74.56	21.80	1.80	137.25
5	澳优	53.89	37.30	5.82	88.70
6	新希望乳业	49.72	12.44	2.43	9.22
7	现代牧业	49.57	3.60	−4.96	−49.10
8	雅士利集团	30.11	33.60	0.52	−129.10
9	贝因美	24.71	−6.38	0.41	103.89
10	皇氏集团	23.36	−1.3	−6.16	−1 186.01

表 6－2　2018 年全国 TOP10 乳企市场份额

名称	伊利	蒙牛	光明	君乐宝	飞鹤	三元	新希望	完达山	百跃乳业	中垦乳业
市场份额	23.20%	20.30%	6.20%	3.80%	3.40%	2.20%	1.50%	1.40%	0.70%	0.70%

伊利 2018 年实现营收 789.76 亿元，而其中的净利润达到 64.52 亿元。蒙牛 2018 年实现营收 689.77 亿元，同比增长 14.66%，其中蒙牛乳业的净利润达到了 30.43 亿元，同比增长 48.6%。

2018 年，伊利与蒙牛继续在常温奶、低温奶、冷饮、奶粉等领域强化布局，其中，伊利液体乳产品营收同比增长 17.78%，奶粉及奶制品产品营收同比增长 25.14%，冷饮产品营收同比增长 8.49%。蒙牛纯牛奶和高端纯牛奶特仑苏取得双位数增长。

6.4　乳业集群水平

乳业在内蒙古的发展由来已久，无论是从乳业产业链的衔接和完整性、上下游生产企业的数量、乳业的生产规模、产品的销售范围还是乳业作为主导产业在自治区所有产业中所占的地位来看，乳业集群的形成已是必然。本节运用区位商法定量测度内蒙古乳业集群的发展水平，并将近年来与内蒙古乳业产值水平在全国排名十分接近的黑龙江、陕西、河北、山东等地区的乳业集群水平加以对比，从而对内蒙古乳业集群水平进行准确定位。

6.4.1 研究方法

已有的对集群水平的定量测算方法，主要包括行业集中度、赫芬达尔指数、区位商法、基尼系数、地理集中指数、唐杰的 h 指数、层次分析法、投入产出法、主成分分析法等。基于数据的可获得性和操作的简便性，本节主要介绍三种定量研究方法。

（1）行业集中度

行业集中度，也叫行业集中率（CR_n），是指选取行业内规模最大的前 4 家或前 8 家企业，通过收集其一定时期内各指标（如产量、产值、销售量、销售收入、职工人数、资产总额等）的相关数据来测算某一指标占整个行业的份额，计算公式如下：

$$CR_n = \frac{\sum_{i=1}^{n} X_i}{\sum_{i=1}^{N} X_i} \tag{6-1}$$

其中：CR_n 为行业中最大的前 n 位企业的市场集中度；X_i 为第 i 家企业的产量、产值、销售量、销售收入、职工人数、资产总额等数值；n 为选取的企业数，通常 n=4 或 n=8；N 为行业内的企业总数。

贝恩和植草益对市场结构与产业组织化程度之间的相关性进行了研究，基于行业集中度指标，将产业集群的演进划分为生存期、发展期、起飞期和成熟期共 4 个阶段。在产业集群的生存期，市场内企业数目众多，属于竞争型市场结构，前 4 家企业所占市场份额不超过 30%，行业集中度偏低。在产业集群的发展期，市场内企业数目较多，前 4 家企业所占市场份额在 30%～50%。在产业集群起飞期，行业内企业数目开始逐渐减少，前 4 家企业的行业集中度 CR_4 在 50%～75%，市场结构类型属于高中寡占型，行业内出现规模较大的企业。在成熟期，行业内的企业数目在 20～40 家，市场结构属于极高寡占型市场，前 4 家企业的行业集中度 CR_4 在 75%以上。

（2）HHI 指数

赫芬达尔－赫希曼指数最初是由赫希曼提出的，后又被赫芬达尔加以优化。HHI 指数表示某产业内所有企业所占市场份额的平方和，用于反映某个行业生产集中度的变化情况，其计算公式如下：

$$\mathrm{HHI}=\sum_{i=1}^{n}(X_i/T)^2=\sum_{i=1}^{n}S_i^2 \tag{6-2}$$

其中：

HHI：赫芬达尔－赫希曼指数；

X_i：第 i 个企业的企业规模；

T：该产业的总规模；

S_i：该产业中第 i 个企业的市场份额；

n：该产业中的企业数。

当该行业市场处于完全垄断状态时，HHI=1；当所有企业具有相同规模时，HHI=1/n，故 HHI 的取值范围介于 1/n～1。HHI 越大，产业集群度越高；HHI 越小，产业集群度越低。

（3）区位商指数

区位商指数是指某地区某一产业的产值占该地区整个产业产值的比重与全国这一产业产值占全国整个产业产值的比重之比。在计算区位商指数时，可以采用的指标除就业人数之外还有产值、产量、固定资产额等指标。其计算公式如下：

$$\mathrm{LQ}=\frac{L_{ij}/L_i}{L_j/L} \tag{6-3}$$

其中：

LQ：区位商指数；

L_{ij}：i 地区 j 产业的产值；

L_i：i 地区整个产业的产值；

L_j：全国 j 产业的产值；

L：全国整个产业的产值。

若 LQ>1，则说明 *j* 产业在 *i* 地区的行业集中程度高于全国平均水平；若 LQ<1，则说明 *j* 产业在 *i* 地区的行业集中程度低于全国平均水平；若 LQ=1，则说明 *j* 产业在 *i* 地区的行业集中程度与全国平均水平相当。LQ 越大，表明行业集中度越高。

6.4.2 乳业集群水平的定量分析

在上述产业集群度的测度方法中，HHI 指数法因其指标数据不易搜集整理而很少采用；根据行业集中度运算出的结果受 *n* 取值的影响易产生差异；区位商指数则对各地区的消费需求结构提出了一致性的要求，只有在这个前提下才能以数值 1 作为测算产业集群度的标准。

总结上述方法的优缺点，发现区位商法具有统计数据易于收集、能够充分体现产业集中度的优点，因此，本章选用区位商法对内蒙古乳业集群度进行测算。通过收集 2007—2015 年内蒙古地区和全国的乳业产值与食品制造业产值数据，利用计算公式计算得出的内蒙古乳业产值区位商指数如表 6－3 所示。

表 6－3　2007—2015 年内蒙古乳业区位商指数

年份	内蒙古乳业产值/亿元	内蒙古食品制造业产值/亿元	全国乳业产值/亿元	全国食品制造业产值/亿元	区位商指数
2007	261.45	385.63	1 329.01	5 920.08	3.02
2008	280.04	487.33	1 490.71	7 461.37	2.88
2009	314.94	558.26	1 668.11	9 001.45	3.04
2010	335.76	646.69	1 949.50	11 049.45	2.94
2011	386.94	655.30	2 314.90	13 795.29	3.52
2012	332.53	571.81	2 501.97	15 573.50	3.62
2013	355.70	636.40	2 831.59	18 039.24	3.56
2014	632.91	653.97	3 297.73	19 914.00	5.84
2015	633.57	721.42	3 328.52	12 944.10	5.60

数据来源：《中国奶业统计年鉴》《中国统计年鉴》《内蒙古统计年鉴》。

由表 6－3 可以看出，内蒙古近 10 年来的乳业产值区位商指数均在 1 以上，2014 年和 2015 年更是达到了 5 以上，这表明内蒙古乳业在近十几年内已经形成了乳业集群，且集群水平较高。观察内蒙古近年来乳业产值区位商指数的变化趋势，发现在 2010 年以前，区位商指数出现小幅波动，但仍不低于 2。推测出现这种现象的原因，很可能是由于该时期为“乳品危机”前后，因乳品质量安全因素制约区位商指数未能实现快速上升。

2010 年以后，国家和自治区政府出台相关政策对“乳品危机”事件造成的不良影响加以整顿，竭力恢复内蒙古乳业的品牌信誉，乳业产值区位商指数上升至 3 以上，2014 年更是一举冲破 5，这说明政府规制对乳业集群的发展起到了至关重要的作用，内蒙古乳业集群水平越来越高。

6.4.3 乳业集群水平的对比分析

为了更好地观察内蒙古乳业集群水平，本章选取了乳业产值在全国排名较为靠前的黑龙江、山东、河北、陕西 4 个省份，通过收集上述地区 2009—2015 年的乳业产值和食品制造业产值数据，分别计算出上述地区历年的乳业产值区位商指数，并将其与内蒙古进行比较，得出的结果如表 6－4 所示。

表 6－4　2009—2015 年各省份乳业区位商指数

年份	内蒙古	黑龙江	山东	陕西	河北
2009	3.04	4.11	0.57	2.25	1.65
2010	2.94	4.22	0.61	2.17	1.87
2011	3.52	4.33	0.69	2.32	1.78
2012	3.62	4.21	0.87	2.45	1.75
2013	3.56	4.05	0.84	2.55	1.76
2014	5.84	3.89	0.78	2.36	1.70
2015	5.60	2.23	0.47	1.25	1.15

数据来源：根据《中国奶业年鉴》《内蒙古统计年鉴》《黑龙江省统计年鉴》《山东省统计年鉴》《陕西省统计年鉴》《河北省统计年鉴》数据整理计算。

由表 6-4 可知，内蒙古、黑龙江、山东、陕西、河北 5 个省份中，除山东外，其余 4 个省份 2009—2015 年的乳业产值区位商指数均大于 1，说明上述地区均已形成产业集群。纵向来看，内蒙古乳业产值区位商指数自 2011 开始呈稳步上升趋势，2014 年开始达到 5 以上；黑龙江的乳业产值区位商指数自 2011 年开始下降，在 2014 年之前均在 4 以上，2014—2015 下降至 4 以下，目前已降至 2.23；2015 年陕西与河北的乳业产值区位商指数均略有下降。

横向来看，2009—2013 年四个省份的乳业产值区位商指数由高到低排列依次为黑龙江、内蒙古、陕西、河北。黑龙江的乳业产值区位商指数在 4 以上，高于其他三个省份，乳业集群发展水平最高；2014—2015 年四个省份的乳业产值区位商指数由高到低排列依次为内蒙古、黑龙江、陕西、河北。内蒙古乳业产值区位商指数在这两年快速增长至 5 以上，黑龙江乳业产值区位商指数反而呈迅速下降趋势，跌至 4 以下。2015 年内蒙古乳业产值区位商指数为 5.6，是黑龙江乳业区位商指数的 2 倍，是陕西和河北的 5 倍左右，在四个省份中位居第一名，乳业集群发展速度在全国居于领先地位。

此外，山东 2015 年乳业产值 305.34 亿元，在全国位居第三名，而乳业产值区位商指数仅为 0.47，说明山东乳业产值虽在全国名列前茅，但其占本地区食品制造业产值的比重并未有明显上升，乳业发展还未实现集群化、规模化的发展模式。在四个形成乳业集群的地区中，2015 年除内蒙古乳业产值区位商指数上升以外，黑龙江、陕西和河北乳业产值区位商指数均明显下降，说明在乳业发展整体环境较为不利的情况下，内蒙古依靠其自身发展仍然能够保持优势并实现集群的稳定和快速发展。

6.5 本章小结

内蒙古在奶畜养殖、奶源基地建设、行业企业加工生产与销售方面具有鲜明的优势，并且将随着内蒙古经济的发展，乳业不断发展壮大。

乳业形成了以嫩江、西辽河、黄河三大流域和呼伦贝尔、锡林郭勒等为主的“五大牛奶生产区域”，并培育、形成了伊利、蒙牛等龙头骨干企业。加工的乳制品包括液态奶、奶粉、酸奶、雪糕、冰激凌、乳饮料、奶食品、乳酸菌粉等，呈现出产品结构不断优化、高端产品比重持续提升的良好势头。

通过对内蒙古乳业集群区位商指数的测算，发现内蒙古形成乳业集群时间较早，且历来年乳业产值区位商指数均远远超过 1，说明内蒙古乳业集群的发展保持在较高水平上。将内蒙古乳业集群发展水平与黑龙江、陕西、河北等地区加以对比，发现 2014—2015 年内蒙古乳业集群发展水平位居全国第一位，黑龙江仅次于内蒙古位居第二位，陕西和河北乳业集群发展水平均呈稳定上升趋势。

第7章　内蒙古乳品安全的政府规制现状

7.1　乳品安全规制政策

当前对于内蒙古乳品质量安全规制政策，主要分为两大类：一类为强制性政策，一类为激励性政策。政府既鼓励乳业发展，又对乳业进行严格管理。2007—2017年，内蒙古发布激励支持性的政策11项，强制管理性的政策73项，既涉及激励支持性政策又涉及强制管理性政策的有5项。11项激励支持性政策由内蒙古自治区人民政府、人民政府办公厅、农牧业厅发布，内容主要涉及奶牛良种补贴、规模养殖、农牧业技术等方面；73项强制管理性政策由内蒙古自治区人民政府、人民政府办公厅、农牧厅、质量技术监督局、食品药品监督管理局、多部门联合以及其他管理部门发布，内容主要涉及生鲜乳管理、饲料添加管理、婴幼儿配方奶粉管理等方面。图7－1和图7－2为各部门发布政策的具体情况。

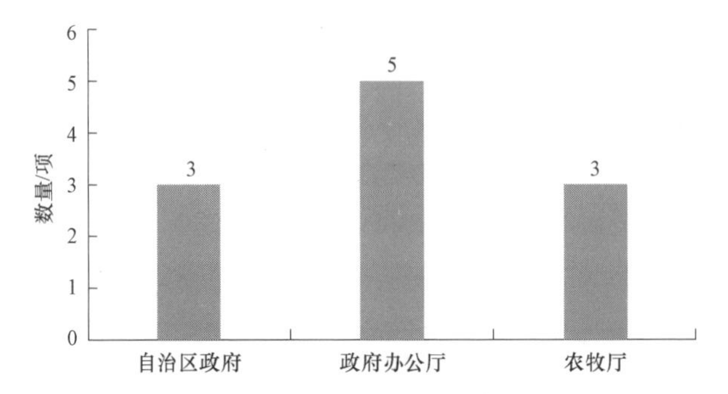

图 7-1 2007—2017 年内蒙古乳品激励性支持性政策数量统计

数据来源：内蒙古自治区政府、办公厅、农牧厅。

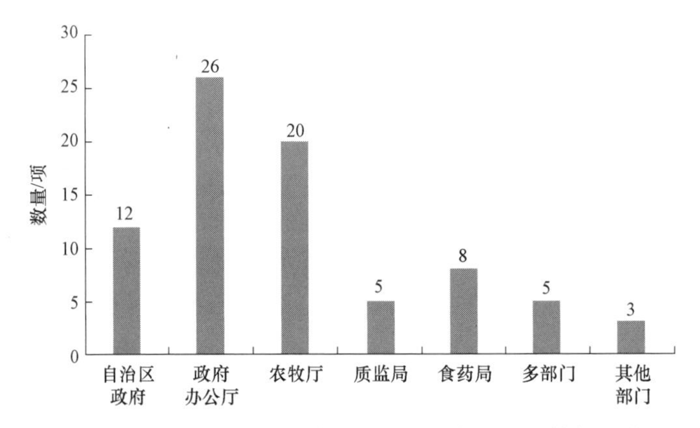

图 7-2 2007—2017 年内蒙古乳品强制管理性政策数量统计

数据来源：内蒙古自治区政府、办公厅、农牧厅、质监局、食药局。

7.2 乳品安全规制机构

目前我国已经初步建立了政府、企业、协会等多主体乳品安全规制体系，但从本质上来看，我国依然是明显的单一主体政府垄断型规制体系，尤其在“三聚氰胺”事件之后，这种强制性特征更加明显。从纵向来看，内蒙古形成自治区、盟市、旗县区、苏木乡镇四级乳品质量安全规制体制，各层次的管理机构按照“谁主管谁负责”的要求，构建了多层次的安全责任体系。

2018年以前，自治区层次的质量安全规制机构主要包括自治区人大委员会，下设法制工作委员会和农牧业委员会；自治区人民政府，下设政府办公厅、农牧厅；自治区质量技术监督局，下设质量管理处、认证监管处、产品质量监督处、标准化处、执法督查局；自治区食品药品监督局，下设法制处、食品生产监管处、食品流通监管处、食品检验所、食品药品稽查局；自治区工商行政管理局，下设法制处、市场规范管理处、商标监督管理处、综合稽查执法局；自治区卫生与计划生育委员会，下设法制处、监督处。质量技术监督局、食品药品监督局、工商行政管理局、卫生与计划生育委员会本为人民政府的下属机构，但在乳品质量安全管理中，其管理又是相对独立的。2018年以前内蒙古乳品质量安全规制机构如图7-3所示。

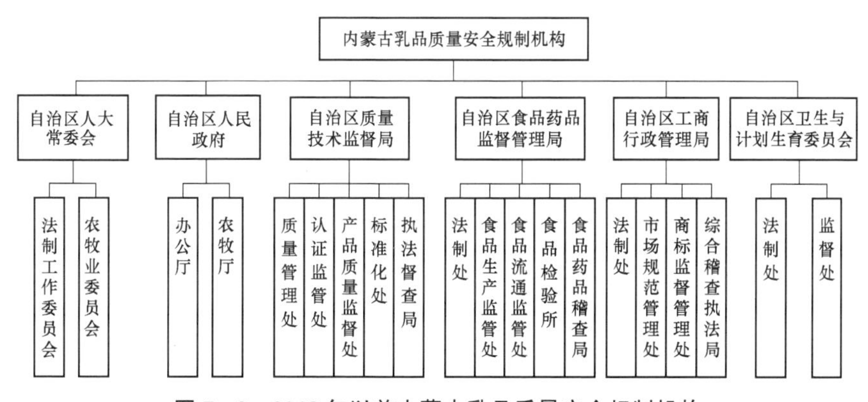

图7-3 2018年以前内蒙古乳品质量安全规制机构

上述规制机构中，自治区人大常委会、自治区人民政府、自治区办公厅负责全区乳品质量安全的总体工作。农牧厅负责原料奶等初级农产品生产环节的监管；自治区质量技术监督局负责乳制品生产加工和进出口环节的安全监管；自治区工商行政管理局负责销售环节的监管；自治区卫生与计划生育委员会负责消费环节的监管。各机构分工合作，共同管理乳品供应链的安全。

2018年，根据第十三届全国人民代表大会第一次会议批准的国务院机构改革方案，将国家工商行政管理总局的职责，国家质量监督检验检疫总局的职责，国家食品药品监督管理总局的职责，国家发展和改革委员会的价格监督检查与反垄断执法职责，商务部的经营者集中反垄断执法职责以及国务院反垄断委员会办公室的职责整合，组建国家市场监督管理局，作为国务院直属机构。内蒙古自治区也相应进行了机构改革，改革后的自治区层次的乳品质量安全规制机构主要包括自治区人大常委会，下设法制工作委员会和农牧业工作委员会；自治区人民政府，下设办公厅、工业和信息化厅、农牧厅等 8 个组成部门；自治区市场监督管理局，下设办公室、综合规划与新闻宣传处、信用监督管理局等 14 个内设机构；呼和浩特海关和满洲里海关。2018 年机构改革中负责出入境卫生检疫、动植物检疫、进出口商品检验鉴定认证监督管理工作的内蒙古出入境检验检疫局也正式划入海关。内蒙古现行乳品安全规制组织机构如图 7－4 所示。

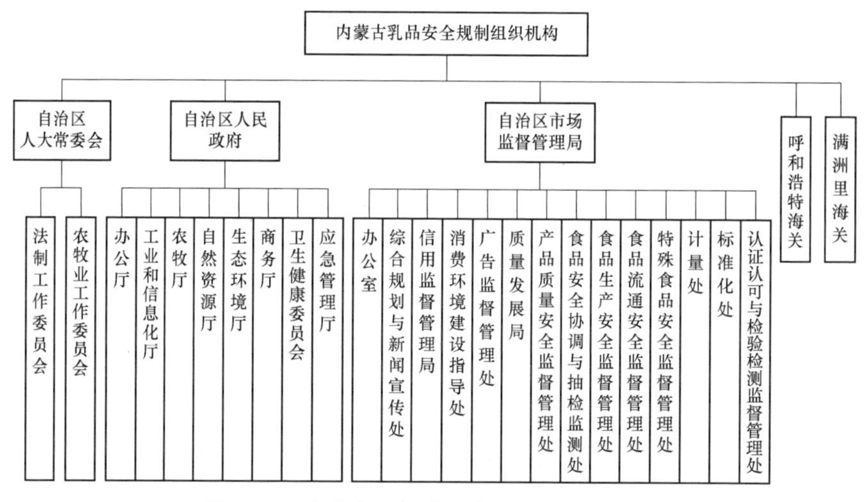

图 7－4　内蒙古现行乳品安全规制组织机构

内蒙古现行乳品安全规制机构中，自治区人大常委会、自治区人民政府、自治区办公厅负责全区乳品质量安全的总体工作。工业和信息化厅负责乳品行业的管理工作，研究拟订行业发展规划并组织实施；农牧厅负责原料奶等初级农产品生产环节或生产加工企业前的质量安全监督管理，负责奶牛疫病防控、生鲜乳收购环节质量安全的监督管理；自然资源厅主要负责拟定草原的生态保护修复与合理利用的政策；生态环境厅主要负责原料乳以及乳制品生产中对环境的污染工作；商务厅主要负责乳制品的流通管理等；卫生健康委员会主要负责乳制品安全风险评估工作；应急管理厅承担乳品的安全生产监督管理工作和生产安全事故调查处理工作。市场监督管理局负责建立覆盖乳制品生产、流通、消费全过程的监督检查制度和隐患排查治理机制并组织实施，组织开展国家标准、行业标准、地方标准的实施信息反馈和评估工作，管理乳制品质量安全风险监控、监督抽查工作，统一编制并组织实施全区乳品质量监督抽查计划，负责组织实施质量分级制度、质量安全追溯制度，负责乳品进入批发、零售市场或者生产加工企业后的监督管理工作。呼和浩特海关和满洲里海关负责进出口乳品的安全监督管理以及进口乳品的安全风险评估、风险预警和快速反应等工作。

7.3 乳品安全规制措施

内蒙古乳品安全政府规制主要包括宏观管理、法制管理、监督管理三个方面。

7.3.1 宏观管理

政府对乳品质量安全的宏观管理，主要是设立相关乳品质量安全机构，通过制定乳品质量安全规范或政策对乳品市场进行管理，主要采取经济手段、行政手段、文化手段、社会手段等进行宏观管理。

经济手段是指政府在自觉依据和运用价值规律的基础上借助于经济杠杆的调节作用，对国民经济进行宏观调控。主要包括价格政策、扶贫政策、税收政策、信贷政策、汇率政策、产业政策等。

行政手段是依靠行政机构，采取强制性的命令、指示、规定等行政方式来调节经济活动，以达到宏观调控目标的一种手段。包括行政命令、行政指标、行政规章制度和条例；引导下级的经济活动；通过各种信息渠道，提示下级按照上级意愿做出决策；建立行政咨询。

文化手段是人们通过一定的方式传递知识、信息、观念、情感或信仰，以及与此相关的社会交往活动。主要表现为宣传手段。

社会手段由权力部门授权对不能划归已有经济、政治和文化部门管理的公共事务进行的专门管理。

（1）经济手段

自治区政府一直对奶农养殖业给予财政支持，通过加大对奶农养殖户的财政投入，扩大奶牛养殖规模，保障奶牛健康。第一，政府对良种奶牛、优质后备牛、农机具进行多种形式的补贴。第二，对奶牛养殖户提供信贷，给予优惠贷款利率，解决奶牛养殖的资金问题。第三，对生鲜乳进行价格管理，对生鲜乳购销过程中压级压价、价格欺诈、价格串通等不正当价格行为进行监管，并定期给出不同供需情况下的生鲜乳参考价格。第四，对乳品生产企业给予优惠政策，对乳品生产企业免征地方税，减少企业的负担，使得企业有更多的资金进行技术创新；为乳品生产企业提供长期贷款，降低贷款利率，解决乳品生产企业的资金问题。

（2）行政手段

自治区政府及相关部门对行政手段的运用，主要是行政处罚。对于生产不合格产品的企业、扰乱市场秩序的企业、质量安全保障体系不完善的企业，明确指令其进行停产整顿，对于违法违规的企业取消其经营许可证，使得乳品行业严格按照规范进行生产，进而保证乳品质量安全。

（3）文化手段

文化手段主要是发挥新闻媒体的作用，支持媒体进行舆论监督，能够对乳品质量安全问题进行客观及时的报道，能够对政府及相关部门发布的权威信息进行及时报道，发布风险预警，让消费者了解乳品质量安全动态，了解乳品质量安全识别知识。同时，运用专家讲法、以案说法等形式，向消费者宣传乳品质量安全知识。

（4）社会手段

社会手段是指除上述三种以外的其他手段，目前，内蒙古对此种手段运用较少。

7.3.2 法制管理

法制管理通常包括立法管理、执法管理、守法管理和司法管理。立法管理通常是指特定国家机关依照一定程序，制定或者认可反映统治阶级意志，并以国家强制力保证实施的行为规范的活动。影响立法管理的因素包括立法机构，法律法规的数量、系统性、完整性、适用性等。

执法管理亦称法律执行，是指国家行政机关依照法定职权和法定程序，行使行政管理职权，履行职责，贯彻和实施法律的活动。影响执法管理的因素包括：执法机构的数量、执法的频率、执法的力度等。执法管理的有效性直接影响着乳品质量的安全。

守法管理是法的实施的一种基本形式。立法者制定法的目的，就是要使法在社会生活中得到实施。如果法制定出来了，却不能在社会生活中得到遵守和执行，那必将失去立法的唯一目的，也失去了法的权威和尊严。

司法管理又称法的适用，通常是指国家司法机关及其司法人员依照法定职权和法定程序，具体运用法律处理案件的专门活动。

为了保障乳品质量安全，自治区政府及相关部门加强了对乳品质量安全的法制管理，不断完善立法体系，加强行政执法能力，监督乳品企业守法，运用司法手段打击违法犯罪行为，在立法、执法、守法、司法方面取得了一定的效果。

（1）立法管理

当前内蒙古对乳品安全的法制管理以国家法律法规为依据，结合内蒙古的实际情况，制定符合本地区的地方法律法规，形成自治区级的法制管理体系。内蒙古结合本地区乳品的实际情况，通过制定一系列的地方性乳品监管法律法规，从法律层面保障消费者饮食安全。自2007—2017年，内蒙古各质量安全管理部门共颁布关于乳业的法规79项，其中自治区政府颁布12项，政府办公厅颁布26项，农牧厅颁布20项，质监局颁布5项，食药局颁布8项，多部门联合颁布5项，其他部门颁布3项。具体如图7-5所示。

（2）执法管理

2016年，自治区质量技术监督局对乳制品进行了5次抽检，并对不合格的乳品企业进行曝光。在对乳品的5次抽检中，2016年4月份抽检

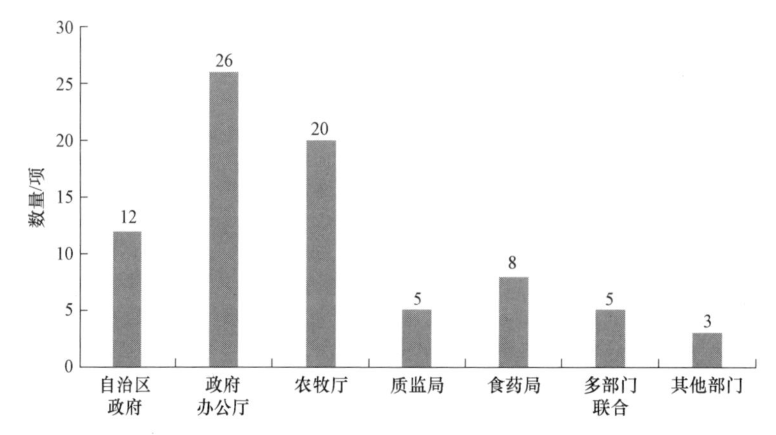

图 7－5　2007—2017 年内蒙古颁布的有关乳业的法规数量分布

数据来源：内蒙古自治区政府、办公厅、农牧厅、质监局、食药局、其他部门。

乳制品 170 批次，覆盖自治区 10 个盟市、27 家企业，其中 2 个批次不合格，不合格率为 1.18%；2016 年 6 月份抽检乳制品 246 批次，覆盖自治区 5 个盟市、31 家企业，其中 2 个批次不合格，不合格率为 0.81%；2016 年 8 月份抽检乳制品 19 批次，覆盖自治区 4 个盟市、13 家企业，其中 1 个批次不合格，不合格率为 5.26%；2016 年 10 月份抽检乳制品 56 批次，覆盖自治区 8 个盟市、19 家企业，其中 1 个批次不合格，不合格率为 1.78%；2016 年 12 月份抽检乳制品 54 批次，覆盖 21 家企业，其中 2 个批次不合格，不合格率为 3.7%。具体如图 7－6 所示。

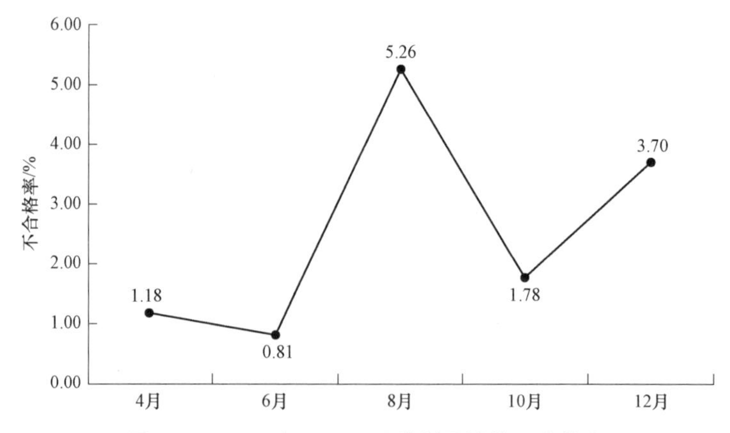

图 7－6　2016 年 4—12 月乳制品抽检不合格率

数据来源：内蒙古自治区食品药品监督管理局。

2016年4—12月份乳制品抽检不合格率监测结果显示，不合格率大部分为1%以上，其中6月份最低，为0.81%，8月份最高，为5.26%；从最低和最高来看，不合格率波动较大，可能是由抽检的样本有差别导致的。根据乳制品抽检合格率，可以对乳制品安全等级进行划分，如表7–1所示。总的来说，乳制品的合格率是较高的，说明当前内蒙古对乳制品的质量安全监管是有效果的。

表7–1　乳制品抽检合格率等级划分

等级	安全（A）	较安全（B）	基本安全（C）	较不安全（D）	不安全（E）
不合格率区间/%	≥95	[90，95)	[85，90)	[80，85)	<80

（3）守法管理

守法管理是指政府及相关管理部门通过宣传、激励政策或处罚促使乳品生产企业按照法律法规进行安全生产。乳品生产企业还要配备必要的化验、计量、检测仪器设备，设置专门的工作岗位，配备合格的检验人员，按照国家、行业标准进行生产，按照国家、行业标准进行检验，确保乳品质量安全。

（4）司法管理

司法管理指运用司法手段进行的管理，目前针对乳品质量安全管理运用得较少。

7.3.3　监督管理

监督管理通常采用标准体系、检验检测、认证认可、市场准入管理、信息系统管理等手段。标准体系是一定范围内的标准按其内在联系形成的有机整体，也可以说标准体系是一种由标准组成的系统。评价标准体系主要从标准数量、标准体系的完整性、标准体系的适应性、标准体系的统一性等方面来进行。检验检测是对检验项目中的性能进行测量、检查、试验等，并将结果与标准规定要求进行比较，以确定每项性能是否合格所进行的活动。认证认可是指由国家认可的认证机构证明一个组织的产品、服务、管理体系符合相关标准、技术规范（TS）或其强制性要求的合格评定活动。食品质量安全市场准入制度就是为保证食品的质量安全，具备规定条件的生产者才被允许进行生产经营活动，具备规定条件的食品才被允许生产销售的监督制度。信息系统管理是人类为了有效地开发和利用信息资源，以现代信息技术为手段，对信息资源进行计划、组织、领导和控制的社会活动。简单地说，信息管理就是人对信息资源和信息活动的管理。

为了加强对乳品的安全监管工作，内蒙古不断深化乳品安全监管机构改革，建立完善统一权威的监管体制，加强乳品生产经营全过程监管，监管内容较为全面。当前内蒙古乳品质量安全监管的主要机构是内蒙古自治区市场监督管理局，下设与乳品质量安全有关的质量发展局、食品生产安全监督管理处、食品流通安全监督管理处、特殊食品安全监督管理处、信用监督管理局、产品质量安全监督管理处、计量处、认证认可与检验检测监督管理处、食品安全协调与抽检监测处、综合规划与新闻宣传处、广告监督管理处等内部机构，通过对乳品的集中监管提高了对乳品安全监管的力度，通过生产许可、卫生许可、标识管理等手段提高进入门槛，通过提高标准、监督、检验、认证加强质量管理，通过信息管理等加强对乳品的整体管理。

（1）准入管理

准入管理是乳品安全规制体系的重要内容。目前，内蒙古乳品质量安全准入管理主要包括以下几个方面：乳品生产许可规制、乳品卫生许可规制（乳品卫生许可包括对机构、产品、人员的许可三类）、标识管理（内蒙古质量技术监督局颁布《商品条码乳制品追溯码编码与条码表示》，规定了乳制品的编码原则、编码对象、编码结构等）。

（2）标准体系

自治区政府制定了《内蒙古自治区推进标准化工作三年行动计划（2014—2016 年）》，在此计划下，关于乳品质量安全的标准体系也得到了较快的发展。

至 2016 年年底，内蒙古基本建立了以国家标准、行业标准为主体，地方标准为补充的乳品质量安全标准体系。国家标准按照标准对象可以分为三类，即基础标准、产品标准、方法标准。基础标准是指在一定范围内作为其他标准的基础并具有广泛指导意义的标准。产品标准是针对产品的结构、规格以及质量等方面所做的技术规定。方法标准是以检测产品的性能、质量方面的试验方法为对象而制定的标准。行业标准根据乳品质量安全标准涉及的范围，包括农业标准、轻工标准、商检标准。地方标准按照乳品的程序分为养殖标准、生产加工标准、流通标准。内蒙古乳品质量安全标准体系结构如图 7－7 所示。

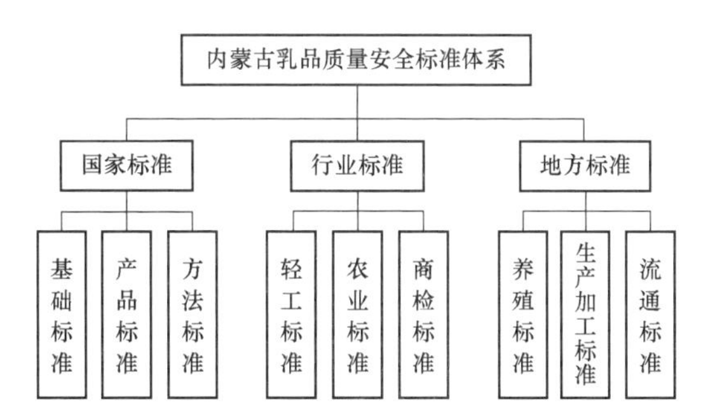

图 7－7　内蒙古乳品质量安全标准体系

内蒙古乳品质量安全标准体系是以国家和行业标准为主、地方标准为辅的标准体系，总共有 78 项标准，如图 7-8 所示。国家标准 41 项，其中基础标准 14 项、产品标准 9 项，方法标准 18 项；行业标准中，轻工标准 5 项、农业标准 10 项、商检标准 5 项；地方标准中，养殖标准 6 项、加工标准 5 项、流通标准 6 项。

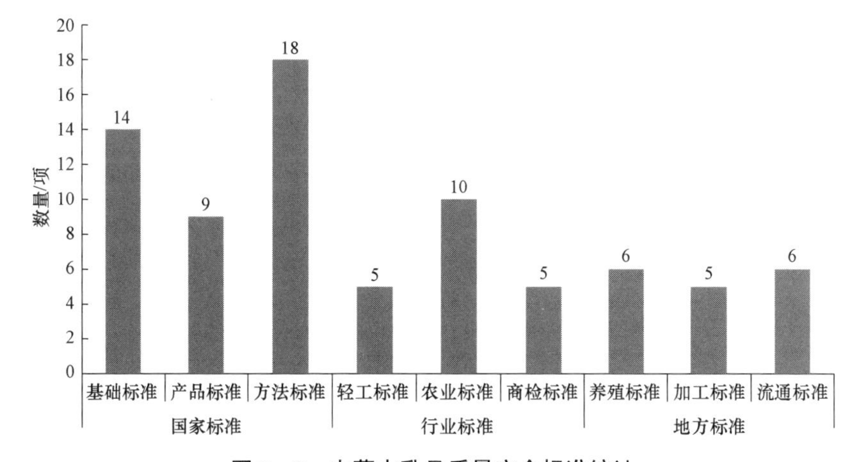

图 7－8　内蒙古乳品质量安全标准统计

数据来源：根据内蒙古自治区质量技术监督局、标准搜搜网等网站数据统计。

（3）检验检测

检验检测是国家质量安全基础的重要方面，是国务院《质量发展纲要（2011—2020）》所明确提出的重要工作任务之一。乳业作为内蒙古的优势产业，自治区政府在关于乳业方面的检验检测机构投入大量的精力。近几年来，在自治区政府和相关机构的努力下，内蒙古关于乳品的检验检测机构、从业人数不仅数量上有所增加，并且检测水平不断提高，检测业务更加广泛，一共有检验检测机构 34 个；同时产生一批自治区级名牌实验室、良好行为实验室。

从行政层级来看，当前内蒙古的检验检测机构分为三个层次，分别是自治区级、盟市级、旗县区级。其中，自治区级的有 1 个，为授权法人及非法人；盟市级有 23 个，其中事业法人性质的有 18 个，企业法人 1 个，授权法人及非法人 6 个；旗县区级 10 个，其中事业法人 6 个，授权法人及非法人 4 个。如图 7－9 所示。

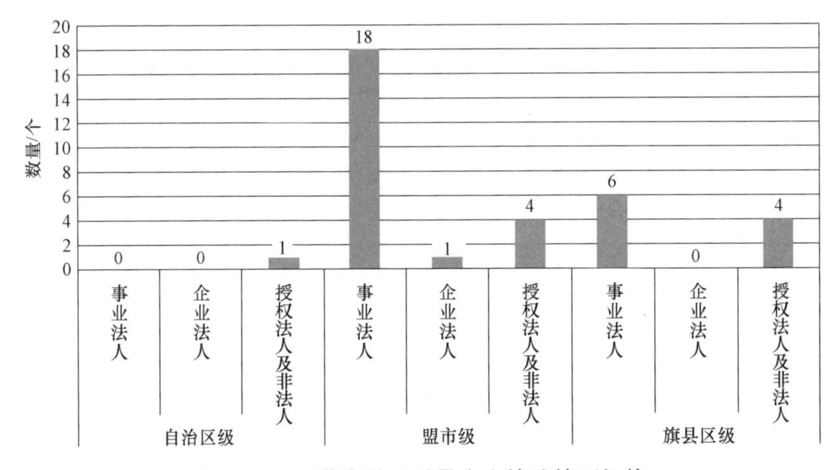

图 7－9　内蒙古乳品质量安全检验检测机构

数据来源：根据内蒙古自治区质量技术质量监督局官方网站数据统计。

（4）认证认可

目前，自治区政府制定了《全区认证执法监管实施意见》《全区认证监管和服务经济发展三年规划》，其中食品农产品认证是自治区认证监管整治的三个重点（重点区域、重点企业、重点产品）执法监督专项检查工作之一，乳品的认证是食品农产品认证的一部分。内蒙古当前的乳品认证体系是在国家乳品体系的标准基础上建立起来的，国家现有乳及乳制品的认证主要包括产品认证和体系认证。产品认证的对象主要是无公害农产品、绿色食品和有机食品，体系认证主要分为 GMP（良好生产规范）、GAP（良好农业生产规范）、HACCP（危害分析与关键控制点）三种形式的认证。内蒙古为了保障乳品质量安全，在国家乳品质量认证体系的指导下，形成了内蒙古自治区层面的认证认可体系。具体分为产品认证认可体系和认证认可管理体系，产品的认证认可体系包括同线同标同质、有机产品认证、有机产品示范，认证认可管理体系包括认证规则、认证机构、认证查询系统。图 7－10 是内蒙古自治区乳品质量安全认证认可体系。

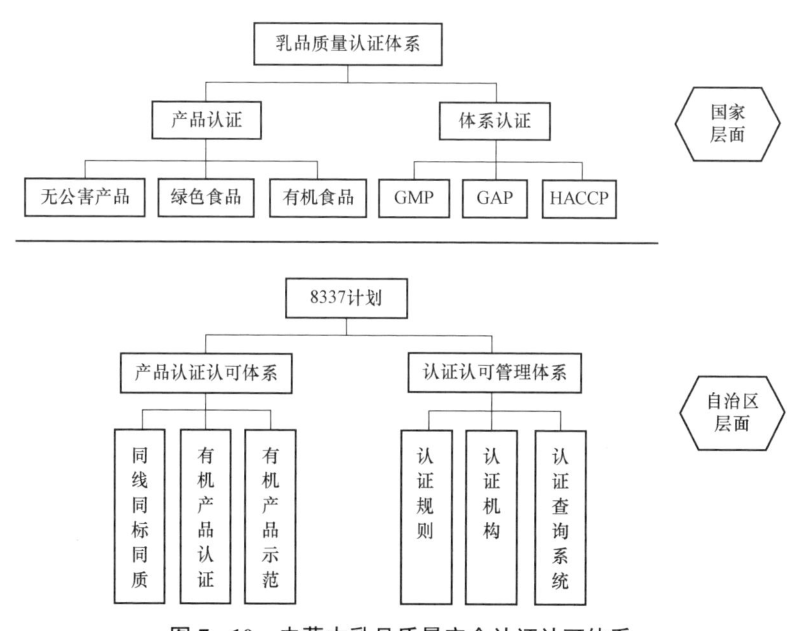

图 7－10　内蒙古乳品质量安全认证认可体系

7.4　本章小结

近年来，内蒙古乳品安全的规制政策不断增加，相关监管机构不断健全，规制措施不断完善，这为内蒙古的乳品安全提供了有效保障。本章从乳品安全规制政策、规制机构和规制措施三个方面介绍了内蒙古乳品安全的政府规制现状。本章的观点如下：

第一，从内蒙古乳品安全规制政策来看，当前内蒙古乳品安全的规制政策主要分为两大类，一类为强制性政策，另一类为激励性政策，但主要以强制性政策为主。乳业作为内蒙古的优势产业和特色产业，对内蒙古的经济发展具有重要作用，要发挥乳业的产业支柱性作用，促进乳品行业的健康发展，既要鼓励乳业发展，同时又要对乳业进行严格管理。

第二，从乳品安全规制机构来看，2018 年组建的内蒙古自治区市场监督管理局，整合了内蒙古自治区的工商行政管理局、质量技术监督局、食品药品监督管理局的职责，使得政府机构对内蒙古乳品安全监管的职责更加集中，乳业的监管更易形成合力，更有益于内蒙古乳业的发展。

第三，从乳品安全规制措施来看，内蒙古乳品质量安全政府规制主要包括宏观管理、法制管理、监督管理三个方面。从具体措施来看，宏观管理主要采取经济手段、行政手段、文化手段和社会手段，但是社会手段运用较少；法制管理主要体现在立法、执法、守法、司法方面，司法管理方面运用较少；监督管理主要包括准入管理、标准体系、检验检测以及认证认可。内蒙古通过整合相关乳品质量安全监管机构，完善立法体系，加强行政执法能力，建立完善统一权威的监管体制，提高了自治区政府对乳品安全的整体管理水平。

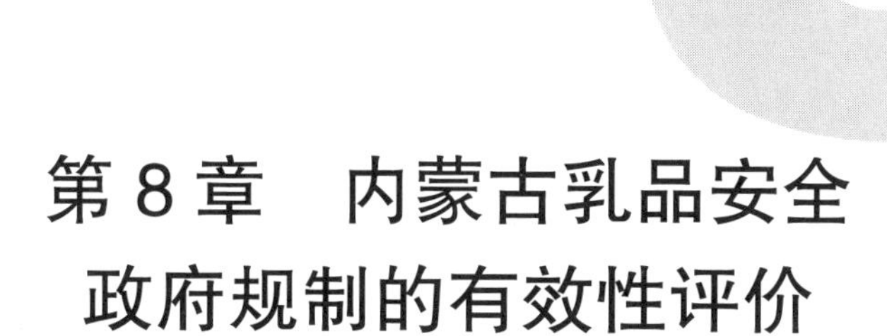

第8章　内蒙古乳品安全政府规制的有效性评价

作为全国的乳业大省，内蒙古乳品安全的政府规制经验值得各地借鉴。为了更好地提升内蒙古的乳品安全规制水平，结合上一章乳品安全规制的实践，本章建立了包括宏观管理、法制管理、监督管理三个方面的评价指标体系，运用模糊评价法对内蒙古乳品质量安全规制的效果进行评价。

8.1　评价方法

对内蒙古乳品安全政府规制有效性的评价，需要的评价指标较多，并且指标多为定性指标，不易获得量化数据，但是为了尽量保证评价的客观性，选择模糊综合评价方法。

模糊综合评价就是利用模糊数学的方法对事物进行评价的方法。模糊综合评价法是一种基于模糊数学的综合评价方法，该综合评价法根据模糊数学的隶属度理论把定性评价转化为定量评价，即用模糊数学对受到多种因素制约的事物或对象做出一个总体的评价。它具有结果清晰、系统性强的特点，能较好地解决模糊的、难以量化的问题，适合各种非确定性问题的解决。它与其他评价方法最明显的区别就是评价的初步结论不是一个事物所属的具体范围，而是一个事物所属某个范围的程度是多少（隶属度），然后在此基础上对多个事物进行排序，运用如下：

（1）建立综合评价指标体系

此处不作叙述，详见评价过程中内容。

（2）确定指标的权重

确定权重的方法可以分为两类：一类是主观赋权法，主要由专家根据经验判断得到；另一类是客观赋权法，由原始数据在运算中自动生成。常用的是层次分析法，首先对指标体系中同一层次的各元素对于上一层某一准则的相对重要性，通过专家进行两两比较；然后通过计算各判断矩阵的最大特征根和它的特征向量，算出每一层元素对上一层某一准则的相对权重，得到准则层各因素对目标层相对权重，同样可得到指标层各因素对准则层的相对权重；最后进行一致性检验。具体步骤如下：

步骤一：构造层次结构，即确定目标层、准则层、指标层。

步骤二：构造判断矩阵，通过两两比较同一层次元素相对于上一层次某元素的重要性，得出比较判断矩阵。比如，当我们考虑方案层各元素 C_j，j=1，2，3…，n 相对于准则层元素 B_k，k=1，2，3…，m 的重要性时，得出的判断矩阵的形式为

$$\boldsymbol{B}_k=\begin{pmatrix} C_{11} & C_{12} & \cdots & C_{1n} \\ C_{21} & C_{22} & \cdots & C_{2n} \\ \vdots & \vdots & \vdots & \vdots \\ C_{n1} & C_{n2} & \cdots & C_{nn} \end{pmatrix} \tag{8-1}$$

其中，k=1，2，…，m。C_{ij} 为方案 C_i 与 C_j 相对于上层元素 B_k 的相对重要性的比较，其赋值规则如表 8－1 所示。

表 8－1　赋值规则表

序号	相对重要程度	C_{ij}
1	元素 C_i 与 C_j 同等重要	1
2	元素 C_i 比元素 C_j 稍重要	3
3	元素 C_i 比元素 C_j 明显重要	5
4	元素 C_i 比元素 C_j 强烈重要	7

续表

序号	相对重要程度	C_{ij}
5	元素 C_i 比元素 C_j 极端重要	9
6	元素 C_i 比元素 C_j 稍不重要	1/3
7	元素 C_i 比元素 C_j 明显不重要	1/5
8	元素 C_i 比元素 C_j 强烈不重要	1/7
9	元素 C_i 比元素 C_j 极端不重要	1/9

注：C_{ij} 的取值可更加细化地取 2，4，6，8 或 1/2，1/4，1/6，1/8。

若判断矩阵满足条件：

$C_{ij}>0$；

$C_{ij}=1/C_{ji}$；

$C_{ij}=C_{ij}\cdot C_{kj}$；

则称其为一致矩阵。

步骤三：判断矩阵的一致性检验。判断矩阵的一致性检验可检验专家的判断思维的一致性。由矩阵理论可知，若λ_1，λ_2，$\lambda_3\cdots\lambda_n$（$\lambda_1\geqslant\lambda_2\geqslant\lambda_3\cdots\geqslant\lambda_n$）是判断矩阵 $\boldsymbol{A}$ 的特征根，当矩阵 $\boldsymbol{A}$ 具有完全一致性时（即 $\boldsymbol{A}$ 为一致矩阵时），$\lambda_1=n$，其余特征根为零；而当矩阵 $\boldsymbol{A}$ 为正反矩阵但不具有完全一致性时，则有$\lambda_1\geqslant n$。在实际工作中，完全一致性几乎不可能达到，所以我们只能要求“满意一致性”。定义一致性指标公式如下所示：

$$\mathrm{CI}=\frac{\lambda_{\max}-n}{n-1} \tag{8-2}$$

引入平均随机一致性指标（RI）值（见表 8-2），当判断矩阵的随机一致性比率 $\mathrm{CR}=\frac{\mathrm{CI}}{\mathrm{RI}}\leqslant 0.10$，我们认为判断矩阵具有满意的一致性。

表 8-2　平均一致性指标值

阶数	1	2	3	4	5	6	7	8	9
RI 值	0.00	0.00	0.58	0.90	1.12	1.24	1.32	1.41	1.45

步骤四：层次单排序。层次单排序是指根据判断矩阵计算对于上一层某元素而言本层次与之有联系的元素重要性次序的权重值。理论上

讲，层次单排序计算问题可以归结为计算判断矩阵的最大特征值及其对应的特征向量问题。实际工作中，可用方根法、和法进行层次单排序。本章将采用方根法。

首先，计算判断矩阵每一行元素的乘积 $M_i=\prod_{j=1}^{n}c_{ij}$，$i=1,2,\cdots,n$。

然后，计算 M_i 的 n 次方根 $\overline{W_i}=\sqrt[n]{M_i}$。

对向量 $\overline{\boldsymbol{W}}=(\overline{W}_1,\overline{W}_2,\cdots\overline{W_n})^T$ 进行归一化处理，则 $\boldsymbol{W}=(W_1,W_2,\cdots W_n)^T$ 即为所求的对应于最大特征根的特征向量。具体计算公式如下：

$$\boldsymbol{W}_i=\overline{W_i}\Big/\sum_{i=1}^{n}\overline{W_i} \tag{8-3}$$

最后，计算判断矩阵的最大特征根，具体计算公式如下：

$$\lambda_{\max}=\frac{1}{n}\sum_{i=1}^{n}\frac{(AW)_i}{W_i} \tag{8-4}$$

（3）建立多层次综合评判模型

首先对主因素集作划分，U=｛X_1, X_2, X_3｝，对第二层因素 X 划分，记为 X_i=｛X_{i1}, X_{i2}, X_{i3}｝；其次确定评语集，评语集是对某一指标给出的评定值集合，如果采用很差、较差、一般、良、优、五级评语制，记评语集为 V=｛V_1, V_2, V_3, V_4, V_5｝；最后确定隶属矩阵。对于准则层中每个 X，其中每个指标的隶属度组成的隶属关系矩阵如下：

$$\boldsymbol{R}_i=\begin{pmatrix} r_{i11} & r_{i12} & \cdots & r_{i1m} \\ r_{i21} & r_{i22} & \cdots & r_{i2m} \\ \vdots & \vdots & \vdots & \vdots \\ r_{in1} & r_{in2} & \cdots & r_{inm} \end{pmatrix} \tag{8-5}$$

r_{ijk} 表示准则层指标 X_{ij} 对于第 t 级评语 V_t 的隶属度。r_{ijk} 的计算方法为：将指标值效用系数矩阵 $\boldsymbol{U}$ 中每个 U_{iJ}（每个指标各期指标值的效用系数值）与评语等级标准比较，对比较结果进行整理分析，得到对于指标 X_{iJ} 有 v_{k1} 个 V_1 评语，v_{k2} 个 V_2 评语，v_{k3} 个 V_3 评语，…。然后对于 $j=1$，2，3，…，n，进行归一化：$r_{ijk}=V_{kt}/\sum V_{kt}$，$t=1$，2，3，4，…。最后进行层次的综合评价。先对准则层的一级综合评价，相应指标层的权重

向量为 $\boldsymbol{A}_i=[a_{i1}, a_{i2}, \cdots, a]$，这样得到该层综合评价结果为 $B_i=A_i \cdot R_i$。再对目标层的二级综合评价，根据第一层的评价计算，得出 X 中 m 个因素的评价矩阵为 $\boldsymbol{R}=(B_1, B_2, \cdots, B)^T$，权重向量为 $\boldsymbol{A}=[a_1, a_2, \cdots, a]$，则 X 的所有因素的综合评价结果为：$\boldsymbol{B}=\boldsymbol{A} \cdot \boldsymbol{R}$。

8.2 评价过程

（1）乳品质量安全政府规制评价指标体系的依据

在选取乳品质量安全评价指标时，主要根据以下四点：第一，运用质量安全管理的原理，选取质量安全管理中的关键指标；第二，运用政府规制理论，从中选取关键性和代表性的因素作为评价指标；第三，依据相关法律法规：《乳品质量安全监管条例》《乳制品企业生产技术管理规则》《食品安全国家标准 乳制品良好生产规范》《乳制品厂卫生规范》；第四，依据文献中其他学者对于乳品质量安全政府管理构建的评价指标体系。

（2）乳品质量安全政府管理评价指标体系构建原则

乳品质量安全的评价方法有很多种，可以分为定量方法、定性方法以及定量和定性相结合的方法。无论选取哪一种方法来评价乳品的质量安全，首先要建立一整套科学的评价指标体系。为确保能够对乳品的质量安全进行科学与全面的评价，在设计指标体系时要遵循如下原则：

1）科学性与目的性相结合的原则

科学性是指标体系构建的基础。在构建指标体系时要遵循必要的理论，此处是以质量监管理论和政府规制理论作为基础，构建乳品质量安全评价指标体系。同时，又要考虑到指标体系设计的目的，是提供更好的评价指标体系，便于消费者、政府了解乳品的质量安全等多个方面的质量控制，以保障乳品的质量安全。

2）简约性与可操作性相结合的原则

构建的指标体系应该是一个统一的整体，其选取的指标既要相互联系又要相互补充，并且要有很好的综合性，这样就通过选取尽可能少的指标来反映较全面的情况。同时，还要能详细地描述这些指标的准确含义以及指标中所要表达的内容。此外，要保证指标在统计时的可操作性，这样就可以通过较少的指标来保证评价指标体系的效用。

3）重要性原则

影响乳品质量安全管理的因素较多，在选择指标时，要选择与乳品质量安全关系密切的指标，指标要具有代表性，每一个指标应该能代表影响乳品质量安全的一个方面。

（3）乳品质量安全政府规制评价指标体系的设计

基于以上对评价指标的选取依据、遵循原则的分析以及上一章的现状分析，乳品质量安全政府规制的评价指标体系可以设计3个一级指标，包括宏观管理、法制管理、监督管理，又可以分为13个二级因素指标，每个二级指标下又包括三级指标，主要为实现二级指标所采取的措施，将内蒙古当前进行的乳品质量安全管理措施与其进行比较，总结已采取的措施，以及尚未采取的措施，为下一步提出政策建议提供指导。三级指标在评价指标体系中不列出，将其纳入二级指标的解释中。根据一级、二级指标建立的指标评价体系如图8－1所示。

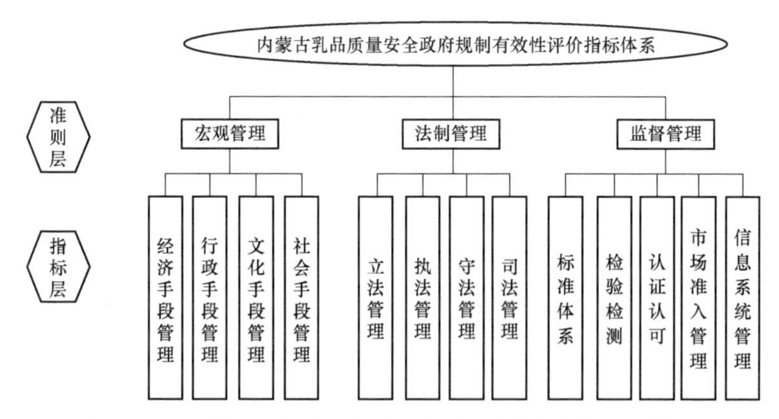

图8－1　内蒙古乳品质量安全政府规制有效性评价指标体系

（4）确定指标的权重，采用层次分析法

乳品质量安全政府规制有效性评价的主因素集与子因素集相应为：

X= {X1 宏观管理，X2 法制管理，X3 监督管理}

X1= {x11 经济手段，x12 行政手段，x13 文化手段，x14 社会手段}

X2= {x21 立法管理，x22 执法管理，x23 守法管理，x24 司法管理}

X3= {x31 标准体系，x32 检验检测，x33 认证认可，x34 市场准入管理，x35 信息系统管理}

1）建立两两比较判断矩阵

笔者邀请专家对准则层、指标层进行打分，构造判断矩阵，这些专家来自内蒙古农业大学、内蒙古工业大学、内蒙古财经大学等高等院校，对乳品质量安全管理领域都有深入研究，多次承担乳业安全领域的国家自然科学基金项目、农业部国家乳业专项课题、自治区自然基金项目和哲学社会科学项目等。

准则层的判断矩阵如表 8－3 所示。

表 8－3　准则层判断矩阵

X	X1	X2	X3
X1	1	5	1
X2	1/5	1	1/3
X3	1	3	1

2）计算权重向量

通过 Excel 进行计算，求得最大特征根为 3.029 1，进行归一化后，得权重向量为：**W** =（0.480 6，0.114 0，0.405 4）。

3）进行一致性检验

$CI=\frac{3.0291-3}{3-1}=0.0146$，RI=0.58，CR=CI/RI=0.014 6/0.58=0.051＜0.1，则判断矩阵具有满意的一致性。指标层的判断矩阵、权重向量、一致性检验结果如表 8－4～表 8－6 所示。

表 8－4　宏观管理各手段判断矩阵及权重向量

X1	x11	x12	x13	x14	**W**
x11	1	3	5	7	0.563 8
x12	1/3	1	3	5	0.263 4
x13	1/5	1/3	1	3	0.117 8
x14	1/7	1/5	1/3	1	0.055 0

由表 8–4 计算可以得出，CI=–0.038 9，RI=0.90，CI/RI=0.043 2＜0.1，因此具有满意一致性。

表 8–5　法制管理各手段判断矩阵及权重向量

X2	x21	x22	x23	x24	W
x21	1	1	3	3	0.375
x22	1	1	3	3	0.375
x23	1/3	1/3	1	1	0.125
x24	1/3	1/3	1	1	0.125

由表 8–5 计算可以得出，CI=0，RI=0.90，CI/RI=0＜0.1，因此具有满意一致性。

表 8–6　监督管理各手段判断矩阵及权重向量

X3	x31	x32	x33	x34	x35	W
x31	1	1	1	3	5	0.284 4
x32	1	1	1	3	5	0.284 4
x33	1	1	1	3	5	0.284 4
x34	1/3	1/3	1/5	1	3	0.096 3
x35	1/5	1/5	1/5	1/3	1	0.050 5

由表 8–6 计算可以得出，CI=–0.007 1，RI=1.12，CI/RI=–0.063 0＜0.1，因此具有满意一致性。

（5）建立多层次综合评价模型

1）对因素集进行划分

X= {*X*1 宏观管理，*X*2 法治管理，*X*3 监督管理}，*X*1= {*x*11 经济手段，*x*12 行政手段，*x*13 文化手段，*x*14 社会手段}，*X*2= {*x*21 立法管理，*x*22 执法管理，*x*23 守法管理，*x*24 司法管理}，*X*3= {*x*31 标准体系，*x*32 检验检测，*x*33 认证认可，*x*34 市场准入管理，*x*35 信息系统管理}。

2）确定评语集

取评语集 $V=\{V_1, V_2, V_3, V_4, V_5\}$，$V_1$，$V_2$，$V_3$，$V_4$，$V_5$ 分别代表乳品质量安全政府规制实施效果好、较高、一般、较差、差。

3）确定隶属度

专家对宏观管理、法制管理、监督管理各手段的实施效果进行评价，评价结果汇总如表 8－7～表 8－9 所示。

表 8－7　宏观管理各手段实施效果统计表

项　　目	好	较好	一般	较差	差
经济手段管理	0	6	2	0	4
行政手段管理	4	4	4	0	0
文化手段管理	2	0	4	6	0
社会手段管理	0	2	4	6	0

对表 8－7 的统计的结果进行分析，并进行归一化处理，得到宏观管理的隶属矩阵：

$$\boldsymbol{R}_1=\begin{pmatrix}0 & 1/2 & 1/6 & 0 & 1/3\\ 1/3 & 1/3 & 1/3 & 0 & 0\\ 1/6 & 0 & 1/3 & 1/2 & 0\\ 0 & 1/6 & 1/3 & 1/2 & 0\end{pmatrix}$$

表 8－8　法制管理各手段实施效果统计表

项　　目	好	较好	一般	较差	差
立法管理	4	6	2	0	0
执法管理	2	4	4	2	0
守法管理	0	2	6	4	0
司法管理	0	0	10	2	0

对表 8－8 的统计结果进行分析，并进行归一化处理，得到法制管理的隶属矩阵：

$$\boldsymbol{R}_2=\begin{pmatrix}1/3 & 1/2 & 1/6 & 0 & 0\\ 1/6 & 1/3 & 1/3 & 1/6 & 0\\ 0 & 1/6 & 1/2 & 1/3 & 0\\ 0 & 0 & 5/6 & 1/6 & 0\end{pmatrix}$$

表 8-9　监督管理各手段实施效果统计表

项　目	好	较好	一般	较差	差
标准体系	10	2	0	0	0
检验检测	6	4	2	0	0
认证认可	8	2	2	0	0
市场准入管理	2	6	4	0	0
信息系统管理	0	4	2	6	0

对表 8-9 的统计结果进行分析，并进行归一化处理，得到监督管理的隶属矩阵：

$$\boldsymbol{R}_3=\begin{pmatrix} 5/6 & 1/6 & 0 & 0 & 0 \\ 1/2 & 1/3 & 1/6 & 0 & 0 \\ 2/3 & 1/6 & 1/6 & 0 & 0 \\ 1/6 & 1/2 & 1/3 & 0 & 0 \\ 0 & 1/3 & 1/6 & 1/2 & 0 \end{pmatrix}$$

4）准则层的一级综合评价

宏观管理各手段的权重向量为：

$$\boldsymbol{A}_1=[0.563\,8,\ 0.263\,4,\ 0.117\,8,\ 0.055\,0]$$

这样得到该层综合评价结果为：

$$\boldsymbol{B}_1=\boldsymbol{A}_1\cdot\boldsymbol{R}_1=[0.107\,4,\ 0.318\,9,\ 0.239\,4,\ 0.086\,4,\ 0.187\,9]$$

法制管理各手段的权重向量为：

$$\boldsymbol{A}_2=[0.375,\ 0.375,\ 0.125,\ 0.125]$$

这样得到该层综合评价结果为：

$$\boldsymbol{B}_2=\boldsymbol{A}_2\cdot\boldsymbol{R}_2=[0.187\,5,\ 0.333\,3,\ 0.354\,2,\ 0.125\,0,\ 0]$$

监督管理各手段的权重向量为：

$$\boldsymbol{A}_3=[0.284\,4,\ 0.284\,4,\ 0.284\,4,\ 0.096\,3,\ 0.050\,5]$$

这样得到该层综合评价结果为：

$$\boldsymbol{B}_3=\boldsymbol{A}_3\cdot\boldsymbol{R}_3=[0.584\,9,\ 0.254\,6,\ 0.135\,3,\ 0.025\,2,\ 0]$$

5）指标层的二级综合评价

根据第一层的评价计算，得出 X 中 3 个因素的评价矩阵为 $\boldsymbol{R}=(B_1, B_2, B_3)^T$，权重向量为 $\boldsymbol{A}=[0.480\,6,\ 0.114\,0,\ 0.405\,4]$，则 $\boldsymbol{X}$ 的所有因素的综合评价结果为：

$$\boldsymbol{B}=\boldsymbol{A}\cdot\boldsymbol{R}=[0.310\,1,\ 0.323\,3,\ 0.210\,3,\ 0.066\,0,\ 0.090\,3]$$

8.3 评价结果

通过以上的模糊综合评价，影响内蒙古乳品质量安全规制水平的宏观管理、法制管理、监督管理的三个因素权重分别为0.480 6、0.114 0、0.405 4，宏观管理对内蒙古乳品质量安全规制效果影响最大，其次就是监督管理，而法制管理的重要性反而最低。在二级指标体系中，影响宏观管理的四个因素，即经济手段、行政手段、文化手段、社会手段，权重分别为0.563 8、0.263 4、0.117 8、0.055 0，经济手段在加强宏观管理中发挥的作用最大，自治区政府及相关部门应运用经济手段；影响法制管理的四个因素，即立法、执法、守法、司法，权重分别为0.375、0.375、0.125、0.125，说明立法、执法在法制管理中发挥同等重要的作用，且对法制管理的效果影响较大，自治区政府及相关部门应重视立法、执法；影响监督管理的五个因素，即标准体系、检验检测、认证认可、市场准入管理、信息系统管理，权重分别为0.284 4、0.284 4、0.284 4、0.096 3、0.050 5，标准体系、检验检测、认证认可管理在监督管理中发挥的作用一样，且发挥着较为重要的作用，自治区政府及相关部门要严格控制市场准入。

建立的模糊综合评价模型，结果表明内蒙古乳品质量安全规制效果属于好、较好、一般、较差、差的程度为 0.310 1，0.323 3，0.210 3，0.066 0，0.090 3，根据最大隶属原则，说明当前内蒙古乳品质量安全规制效果较好。

第9章　内蒙古乳品安全企业自我规制的实践与效益评价

乳品企业是质量安全的第一责任人，乳品安全供给除政府保障公共安全，还有赖于企业的自律和社会责任。本章将分为两部分对内蒙古乳品安全企业自我规制进行分析：一方面对内蒙古乳品龙头企业的自我规制实践进行阐述，另一方面对内蒙古乳品安全企业自我规制的经济效益进行评价。

9.1　龙头企业自我规制的主要实践

9.1.1　伊利的质量安全规制

内蒙古伊利实业集团股份有限公司（简称伊利）始建于 1956 年，总部在内蒙古自治区呼和浩特市。伊利由液态奶、冷饮、奶粉、酸奶和原奶五大事业部组成，有近百个下属企业，是目前中国产品线最全、规模最大的乳品生产加工企业。为了保证乳品质量安全，伊利确立了“伊利即品质”的理念。具体的质量安全规制如下：

（1）“三全”质量管理体系

伊利建立了“全员、全过程、全方位”质量管理体系。全员是指企业的所有员工都参与乳品质量安全管理，每个人都明确在质量安全管理中的责任。全过程是指对从源头到终端的每一个食品安全和质量控制关键点进行监测、分析、把控、预防，构建了覆盖牧场选址布局、原料采购、饲料加工、奶牛养殖、原奶运输交付在内的管控体系，实现了从原材料进厂到生产制造、成品出厂的全过程食品安全保障。全方位是指建立了企业是食品安全第一责任人制、食品安全和质量全员培训考核机制、食品安全风险评价机制，建立了质量管理人员任职资格审查制度、产品召回制度、食品安全自查制度、食品安全从业人员健康管理制度、食品出厂检验记录和留样制度、原材料进货查验记录制度、预包装产品标识标注管理制度和食品安全事故应急预案。伊利特色的“全员、全过程、全方位”的“三全”质量管理体系，涵盖了 ISO 9001 质量管理标准、HACCP 认证、ISO 14001 环境管理体系标准和 OHSAS 18001 标准（职业健康安全管理体系标准）的要求，并通过了国家食品企业诚信体系的认证和 FSSC 22000（食品安全体系认证），成为中国第一家全线产品通过此全球性食品安全管理标准体系认证的乳品企业。

（2）三级食品安全风险监测防控体系

伊利建立了集团—事业部—工厂三级食品安全风险监测防控体系，业务机构涵盖集团、事业部、工厂三级 90 个检验单元，风险监测机构利用监测结果，并结合乳品制造现状，对存在的风险进行分析和评估，进而制定有效的风险管理措施以消除潜在的风险。

（3）质量领先 3210 战略

2016 年伊利将原先的质量安全管理战略升级为“质量领先 3210 战略”，其中“3”是指打造世界一流学习型、专业化质量队伍，建立包括原料、产品、卫生、工艺、基础设施等在内的世界一流行业标准，生产世界一流品质的产品；“2”是指升级全球质量领先管理体系、端到端全链条的质量自主管理模式；“1”是指对全链条不满足食品安全和产品质量要求的过程和结果，坚决实行一票否决；“0”是指保证食品安全“零事件”。

（4）质量见证的立体深入

2005 年，伊利开放参观工厂，让消费者见证品质；2011 年，全国工厂全面开放，接受社会各界监督；2013 年，建造乳文化博物馆，见证中国乳业力量；2015 年，全球产业链+AR 诞生，品质全维度透明；2016 年，推出 VR 体验，实现全面透明、智能交互。

（5）共享健康的理念提升

2017 年，伊利率先发布企业“健康工作体系”，树立了“以品质赢未来，以绿色共发展，以责任惠社会，让世界共享健康”的健康工作战略目标，提出“引领人的健康生活方式”的理念，践行“滋养人的生命活力”的行动，担起“用责任守护健康”的担子，来落实《“健康中国 2030”规划纲要》。

9.1.2 蒙牛的质量安全规制

内蒙古蒙牛乳业股份有限公司（简称蒙牛）成立于 1999 年 8 月，总部设在内蒙古和林格尔县盛乐经济园区，成立 20 年来，已形成了拥有液态奶、冰淇淋、奶粉、奶酪等多产品的产品矩阵系列，连续 10 年位列世界乳业 20 强。具体的质量安全规制如下：

（1）全面食品安全质量管理体系

2012 年，蒙牛结合自身质量安全管理，借鉴国际质量安全管理方式，形成了系统化的、与国际接轨的、对食品质量安全有保障的全面质量管理体系，该体系是包含了全产业链的质量管理体系。2016 年，又将全面质量管理体系升级为蒙牛全面食品安全质量管理体系，即 TFSQM，具体为奶源管理、生产管理、销售管理、质量管理、食品安全管理。在奶源管理方面，对奶源质量严格把关，对供奶方的准入管理、分级管理和日常管理严格进行，使得奶源管理由监督型向技术服务型转变。在质量管理方面，以质量策划、质量控制、质量保证、质量支持 4Q 为核心，对原辅料采购、产品生产、产品出库每一环节都严格把关。除此之外，对质检，对 9 道工序、36 个监控点、105 项指标进行检测；持续进行技术改进和 QC 改善活动，运用 LIMS 系统和 SAP 系统，提升生产过程的质量准确度和稳定性。对经销商进行严格的准入管理，帮助经销商进行能力提升。完善全程可追溯系统，可以看到原料供应商、生产厂商以及生产过程状况。

（2）“国际化＋数字化”双轨战略

国际化战略指蒙牛将自己的企业标准积极接轨国际标准，将 ISO 9001 标准与 FSSC 22000 标准深度融合成企业自己的全面食品安全的管理标准（TFSQM）、与有新西兰“质检总局”之称的 Asure Quality 合作制定最严牧场管理标准，并积极与国际领先乳品企业进行合作。数字化战略指蒙牛大规模推动内部系统改造，尤其是引进最先进的数字化企业管理系统和产品检测系统。蒙牛同时上线 ERP（企业资源计划）系统和 CRM（客户关系管理）系统，实现了集团业务工序自动流转管理信息化。蒙牛建立的数字化的“食品安全质量实施监控平台”，促进了企业内部质量管理系统的改造，实现了数字化系统在全产业链上的布局，使蒙牛成为国内第一家实现 LIMS 系统（实验室信息管理系统）和 SAP 系统高效协同工作的乳品企业，每天 LIMS 系统为蒙牛提供近 40 万条的检验数据。通过系统实现对数据的管理，形成了质量大数据库，应用质量信息秘书台将预警信息推送到管理者手机终端，实现了实时监控和管理，聚焦物料食品安全，通过质量信息看板，对核心指标进行实时监控。

9.1.3 伊利、蒙牛的比较

（1）生产标准方面

在生产标准方面，伊利通过多项国际标准，包括 ISO 9001 质量管理标准、ISO 14001 环境管理体系标准和 OHSAS 18001 标准；除此之外，伊利制定了企业标准和内控标准，内控标准高于企业标准，企业标准又高于国家标准。蒙牛在具体乳品质量安全指标方面也制定了自己的企业标准，即全面食品安全管理标准，这是在深度融合 ISO 9001 质量管理标准与 FSSC 22000 基础上形成的；此外，蒙牛也积极接轨国际标准。

（2）检验检测方面

截至 2015 年伊利检验检测实验室建设情况：共有 78 个实验平台，分成工厂、事业部、集团三级，其中集团检测实验室占地面积约 1 900 平方米，包括微生物、理化室、仪器室和办公区等区域，90 多名检验检测人员，检测设备总值达 3 000 多万元。集团检测实验室对乳品检测领域的前沿问题进行研究，并开发新的检测方法，获得 3 项检测方面的授权专利，发表了 20 多篇专业文献，集团检测技术不断提升。截至 2015 年新增检测设备：液相色谱仪、气相色谱仪、氨基酸分析仪、离子色谱仪、原子荧光光度计、原子吸收分光光度计、液相质谱仪、气相质谱仪、电感耦合等离子体发射质谱仪等，检测设备累计投入 5.65 亿元，检测相关人员 2 500 多人。企业新增微生物、营养指标、风险指标、包装材料等检测标准 80 多个，还通过与国内外机构学习和培训，开发有机污染物的筛查与检测。

蒙牛的食品安全检测项目共有 367 项，涉及农药残留、兽药残留、致病菌鉴定、营养成分、维生素、添加剂、重金属、微量元素等方面，使得每件产品都能达到食品安全要求。收购原奶，严格按照检测标准，必须通过滋气味品尝、近 20 项理化指标和 40 多项安全指标检测，才能收购，否则一律拒收。在生产过程中，每一滴牛奶都要经过 9 道工序、36 个监控点和 105 项指标的逐一检测，只要有一项检测项目不合格，整批产品都不允许上市。特别是引入全球领先的 SAP 和 LIMS 数字化协同系统，每天可以为蒙牛提供近 40 万条检验数据，使检验数据层层可控，最大限度地确保品质安全，这在行业内也是一种极大的突破。

（3）体系认证方面

伊利通过国内“同质同标同线”认证及国际通行的 HACCP、ISO 9001、ISO 14001、OHSAS 18001 等管理体系认证，液态奶、奶粉、酸奶、冷饮事业部全部通过 FSSC 22000，成为中国第一家全线产品通过此全球性食品安全管理标准体系认证的乳品企业。

蒙牛通过国内“同质同标同线”认证以及国际上的 ISO 9001、ISO 14001、OHSAS 18001、GMP、HACCP 等五大体系认证，实现 ISO 9001 证书覆盖总部及分公司，HACCP 证书覆盖所有分公司。

（4）风险管控预警方面

伊利为了更好地进行风险预警，识别关键风险点、影响因子和风险等级等，通过对数据库的筛查和预警，建立了食品安全风险监测防控体系，该体系为集团—事业部—工厂三级，包括 90 个检验单元。伊利和荷兰赫宁大学签署“食品安全早期预警系统协议”，整合国内外研究资源，借助大数据等技术预先识别关键风险点、影响因子和风险等级，严格管控质检、生产每个环节，提升全程安全的保障能力，升级质量管理体系。

蒙牛大规模推动内部系统改造，尤其是引进最先进的数字化系统，即企业管理系统、产品检测系统，为此，蒙牛创下了两项“世界记录”。此外，将这两大国际领先的系统绑定在一起，创新构建了双系统高效协同工作的强系统设计。为实时监测每一环节的质量安全状况，蒙牛还建立了具有国际水准的食品安全质量实时监控平台，辐射区域覆盖到蒙牛的牧场、生产工厂和销售大区，全面护航乳品安全。

（5）产品追溯方面

伊利在业内率先建立起完善的产品质量追溯体系。奶源基地从奶牛出生即为其建立养殖档案，加强技术服务，引进国际先进的TMR监控系统，引导科学饲喂模式，保证奶牛饲养、饲喂的安全可控，降低奶农的养殖风险。通过阿波罗系统监测每头奶牛每天的产奶量，并在推料车上安装GPS监控系统，保证了推料时间的及时准确。运用GPS全程监控，管控平台实现了车辆运输的全程可视化，对饲料和兽药制定专项管控方案，确保原奶的品质安全可控。原奶入厂后采用条码扫描，随机编号检测。同时，建立了生产过程的产品批次信息跟踪表、关键环节的电子信息记录系统、质量管理信息的综合集成系统和覆盖全国的ERP网络系统，以规范物流、跟踪产品去向，还利用信息手段监测，保障产品流通的最后一公里，实现了产品信息可追溯的全面化、及时化和信息化，并且与国家平台进行对接。例如，消费者随意拿起一款伊利婴幼儿配方奶粉，通过智能手机、平台网站，除能看到奶粉的生产日期、批次、生产者、生产许可证、配料表等信息外，还能查看奶粉诚信评价、消费者指南信息、质检报告等与选购息息相关的信息。

蒙牛创新推出了中国乳业第一款真正意义上的数字化牛奶品牌蒙牛精选牧场，凭借云技术和二维码可追溯系统搭建了可视化的“云端牧场”，通过扫码让品质真实可见可信；并且以此为基础，蒙牛率先布局构建一包一码“可追溯＋战略”，用新技术手段为消费者提供放心奶，并在SAP与LIMS两大系统协同作业的基础上搭建了数字化全过程质量管理体系，帮助蒙牛从原奶入厂、原辅料采购、生产制造过程到终端，形成全产业链智能化、系统化的质量保障。

9.2 企业自我规制的效益评价

企业自我规制是企业以实现利润最大化为目标，为获得经济效益、社会效益而主动进行的规制。本章所涉及的主体主要是乳品生产经营者。企业进行自我规制是通过建立质量安全管理体系以及采用多种保障产品质量安全的手段来实现的。质量安全管理体系贯穿于整个供应链，从原奶收集过程中的散户奶农、奶站，生产过程中的乳品加工企业，运输过程中的分销商、零售商，直销过程中的送奶到户、专卖店，直到产品到达消费者手中，整个过程中都进行严格的质量安全管理。此外，企业还制定高于国家和行业的企业标准，接轨国际标准，加大检验检测投入，增加检验检测设备、检验人员、检验标准，积极进行国际质量体系认证，例如 ISO 9001、ISO 14001、OHSAS 18001、GMP、HACCP 等。

9.2.1 评价方法

本章的评价方法将采用因子分析法，它的基本目的就是用少数几个因子去描述许多指标或因素之间的联系，即将相关比较密切的几个变量归在同一类中，每一类变量就成为一个因子，以较少的几个因子反映原资料的大部分信息。

（1）因子分析方法的数学模型

因子分析法是利用统计软件 SPSS 对收集的大量数据进行分析，通过降维来简化数据结构的方法，通过把多个变量（指标）化为少数几个综合变量（综合指标），而这几个综合变量可以反映原来多个变量的大部分信息。为了使这些综合变量所含的信息互不重叠，应要求它们之间互不相关。可以通过下面的数学模型来表示：

$$\begin{bmatrix} X_1 \\ X_2 \\ M \\ X_n \end{bmatrix} = \begin{bmatrix} a_{11} & a_{12} & \Lambda & a_{1m} \\ a_{21} & a_{22} & \Lambda & a_{2m} \\ M & M & \Lambda & M \\ a_{n1} & a_{n2} & \Lambda & a_{nm} \end{bmatrix} \begin{bmatrix} F_1 \\ F_2 \\ M \\ F_m \end{bmatrix} + \begin{bmatrix} \varepsilon_1 \\ \varepsilon_2 \\ M \\ \varepsilon_n \end{bmatrix}$$

简记为：

$$X_{n\times1} = \boldsymbol{A}_{n\times m} F_{m\times1} + \varepsilon_{n\times1}$$

其中 X_1，X_2，…，X_n 为原有变量，是均值为 0，标准差为 1 的标准化变量；F_1，F_2，…，F_m 称作因子变量，是潜在于众多原有变量中的因子变量；$\boldsymbol{A}_{n\times m}$ 是因子载荷矩阵，a_{nm} 表示第 m 个因子变量对第 n 个原有变量的解释程度。在各个因子变量不相关的情况下，因子载荷 a_{nm} 就是第 n 个原有变量和第 m 个因子变量的相关系数，a_{nm} 绝对值越大，则因子变量 F_m 和原有变量 X_n 的相关程度越高。

（2）因子分析方法的步骤

因子分析有三个核心问题：一是如何构造因子变量；二是如何对因子变量进行命名解释；三是如何计算因子得分。具体分为下面 5 个基本步骤：

1）检验待分析的原有若干变量是否适合因子分析

因子分析有一个潜在的要求，即原有变量之间要具有比较强的相关性。如果原有变量之间不存在较强的相关关系，那么就无法从中综合出能反映某些变量共同特性的少数公共因子变量。因此，在因子分析时，需要对原有变量作相关分析。SPSS 在因子分析过程中提供了三种检验方法：直接计算变量的相关系数矩阵、巴特利特球形检验和 KMO 检验。简单介绍如下：

a. 直接计算变量的相关系数矩阵时，原变量间线性相关系数一般绝大部分应不低于 0.2。

b. 巴特利特球形检验（Bartlett's Test of Sphericity）中，$\boldsymbol{H}_0$ 即相关矩阵是单位阵，显然，其显著性水平至少要小于 0.05，才能拒绝 $\boldsymbol{H}_0$，说明各个变量间存在相关性，适合于作因子分析。

c. KMO（Kaiser–Meyer–Olkin）检验中，KMO 的取值范围在 0～1 之间。如果 KMO 的值越接近于 1，则所有变量之间的简单相关系数平方和远大于偏相关系数平方和，因此越适合于作因子分析。如果 KMO 越小，则越不适合于作因子分析。

2）构造因子变量

因子分析中有多种确定因子变量的方法，如基于主成分模型的主成分分析法和基于因子分析模型的主轴因子法、极大似然法、最小二乘法等。考虑到使用的普遍性和方便性，本章采用基于主成分模型的主成分分析法，该方法是使用最多的因子分析方法之一。

3）因子变量的命名与解释

对于因子变量的解释，可以进一步说明影响原有变量系统构成的主要因素和系统特征。在实际工作中，主要是通过对载荷矩阵 $\boldsymbol{A}$ 的值进行分析，得到因子变量和原有变量的关系，从而对因子变量进行命名。通过对因子载荷矩阵的旋转避免因子变量的含义模糊不清，旋转的方法有正交旋转、斜交旋转和平均正交旋转，其中正交旋转最常用。

4）计算因子得分

通常不用原始的载荷估计而是用旋转后的载荷估计来计算因子得分。因子分析的数学模型是将原有变量表示为因子变量的线性组合。即：

$$X_i=\alpha_{i1}F_1+\ldots+\alpha_{im}F_m\text{（}i=1，2，\cdots，n\text{）}$$

由于因子变量能够反映原有变量的相关关系，用因子变量代表原有变量时，更有利于描述研究对象的特征，因而往往需要反过来将因子变量表示为原有变量的线性组合，即：

$$F_j=\beta_{j1}X_1+\ldots+\beta_{jn}X_n\text{（}j=1，2，\cdots，m\text{）}$$

称上式为因子得分函数，用此公式计算因子得分。由于因子得分函数中方程的个数 m 小于变量的个数 n，因此不能精确计算出因子得分，只能对因子得分进行估计。

5）计算综合得分

综合得分由各个因子变量的得分加权求和而得，其中权数是各个因子变量的方差贡献率占全部因子方差贡献率的比重。通过以上模型的计算可以求出各因子的得分及评价对象综合得分。

9.2.2 评价过程

（1）质量安全规制的效益评价指标的确定

衡量一个企业的效益，从可查阅的相关文献来看，有的学者认为通过收益性指标、安全性指标、流动性指标、成长性指标、生产性指标等来衡量，有的学者认为通过财务效益状况、资产营运状况、偿债能力状况和发展能力状况来衡量。借鉴相关学者对评价指标的选取，考虑到数据可得性，确定评价指标为营业总收入（*X*1）、净利润（*X*2）、存货周转率（*X*3）、总资产周转率（*X*4）、营业总收入同比增长率（*X*5）、利润总额增长率（*X*6）。

（2）样本选择与数据来源

考虑到因子分析法的适用性，以及企业数据的可得性，最终选取了伊利、蒙牛、光明、三元、辉山、皇氏、雅士利、贝因美、燕塘、现代牧业、中国圣牧、澳优、中地、科迪、西部牧业、天润、骑士、金丹、庄园牧场、熊猫共计 20 家 2014—2016 年的数据，数据来源于 Wind 数据库，如表 9－1～表 9－3 所示。

表 9－1　2014 年 20 家乳品企业效益数据

企业	营业总收入/万元	净利润/万元	存货周转率/%	总资产周转率/%	营业总收入同比增长率/%	利润总额同比增长率/%
伊利	5 443 643.00	465 442.50	8.38	1.50	12.94	56.38
蒙牛	5 017 765.00	235 080.30	10.01	1.15	10.13	42.89
光明	2 038 506.00	58 305.76	7.55	1.67	25.13	0.79
三元	450 247.70	3 850.67	7.65	1.17	18.87	107.83
辉山	509 430.00	124 922.90	4.14	0.32	44.46	27.84
皇氏	113 030.80	8 987.19	5.60	0.64	14.09	133.05
雅士利	282 888.70	24 882.90	1.71	0.60	－27.48	－46.30
贝因美	50 487.44	6 318.11	2.61	1.03	－17.46	－89.20
燕塘	94 991.03	7 879.57	11.72	1.23	8.21	12.63
现代牧业	503 088.10	73 531.70	2.53	0.38	102.56	120.07
中国圣牧	213 224.60	71 122.80	2.05	0.44	86.30	136.46

续表

企业	营业总收入/万元	净利润/万元	存货周转率/%	总资产周转率/%	营业总收入同比增长率/%	利润总额同比增长率/%
澳优	196 807.70	9 021.90	3.37	0.89	16.57	-13.01
中地	72 305.30	14 834.80	4.57	0.40	132.51	86.81
科迪	66 620.71	9 446.31	6.62	0.62	4.29	26.64
西部牧业	77 137.98	3 083.14	1.40	0.51	70.86	7.56
天润	32 651.49	1 820.10	9.59	0.69	48.70	55.89
骑士	20 212.72	4 128.32	4.30	0.97	67.85	123.21
金丹	61 230.36	3 716.48	4.69	0.86	-0.56	55.12
庄园牧场	59 818.12	6 540.81	3.59	0.53	21.08	92.67
熊猫	38 231.13	1 539.04	8.36	1.93	-10.20	106.49

表 9-2　2015 年 20 家乳品企业效益数据

企业	营业总收入/万元	净利润/万元	存货周转率/%	总资产周转率/%	营业总收入同比增长率/%	利润总额同比增长率/%
伊利	6 035 987.00	566 903.50	7.94	1.53	10.94	15.41
蒙牛	4 912 070.00	236 729.10	7.75	1.01	-2.11	-3.80
光明	1 937 319.00	49 609.97	6.37	1.37	-6.18	-1.74
三元	454 986.50	7 618.73	6.92	0.77	0.35	250.14
辉山	571 309.20	87 707.50	2.43	0.25	12.15	-27.68
皇氏	168 513.80	21 531.26	7.97	0.50	49.09	101.98
雅士利	277 665.30	11 825.60	2.00	0.44	-22.31	-68.80
贝因美	453 381.60	8 947.31	2.61	0.90	-10.20	38.65
燕塘	103 243.40	9 587.68	10.87	1.04	8.69	21.85
现代牧业	482 666.00	32 129.60	2.12	0.30	-4.06	-53.87
中国圣牧	310 415.60	80 065.20	2.13	0.39	45.57	22.57
澳优	210 810.40	5 064.50	2.76	0.77	7.11	-97.24
中地	48 471.10	9 813.90	1.80	0.81	-32.96	-35.57
科迪	68 306.41	9 667.71	8.37	0.42	2.53	0.73

续表

企业	营业总收入/万元	净利润/万元	存货周转率/%	总资产周转率/%	营业总收入同比增长率/%	利润总额同比增长率/%
西部牧业	59 990.20	2 097.18	1.01	0.30	-22.23	-46.86
天润	58 856.81	5 587.25	4.95	0.75	80.26	194.63
骑士	26 547.27	6 352.00	2.73	0.95	31.34	59.66
金丹	56 970.19	3 604.98	4.31	0.82	-6.96	3.80
庄园牧场	62 615.31	7 324.73	4.41	0.49	4.68	16.26
熊猫	36 606.09	7 432.02	5.06	1.72	-4.25	496.95

表 9-3　2016 年 20 家乳品企业效益数据

企业	营业总收入/万元	净利润/万元	存货周转率/%	总资产周转率/%	营业总收入同比增长率/%	利润总额同比增长率/%
伊利	6 060 922.00	493 901.60	8.33	1.54	0.75	20.07
蒙牛	5 409 696.00	-75 115.50	9.44	1.08	15.62	-115.23
光明	2 020 675.00	67 526.15	6.70	1.28	4.30	44.27
三元	585 387.50	13 374.58	9.52	0.77	5.98	-14.24
辉山	639 808.80	66 187.50	2.01	0.24	11.99	-25.25
皇氏	244 643.10	12 677.84	10.76	0.51	45.18	54.71
雅士利	236 194.00	-32 021.80	1.85	0.30	-14.94	-370.94
贝因美	276 449.70	-77 197.70	1.80	0.49	-39.02	-533.27
燕塘	110 074.30	10 591.89	10.18	1.01	6.62	6.49
现代牧业	486 517.30	-74 210.30	2.43	0.28	0.80	-320.89
中国圣牧	347 317.00	68 061.50	2.04	0.35	11.87	-13.06
澳优	274 766.70	21 267.20	2.34	0.79	30.34	7 754.18
中地	96 471.80	11 280.00	3.07	0.26	99.03	14.94
科迪	80 475.86	8 949.53	9.13	0.34	17.82	-2.03
西部牧业	66 458.48	-4 676.53	1.04	0.26	10.78	-390.02
天润	87 517.57	8 474.70	4.76	0.78	48.70	55.89

续表

企业	营业总收入/万元	净利润/万元	存货周转率/%	总资产周转率/%	营业总收入同比增长率/%	利润总额同比增长率/%
骑士	33 699.80	3 477.85	3.27	0.73	26.94	−52.78
金丹	58 579.85	5 358.01	5.35	0.81	2.83	52.17
庄园牧场	66 582.32	7 591.06	5.46	0.50	6.34	4.05
熊猫	40 878.61	8 539.98	4.76	1.21	11.67	15.83

（3）解释和分析主要运行结果，提取公共因子

运用 SPSS.19 对以上数据进行因子分析。首先对 2014 年的数据进行分析，以下是主要的分析结果，具体如表 9－4、表 9－5、表 9－6 所示。

表 9－4　KMO 及 Bartlett 检验

项　　目		值
取样足够多的 Kaiser–Meyer–Olkin 度量		0.562
Bartlett 的球形度检验	近似卡方	54.941
	df.	15
	Sig.	0.000

表 9－5　解释的总方差

成分	初始特征值			提取平方和载入			旋转平方和载入		
	合计	方差的%	累积%	合计	方差的%	累积%	合计	方差的%	累积%
1	2.636	43.932	43.932	2.636	43.932	43.932	1.917	31.942	31.942
2	1.535	25.584	69.516	1.535	25.584	69.516	1.836	30.593	62.535
3	1.068	17.807	87.323	1.068	17.807	87.323	1.487	24.788	87.323
4	0.386	6.432	93.755						
5	0.310	5.168	98.923						
6	0.065	1.077	100.000						

表 9－6 旋转成分矩阵

项目	成分		
	1	2	3
营业总收入/万元	0.941	0.277	−0.056
净利润/万元	0.976	0.100	0.018
存货周转率/%	0.204	0.871	0.102
总资产周转率/%	0.185	0.856	−0.218
营业总收入同比增长率/%	0.027	−0.492	0.755
利润总额同比增长率/%	−0.042	0.126	0.925

根据表 9－4 进行分析，KMO 的值为 0.562，Sig 值为 0.000，在进行因子分析时，KMO 大于 0.5 时可以进行因子分析，且 Sig 小于给定的显著性水平，因此，可以进行因子分析。

根据表 9－5 进行分析，公因子通过主成分进行提取，提取的因子个数为三个：第一个特征根为 1.917，方差贡献率为 31.942；第二个特征根为 1.836，方差贡献率为 30.593；第三个特征根为 1.487，方差贡献率为 24.788。三个公因子的累积贡献率为 87.323，说明这三个因子对总的指标解释度较高，可以进行因子分析。

根据表 9－6 进行分析，营业总收入和净利润在因子 1 上的载荷较大，为 0.941、0.976，这一因子可以命名为盈利能力 $F1$；存货周转率和总资产周转率在因子 2 上的载荷较大，为 0.871、0.856，这一因子可以命名为营运能力 $F2$；营业总收入同比增长率和利润总额同比增长率在因子 3 上的载荷较大，为 0.755、0.925，这一因子可以命名为成长能力 $F3$。

（4）计算各因子得分

表 9－7 为成分得分系数矩阵，根据因子得分系数矩阵计算各公共因子得分。

表 9－7　成分得分系数矩阵

项　目	成　分		
	1	2	3
营业总收入/万元	0.504	−0.039	−0.022
净利润/万元	0.563	−0.152	0.002
存货周转率/%	−0.077	0.542	0.199
总资产周转率/%	−0.077	0.488	−0.030
营业总收入同比增长率/%	0.108	−0.216	0.460
利润总额同比增长率/%	−0.078	0.232	0.675

$$F1=0.504X1+0.563X2-0.077X3-0.077X4+0.108X5-0.078X6$$

$$F2=-0.039X1-0.152X2+0.542X3+0.488X4-0.216X5+0.232X6$$

$$F3=-0.022X1+0.002X2+0.199X3-0.030X4+0.460X5+0.675X6$$

（5）计算综合得分

根据因子得分，计算各公司的综合得分，综合得分算法为：

$$F=F1\times W1+F2\times W2+F3\times W3=F1\times 31.942/87.323+F2\times 30.593/87.323+F3\times 24.788/87.323$$

其中，$F1$、$F2$、$F3$ 为各因子得分，$W1$、$W2$、$W3$ 为各因子的方差贡献率占总方差贡献率的比重，通过计算得到综合得分。表 9－8 为 2014 年 20 家乳品企业各因子及综合得分排序表。

表 9－8　2014 年 20 家乳品企业各因子及综合得分排序表

公司名称	盈利因子得分	营运因子得分	成长因子得分	综合得分	综合排名
伊利	3.304 37	0.622 38	－0.069 65	1.406 985 258	1
蒙牛	2.038 89	0.824 35	－0.115 79	1.001 744 803	2
光明	0.272 85	1.024 14	－0.565 22	0.298 159 893	5
三元	－0.572 06	1.047 98	0.587 45	0.324 654 698	4
辉山	0.454 71	－1.090 53	－0.168 62	－0.263 595 96	13
皇氏	－0.555 2	0.231 46	0.714 76	0.080 898 827	9

续表

公司名称	盈利因子得分	营运因子得分	成长因子得分	综合得分	综合排名
雅士利	-0.198 33	-0.985 24	-1.940 9	-0.968 674 16	19
贝因美	-0.381 23	-0.542 45	-2.263 02	-0.971 887 83	20
燕塘	-0.685 9	1.542 17	-0.295 28	0.205 572 282	6
现代牧业	0.259 31	-1.199 78	1.360 75	0.060 789 042	10
中国圣牧	0.094 95	-1.065 21	1.328 06	0.038 533 658	11
澳优	-0.324 64	-0.456 8	-1.005 24	-0.564 140 29	17
中地	-0.108 38	-1.002 82	1.466 46	0.025 302 203	12
科迪	-0.481 95	0.046 33	-0.478 26	-0.295 823 35	16
西部牧业	-0.163 76	-1.410 7	-0.286 22	-0.635 378 86	18
天润	-0.540 39	0.542 19	0.517 35	0.139 140 354	8
骑士	-0.480 81	0.048 93	1.093 93	0.151 795 281	7
金丹	-0.552 31	0.099 63	-0.365 09	-0.270 762 07	15
庄园牧场	-0.446 02	-0.427 76	0.230 65	-0.247 539 37	14
熊猫	-0.934 12	2.151 73	0.253 9	0.484 223 951	3

按以上步骤，可以获得2015年、2016年各企业综合得分和排名，具体如表9-9和表9-10所示。

表9-9　2015年20家乳品企业各因子及综合得分排序表

公司名称	盈利因子得分	营运因子得分	成长因子得分	综合得分	综合排名
伊利	3.460 42	0.375 33	0.055 95	1.683 759 569	1
蒙牛	1.965 68	0.022 02	0.172 71	0.847 826 339	2
光明	0.542 06	0.662 29	0.712 36	0.299 926 582	8
三元	0.478 34	1.109 95	0.068 1	0.165 493 392	9
辉山	0.081 34	1.151 51	0.285 48	-0.350 151 14	16
皇氏	0.238 29	0.048 36	1.873 27	0.329 698 93	7

续表

公司名称	盈利因子得分	营运因子得分	成长因子得分	综合得分	综合排名
雅士利	0.353 54	0.920 66	1.041 21	−0.693 934 22	19
贝因美	0.355 48	0.091 09	0.863 81	−0.323 009 76	15
燕塘	0.077 21	0.745 75	0.451 73	0.380 622 454	6
现代牧业	0.265 81	1.112 92	0.335 48	−0.559 379 86	17
中国圣牧	0.225 25	0.897 73	1.259 6	−0.112 630 73	12
澳优	0.223 25	0.683 74	0.256 84	−0.381 867 24	5
中地	0.417 29	0.292 78	1.636 79	−0.650 102 76	18
科迪	0.163 95	0.260 76	0.421 96	−0.064 201 8	10
西部牧业	0.561 46	−1.055	−1.031 6	−0.828 872 02	20
天润	0.567 63	0.423 83	2.447 08	0.434 350 207	4
骑士	0.469 67	0.114 38	0.466 92	−0.067 785 96	11
金丹	0.342 54	0.019 78	0.549 66	−0.283 092 75	13
庄园牧场	0.402 09	0.408 82	0.064 71	−0.299 497 75	14
熊猫	0.899 43	3.210 71	0.794 32	0.472 860 737	3

表 9－10　2016 年 20 家乳品企业各因子及综合得分排序表

公司名称	盈利因子得分	营运因子得分	成长因子得分	综合得分	综合排名
伊利	3.388 04	0.223 88	−0.652 91	1.679 133 987	1
蒙牛	1.226 96	0.907 42	0.319 53	0.496 810 004	3
光明	1.010 25	0.183 57	−0.267 04	0.422 970 2	4
三元	0.242 89	0.751 53	0.291 52	0.012 263 088	10
辉山	0.544 46	0.251 66	−0.535 15	−0.348 611 536	16
皇氏	0.076 55	0.861 75	1.708 14	0.147 180 917	5
雅士利	0.824 69	−0.069 9	−1.334 11	−0.759 448 558	19
贝因美	0.729 98	−0.216	−2.081 31	−0.918 982 778	20
燕塘	0.403 13	0.782 55	0.422 73	0.119 225 686	8
现代牧业	0.908 64	0.167 51	−0.756 53	−0.692 983 343	18

续表

公司名称	盈利因子得分	营运因子得分	成长因子得分	综合得分	综合排名
中国圣牧	0.491 97	0.280 65	−0.521 13	−0.310 779 122	15
澳优	0.222 59	3.902 43	0.502 29	1.182 845 312	2
中地	0.905 97	0.214 18	2.376 14	0.129 303 846	6
科迪	−0.322 7	0.753 45	0.655 93	−0.200 063 407	13
西部牧业	0.919 59	0.114 64	−0.646 67	−0.604 550 173	17
天润	0.222 53	0.006 37	1.023 14	0.122 649 854	7
骑士	0.343 48	0.101 38	0.150 94	−0.120 349 39	11
金丹	0.081 07	0.158 54	−0.321 97	−0.155 902 135	12
庄园牧场	0.368 55	0.245 27	−0.192 08	−0.297 546 362	14
熊猫	0.246 3	0.002 29	−0.141 44	0.096 825 639	9

9.2.3 评价结果

从质量安全管理过程的领先性来看，伊利、蒙牛无论是在生产标准、检验检测、体系认证、风险预警还是产品追溯，实现多个首创，在国内乳品行业乃至全球乳品行业处于领先地位。从质量安全管理的效益评价可以看出，2014—2016 年伊利一直位于行业第一名，2014 年、2015 年蒙牛位于第二名，2016 年位于第三名，可能因为蒙牛收购雅士利以及参股现代牧业，给公司带来了巨大拖累。雅士利的商誉减值和出售库存大包粉导致蒙牛出现一次性亏损，现代牧业 2015 年亏损约 7.42 亿元，作为大股东的蒙牛，其净利润方面也受到重大影响。虽然蒙牛在 2016 年净利润亏损 7.5 亿元，但整体实力仍位于第三位，足可以体现其在乳品行业的领先地位。

9.3 本章小结

本章首先简单介绍了两个企业乳品安全规制的主要实践，继而从生产标准、检验检测、体系认证、风险管控预警、产品追溯五个方面比较了伊利、蒙牛两个企业的主要特色做法，以便全面了解伊利、蒙牛作为乳业的龙头企业，其乳品质量安全的自我规制水平。

为了衡量乳品企业的经济效益，本章选取了 Wind 数据库中伊利、蒙牛、光明、三元、辉山、皇氏、雅士利、贝因美、燕塘、现代牧业、中国圣牧、澳优、中地、科迪、西部牧业、天润、骑士、金丹、庄园牧场、熊猫共计 20 家乳品企业的财务数据，采用因子分析法对企业的经济效益进行评价。评价结果表明自我规制水平领先于全行业的伊利，其经济效益也一直位于行业第一名。

第三篇

国内外乳业政策与安全规制的比较分析与经验借鉴

第10章　我国乳业政策支持水平与发达国家比较

在过去的几十年间，国内外采用了许多方法对农业支持水平进行衡量，如名义保护率、生产者支持估计、综合支持量等。目前应用比较广泛的有两种方法：OECD（Organization for Economic Co－operation and Development）测算方法和WTO（World Trade Organization）测算方法。前者以生产者支持估计（Producer Support Estimate，PSE）为核心指标，后者以综合支持量（Aggregate Measure of Support，AMS）为核心指标。PSE的涵盖范围要大于AMS，并且能较为全面地反映农业支持水平及其结构状况，而AMS仅能计算扭曲国际贸易的国内支持。因此，本章采用OECD的衡量农业支持水平的指标体系衡量我国政府对乳业的支持水平。

10.1　研究现状

国内学者运用经济合作与发展组织（OECD）的PSE方法来衡量不同国家对不同产品的支持水平。如李先德、宗义湘（2005），乔立娟（2007），朱满德、程国强（2011）运用OECD法对我国的农业支持水平进行了分析；陈海燕（2014）运用OECD法对我国畜牧业政策支持水平进行测算；李先德（2006）对OECD 国家农业支持水平和特征以及OECD主要成员国农业政策改革进行分析；孙玉竹、王旋、吴敬学、宗义湘、杨念（2016）以OECD农业评估工具中单项产品支持（PSCT）为基础研究其部分成员国对粮食作物类农产品的支持政策及其支持水平；王健栋（2018）运用OECD农业政策评价方法，对“一带一路”部分沿线国家农业支持政策的变化过程进行研究；李显戈（2018）采用OECD的农业支持政策分类指标，分析了部分发达国家国内农业支持政策的结构和变动。综上所述，目前国内学者对我国农业支持水平测度大都是运用OECD分析框架，但是具体针对我国乳业政策支持水平的测度还是较少的，所以文章运用OECD分析框架对我国乳业支持水平进行测度就有着非常重要的意义。

10.2 研究方法

“二战”结束以后，OECD 部分成员国为了保护本国的农业经济发展，对其国内农产品实施一系列保护政策，尤其制定了高额关税限制进口。政策的实施使得农产品实现短暂的增收，继而出现过剩现象。为了促进本国产品出口，各国又制定措施鼓励出口。为了OECD国家之间开展政策对话和谈判提供共同的基础以及估算政策实施的有效性和效率，农业政策评价体系应运而生。1987 年 OECD 第一次提出了以生产者支持补贴值等为核心的农业支持政策评价体系，随后一直使用该方法对OECD各成员国的农业政策进行评价。

OECD在测算其成员国农业支持水平时，一般是选择代表性农产品，根据代表性产品的总产值在农业总产值中的比重对相关指标进行合理推算。在 OECD 数据库中，乳品入选的代表性产品为牛奶，因此本章将运用 PSE 政策评价体系，以牛奶为研究对象，对中国乳业支持水平进行测算。生产者支持估计值 （PSE） 是指由政策措施所产生，每年由消费者和纳税人转移给农产品生产者的价值总量。

这些政策措施包括两类：市场价格支持和预算支持。市场价格支持（Market Price Support，MPS）是指由政策措施而产生的支持，即通过价格政策、市场干预等措施向农民和农产品提供的补贴支持，支持成本由政府财政和消费者共同负担。预算支持（Budgetary Payment） 是基于产出、种植面积、牲畜数量、历史性权利、投入限制、农业总收入等方面，具体采用单项产品生产者转移（Producer Single Commodity Transfers，PSCT）、单项产品生产者转移百分比（Percent Producer Single Commodity Transfers，%PSCT）指标，用代表性单项产品牛奶对我国乳业政策支持水平进行分析。

单项产品生产者转移是衡量某一种农产品生产者获得的补贴数额，应用到本章中即单项产品乳业生产者补贴等于该产品获得的市场价格支持与财政预算支持之和。单项产品生产者转移百分比（%PSCT）指一国给予某种农产品生产者补贴数额占该种农产品生产者所得收入的比重，反映某一单项产品收入中源自乳业支持政策的作用。其公式为：

$$\%\mathrm{PSCT}=\frac{\mathrm{PSCT}\times 100\%}{\mathrm{Q}i\times \mathrm{P}i+\mathrm{PSCT}-\mathrm{MPS}i}$$

其中：MPSi 表示特定农产品 i 获得的市场价格支持，Qi×Pi 是用生产者价格表示的特定乳业产品 i 的产值。% PSCT、PSCT 值越大，表明对乳业生产者的支持或特定乳品支持程度越高，乳业总收入中源于乳业支持政策的比例越高。

10.3 我国乳业政策支持水平分析

OECD 数据库中在对单项农产品的政策支持水平进行统计时，根据其选定产品标准，被选中产品的产值在农业总产值的比重要超过 1%。各国乳业入选指标均为牛奶，所以本章利用 OECD 数据库中对牛奶政策支持的相关数据描述中国乳业政策措施的支持水平。PSCT、%PSCT 等指标数值如表 10－1 所示。

表 10－1　中国乳业政策支持指标估计（以牛奶计算）

年份	PSCT/亿元	%PSCT/%
1995	58.67	53.47
1996	97.77	70.17
1997	77.95	58.35
1998	77.52	51.30
1999	56.62	35.29
2000	77.50	43.58
2001	42.99	19.77
2002	131.08	46.35
2003	115.80	31.27
2004	39.95	8.88
2005	－32.89	－6.01
2006	44.71	6.88
2007	－219.84	－28.78
2008	－213.44	－22.29
2009	317.49	32.29
2010	103.16	9.74
2011	156.38	13.38
2012	339.52	26.63
2013	344.10	25.44
2014	347.54	24.26
2015	602.51	45.02
2016	619.02	45.43
2017	377.98	28.76

注：数据来源于 OECD 数据库。

根据表 10－1 可以将我国乳业支持政策分为两个阶段：

第一阶段（1995—2008）。整体来说该阶段我国乳业政策的支持水平逐步下降。究其原因，我国在 1983 年先向联合国世界粮食计划署（World Food Program，WFP）提出联合实施 6 大城市及其奶类项目的申请。随着项目的顺利实施，我国再次向WFP和欧洲经济共同体(European Economic Community，EEC)等提出援助申请，从WFP获得1期奶类援助项目，从EEC(后改为欧盟EU)获得4期奶类项目和水牛开发项目。项目总规模约为27.5亿元，其中援款10.5亿元、配套17.4亿元。该项目起于1983年止于2004年。由于OECD数据库对我国政策支持水平是从1995年开始记录的，所以本章选取的研究数据为1995到2017年。

从研究数据来看，从1995年到2004年，%PSCT总体上呈下降趋势，这是因为在援助计划的支持下，我国政府用于支持乳业的资金有所下降。虽然WFP和EU提供的资金援助也是一笔可观的收入，但是援助计划的资金主要是用来改善乳业发展环境。如援助资金主要用于人员培训，包括国外专家对我国从业人员的培训以及我国从业人员到国外学习先进技术；用于乳业基础设施建设，诸如检测原奶的化验室设备，并在生产过程中不断地完善更新。欧盟的资金重点用于质量和环境改善，如污水处理和节能、节水等。所以在外部大环境下，我国政府乳业政策的支持力度在这个阶段是整体下降的。

2005年我国的%PSCT由2004年的8.88%下降到－6.01%，是因为2005年我国乳业经历了“杀牛”“卖牛”“倒奶”“早产奶”等事件，乳业受到重创。2007年和2008年两年%PSCT骤然下降为－25%左右，则是因为从2007年1月1日起，曾遭到全国各省市地方奶协、中国奶协、广大奶农强烈反对的被延期3次的牛奶“禁鲜令”获准实施。基于此项政策的作用，虽然政府还是对乳业有一定的支持与补贴，但是相对于该政策给乳业带来的收益的大规模下降就显得微不足道了，所以2007年和2008年两年的%PSCT为负数也就不难理解。

第二阶段（2009至今）。在“三聚氰胺”事件发生后，我国政府部门积极采取相关措施力争损失降到最小，出台了大量的相关政策，其中包含许多激励补贴政策，所以2009年%PSCT又突然上升。到2010年，“三聚氰胺”事件死灰复燃，伴随一些牛奶黄曲霉素超标等安全事故，所以2010年的%PSCT较2009年大幅下降。从2011年起，我国出台的相关补贴政策及其扶持力度逐渐增加，相关措施也逐步完善，所以%PSCT又开始上升。具体的%PSCT变化趋势如图10－1所示。

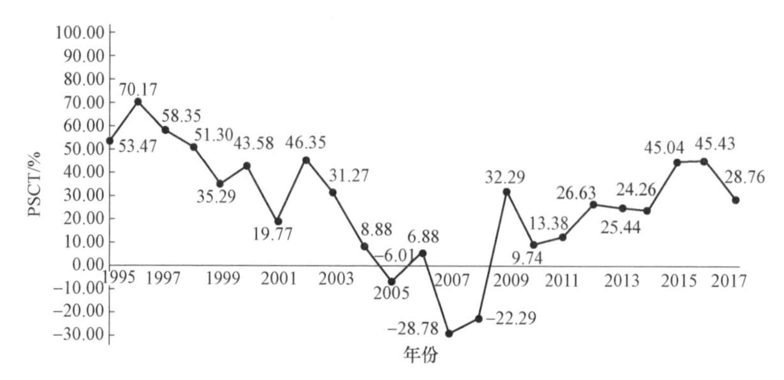

图 10-1　中国单项产品（牛奶）生产者转移百分比（%PSCT）变化趋势

10.4　发达国家乳业政策支持水平分析

本节选取美国、欧盟、日本、澳大利亚为代表，对发达国家乳业政策支持水平进行分析。各国牛奶的%PSCT 如表 10-2 所示。

表 10-2　世界代表性乳制品生产国%PSCT 比较（以牛奶计算）

单位：%

年份	美国	澳大利亚	日本	欧盟
1995	24.17	17.39	76.34	45.89
1996	39.83	18.91	67.45	58.72
1997	41.65	18.74	65.68	45.75
1998	53.36	21.04	67.06	52.92
1999	53.14	16.03	69.07	52.14
2000	49.92	3.90	71.36	40.88
2001	45.35	1.98	51.63	28.30
2002	39.69	1.68	72.41	45.82
2003	31.24	0.00	59.52	44.85
2004	27.55	0.00	56.19	41.35
2005	19.11	0.00	56.97	29.33

续表

年份	美国	澳大利亚	日本	欧盟
2006	13.70	0.00	53.13	21.03
2007	24.32	0.00	35.89	0.33
2008	0.02	0.03	49.03	10.30
2009	11.86	0.00	54.43	1.53
2010	14.53	0.03	54.95	1.51
2011	6.69	0.00	54.13	1.27
2012	13.66	0.00	63.77	1.41
2013	5.65	0.00	45.40	1.48
2014	13.45	0.00	51.33	1.61
2015	18.36	0.00	60.02	3.98
2016	19.93	0.07	63.41	5.27
2017	19.73	0.06	56.57	2.29

注：数据来源于 OECD 数据库。

由表 10－2 可知澳大利亚在 2002 年以后除 2008 年、2010 年以及 2016 年、2017 年有非常微弱的政策支持外，其余年份都为零。澳大利亚没有约束加工商收购原奶的价格，而是发挥市场价格机制作用。此外澳大利亚对奶农的支持重点不在资金补贴而是提供健全的社会服务体系促进整个乳业环境的发展。例如澳大利亚对奶农的教育培训非常重视，不断提高奶农的综合素质；澳大利亚的很多农民拥有合作社和股份公司的股份，并且其奶牛场和独立的乳品企业进行合作，这既保障了奶农不会因为产销等问题而发愁，从而也降低了政府支持力度。

欧盟在 2003 年以前乳业生产者收入中有 45%左右的收入源于政策支持，欧盟在 2003 年开始新一轮的奶业支持政策改革。由图 10－2 可见经过 3 年多的调整，从 2007 年开始绝大多数年份政策支持力度就在 1%左右了。实际上欧盟在 2007 年减少了对乳制品的价格补贴，所以%PSCT 仅为 0.33%。2008 年欧盟采用牛奶生产配额扩张政策，欧盟农业委员会决定将配额增加 2%，所以%PSCT 较 2007 年又有较大上升幅度。欧盟的乳业支持政策从 2009 年又恢复正常。

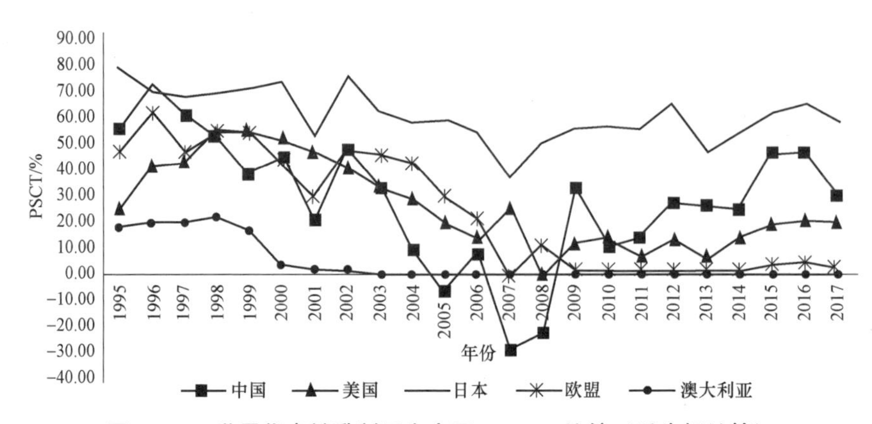

图 10－2　世界代表性乳制品生产国%PSCT 比较（以牛奶计算）

日本是乳业政策支持程度最大的国家，从表 10－2 可知 2003 年以前日本乳业生产者收入中将近 68%的收入源于政策支持，2003 年及以后虽然支持比例有所下降但仍维持在 54%左右，远高于其他国家。日本对乳业的政策支持品目繁多，在不同的发展背景下出台不同的补贴政策：为了维护乳业生产者的利益，出台生产和收入补贴；为了控制奶类产量出台供给限额补贴，随后又加入环境项目补贴、学校食堂用奶补贴和保险补贴等。

由表 10－2 可知，美国在前期对乳业发展的支持力度较大，出台各种支持政策来维护乳业生产者的利益。如 1995—2001 年处于美国政府的价格支持阶段，所有没有售卖出去的牛奶政府都会回购，该阶段美国的%PSCT 平均为 44%；而 2002—2007 年处于收入补贴阶段，%PSCT 平均为 26%，较上一阶段有所下降。2008 年的%PSCT 最低，这一年美国政府准备取消乳制品收入损失补偿和价格支持量扶持计划，因此该年的扶持力度最低；直到 2014 年在对农业法案进行大的调整中才最终取消上面两项政策，但同时增加了其他补贴政策，所以从 2014 年起%PSCT 又较为平稳了。

10.5　本章小结

综合比较我国与世界发达国家的乳业政策支持水平，从支持的稳定性来看，不论是政策支持水平最大的日本，还是政策支持水平最低的澳大利亚，总体乳业政策支持水平保持稳定，而我国对乳业的支持水平波动特别明显。从支持的力度来看，我国政府对乳业发展的支持水平处于中等水平，与欧盟和美国大体相当。从支持的趋势来看，各国乳业政策支持水平都呈下降趋势，更多的是靠市场激励促进事业发展。因此，我国政府应积极发挥乳业政策的产业引导作用，完善乳业市场环境，为乳品企业创造更公平的市场竞争环境。

第11章　国内外乳品安全规制比较分析

本章从两个方面进行乳品安全规制的比较分析：一方面，对美国、加拿大、澳大利亚、新西兰、印度、荷兰、日本等多个乳业大国从规制主体、规制工具、规制客体三个方面与我国的安全规制体系进行对比分析；另一方面对国内乳业大省黑龙江的乳品安全规制经验进行总结。

11.1　国外乳品安全规制体系

乳业作为农业的重要组成部分，在各国扮演着不同角色，同样各国乳业投入要素也各不相同。为了更好地对各国乳品安全规制体系进行对比分析，依据各国乳业投入的要素密集程度，将其初步分为资本密集型、资源密集型、技术密集型三类，分别从规制主体、规制工具、规制客体三方面进行分析。美国和加拿大是高度发达的资本主义国家，在乳业生产投入方面资本投入较为突出，属资本密集型。澳大利亚和新西兰拥有广阔的土地资源，印度具有天然养殖优势，拥有世界上最大的奶牛养殖和乳品加工产业，乳品产量在全球多年蝉联榜首，乳业是三个国家的主要产业，同属资源密集型。荷兰和日本在乳业生产加工方面实现了高度的信息化和专业化，属技术密集型。欧盟由 27 个成员国组成，内部结构复杂，因此不对其分类。

11.1.1 资本密集型国家乳品安全规制体系——美国、加拿大

美国是一个典型的奶业政策支持国家，对内实行价格支持，对外有相应进出口政策，提高了美国奶业在国际市场的竞争力。加拿大有世界最优良的奶牛品种，一直处于奶牛遗传学的前列，是全球食品安全的领头羊。

11.1.1.1 美国

美国乳品安全规制主体呈现鲜明的多元主体特征，在一级管理部门下设具体职能机构，分工明确，如图 11－1 所示。经济研究局专门提供经济和农业研究报告，对政策制定具有重要作用。众多不同职能的行业协会，由代表不同阶层与食品和乳业安全有关人员组成，全面提供政策建议，共同承担乳品安全建设的责任。

规制工具除常规手段以外，美国政府将产品分等级监管，定期对不同等级企业及商品进行标准检测；自愿性标准和行业规范是在政府进行乳业安全强制规制外民间团体及组织自发遵守的乳品安全规制。由此可见，美国政府、企业和其他组织对乳品安全都高度重视。规制客体涵盖了从牧场到市场的所有相关个人和组织，即使操作与加工人员都要接受相应的监管，并遵从法规政策标准和乳品安全教育培训。

11.1.1.2 加拿大

加拿大与美国乳品安全规制体系类似，规制主体主要由政府和众多行业协会组成。规制工具较美国而言更具溯源性和宏观性，采用最先进的奶牛基因测评和牲畜识别系统，注重环境保护，为乳业健康发展提供良好环境的同时，也对加拿大乳业的长远发展具有战略性意义。

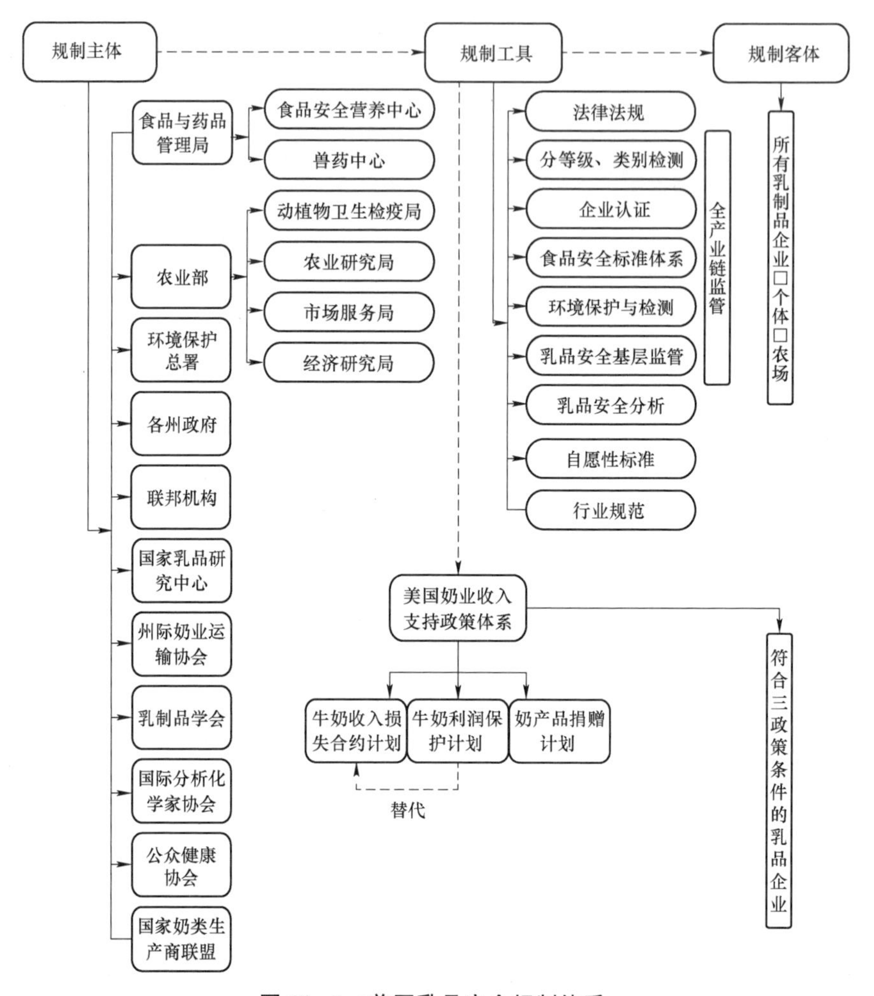

图 11-1　美国乳品安全规制体系

加拿大在 2008 年爆发了一次食品安全危机，这次危机是加拿大有史以来最大的一次：加拿大枫叶食品厂所生产的熟肉制品由于受到李氏杆菌的污染，短时间内迅速引起大规模公民被李氏杆菌感染，被李氏杆菌感染的人群均出现发烧、头痛、身体僵硬、恶心、腹痛和腹泻等症状，同时随着确诊人数和死亡人数的报道，该事件引起了加拿大整个国家的恐慌，使得加拿大全国一度“谈肉色变”。自加拿大的传染病预警机构报出李氏杆菌病感染病例异常增多的消息之后，卫生部门高度重视并开始依法依程序对各个方面进行调查并采取有效措施积极应对。之后在短短不到一个月的时间内，当初的恐慌便很快地消除了，加拿大这次危机的迅速消除体现了加拿大相关政府部门应对危机的做法和速度令各界都满意，最重要的是安抚了国家公民的心。加拿大的这件突发性的食品安全事件能如此迅速以完美的结局画上句号，并非偶然，这是因为加拿大拥有一系列完善的法律和制度，加大了对违法行为的约束以及给公民创造安心的食品消费环境提供了保证。法律的完善使得当食品生产经营者在任何一个环节没有履行义务而产生了公共健康或社会问题时，责任主体受到的必将是严厉的惩处。

通过这次事件，我们可以认识到处理食品安全危机必须及时应对和公开信息。加拿大在发达国家中，是食品安全治理最成功的国家之一，食品安全法律体系十分健全，涉及了生产源到餐桌的全过程，比如《加拿大农业法》《加拿大食品监督署法》《动物防疫法》《肉类监督法》《植物保护法》《肥料法》《食品与药品法》《渔业监督法》以及《消费品包装及标签法》等一系列法律法规，并且明确了食品生产者在食品安全问题中负首要责任。此外，加拿大的法律很讲究民主和效率，效率也就是指可执行性。在加拿大的许多法律条文里，内容规定得十分具体，哪些领域归哪个部门管理，不同部门之间如何进行协调，程序应该怎样进行，法律中都规定得面面俱到，这使得法律颁布之后大大减少和缓解了执行过程中的难题。加拿大与美国的规制客体相同，也包含了所有乳业生产和加工的参与者，如图 11－2 所示。

11.1.2 资源密集型国家乳品安全规制体系——澳大利亚、新西兰、印度

澳大利亚、新西兰、印度同属于资源型国家，乳品出口在全球占据重要地位。澳大利亚与新西兰共同组建的澳新食品管理局对澳新两国的乳品安全规制发挥了重要作用。鉴于两国乳品安全规制的共性，只绘制澳大利亚乳品安全规制体系，对新西兰只做差别分析，如图 11－3 所示。

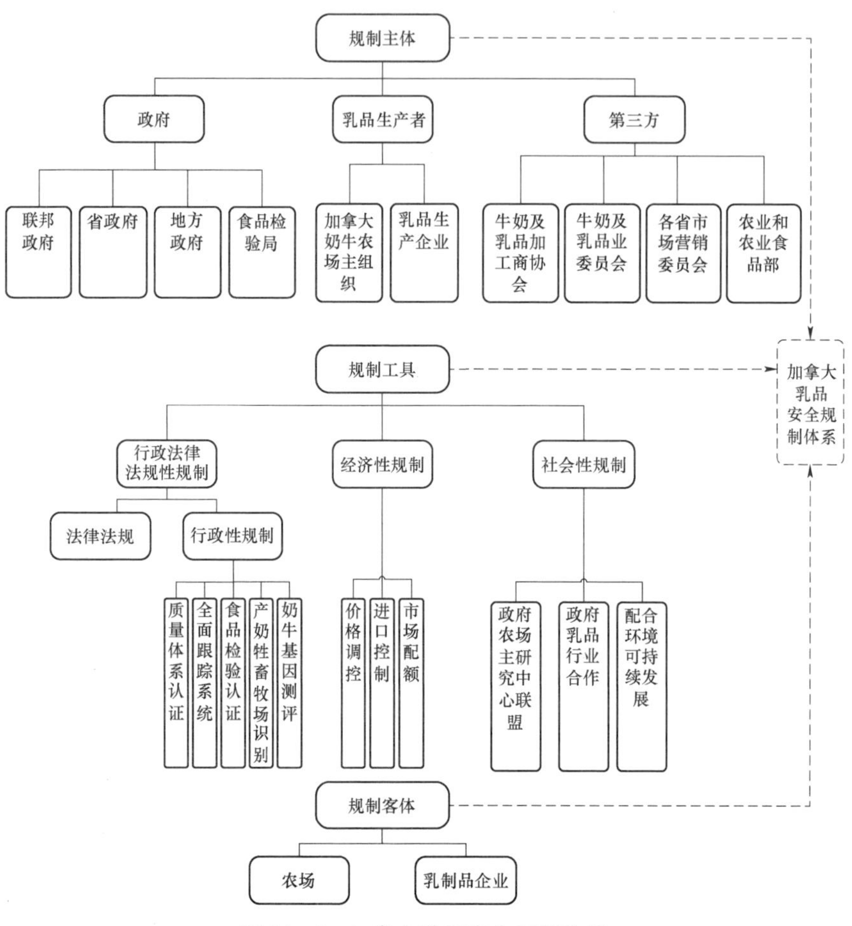

图 11－2 加拿大乳品安全规制体系

澳大利亚乳品安全规制主体由政府机构和非政府机构共同组成，联邦政府不设集权管理部门，只是统筹规划，负责政策、法律法规制定；按照一级行政区划分的州政府管理机构负责具体政策标准的实施及监管工作。规制主体的非政府机构最主要的是利益相关者组织协会，包括奶业委员会、奶农联合会、乳制品生产商联合会和牛奶销售商联合会等组织。多元化规制主体对澳大利亚乳品质量起到全面监管作用，政府强制遵守和企业自律不仅形成了乳业健康发展的格局，更加巩固了澳大利亚乳业在全球的地位。

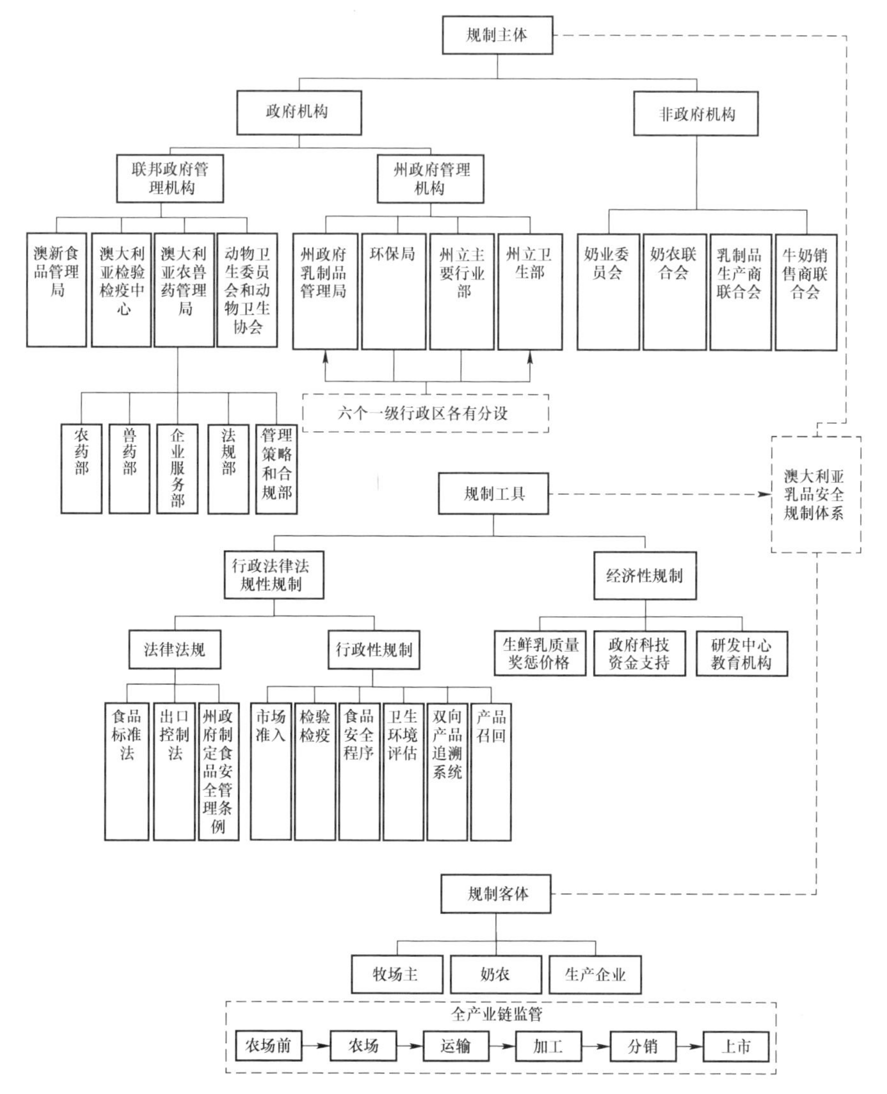

图 11－3　澳大利亚乳品安全规制体系

规制工具包括行政法律法规性规制和经济性规制。法律法规界定了不同乳制品的检测标准和管理办法，从起始到终端的系列条令和州政府管理条例形成了乳品安全保护圈。行政性规制除常用工具以外，还建立了食品安全的双向追溯体系，在官网上公布安全信息，以供查询和参考。澳大利亚对生鲜乳实行差价收购，明确奖惩制度；投入大量资金建立大型科研中心和教育推广机构，全民推广乳品安全健康意识。澳大利亚乳品安全规制客体包括牧场主、奶农、生产企业，与美国相同，贯穿乳品产业链。

新西兰的乳品安全规制制度最为严格，监管体系也最为完善。新西兰的食品安全规制模式源于 HACCP 等自我监管体系，政府角色从命令控制到干预，间接体现了新西兰乳品安全是由政府和企业等主体共同组成的安全规制体系。与澳大利亚乳品安全规制相比，新西兰拥有独立的检测机构，不受企业和政府约束，直接将检测结果汇报给监管方。

印度的食品质量安全法律体系在 2006 年才真正确立，并且对乳业因地制宜发展了世界上最大规模的奶（水）牛养殖和乳品加工产业，大力推广生产合作社模式，形成了具有印度特色的乳品安全规制体系，如图 11-4 所示。

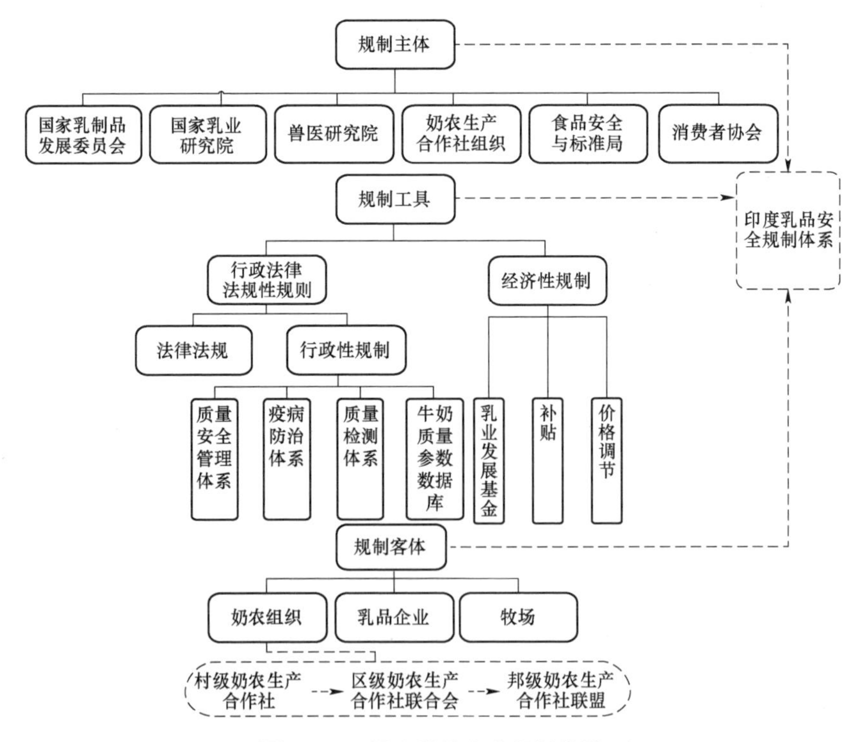

图 11-4　印度乳品安全规制体系

印度乳品安全规制主体呈明显的多元化特征，奶农生产合作社组织和国家乳制品发展委员会分管乳品产销和制定乳品发展的战略规划。国家乳业研究院定期安排技术人员下乡对奶农及奶农生产合作社进行培训，保障了乳源安全。食品安全与标准局的人员来自政法界、商界、消费者组织和农民，由利益相关者共同制定食品安全标准，如此更加体现出印度乳品安全是全民参与的规制体系。

规制工具最特别的是疫病防治体系和牛奶质量参数数据库。印度奶（水）牛疾病实验室专门研究家畜疾病，重点关注奶（水）牛健康。牛奶质量参数数据库将主要奶农合作社纳入其中，录入鲜奶质量数据，食品安全与标准局推动ISO 9000和 HACCP认证，提高乳品质量的检测标准。

由于印度饲养农户多，奶农合作社是主要的生产模式，规制客体主要包括各级奶农生产合作社。这些合作社与企业紧密相连，奶农入股，共同参与分红，提高了奶农自动履行乳品安全准则的积极性。

11.1.3 技术密集型国家乳品安全规制体系——荷兰、日本

11.1.3.1 荷兰

荷兰乳业经营以奶农合作社模式为主，拥有世界上最先进的技术，高度组织化、信息化、专业化的管理模式是荷兰乳品安全强有力的保障。荷兰乳品安全规制体系如图 11－5 所示。

荷兰乳品安全规制主体几乎覆盖了乳品产业链上各环节的利益相关者，政府、奶业合作社、检验机构、行业协会作为主要的监管主体对荷兰乳品安全规制发挥了主要作用。最突出的应属荷兰乳业安全的检测机构，尽管由政府或企业出资成立，但是在检测标准、程序、认证方面仍保持相对独立性。

规制工具最突出表现在检测标准与国际接轨，同时在欧盟法规基础上建立自有的安全规制体系；牛场在自愿检测的同时接受政府强制性检验，彻底排除乳品安全隐患，实时严格控制，利用信息化手段精确检测；实行等级检查机制，奖惩分明，以质论价；宣传乳品安全观念，奶农与企业利益捆绑，整体提高奶农的乳品安全意识。荷兰还设置乳品安全规制的专职机构，而非质监局和工商局类普遍性的部门，切实保证乳品行业的健康发展。

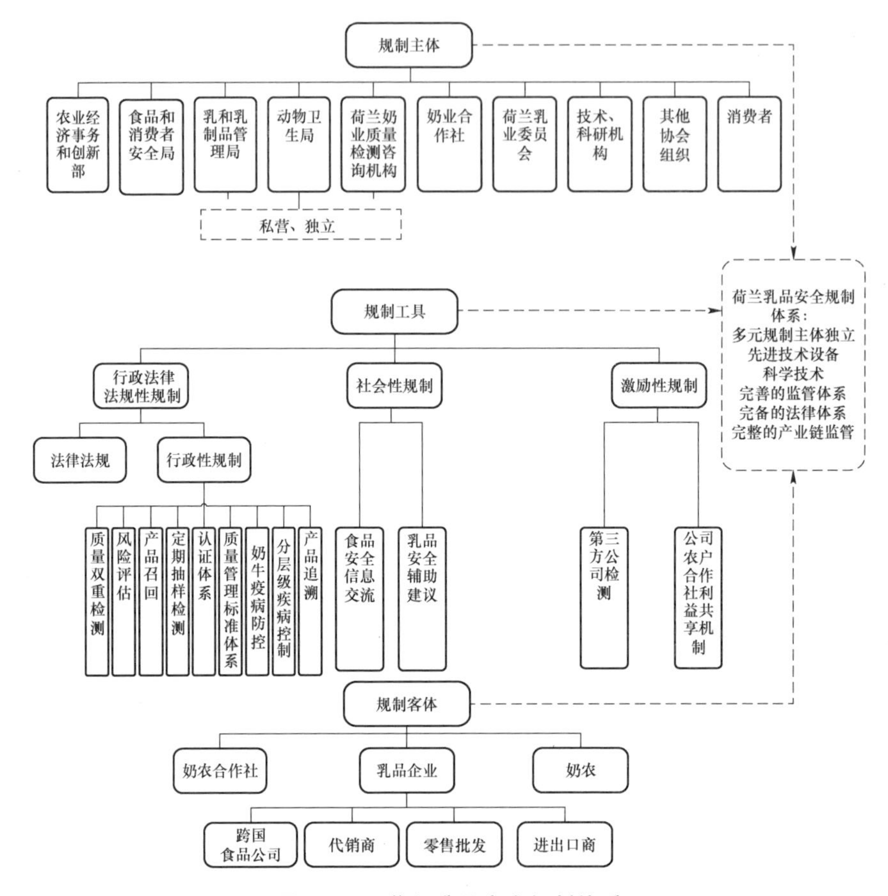

图 11-5 荷兰乳品安全规制体系

规制客体多以合作社为主，企业、散户、工作人员都在监管对象范围之内，散户奶农自愿履行严格的质量标准检测。

11.1.3.2 日本

鉴于目前鲜有对日本乳品安全规制的研究，在此只对其食品安全规制体系进行分析。日本食品安全规制体系如图 11-6 所示。日本食品安全是由农林水产省和厚生劳动省两个部门主管的高度集权化规制。日本为了治理食品安全问题，设立了从中央到地方比较完整的食品安全管理和执行机构，各机构部门分工明确、各司其职。日本负责食品安全的管理机构主要由三个政府部门组成，这三个部门均隶属于中央政府，它们是农林水产省、劳动厚生省和食品安全委员会。农林水产省下设消费者安全局，主要负责食品的生产安全，确保质量；此外，为了更好地应对和处理食品安全突发事件还下设“食品危机处理小组”，并建立较完善的内部联络体制，保证治理问题的有序和高效。劳动厚生省的药品和食品安全局，主要负责食品的流通安全。食品安全进行独立的风险评估，主要由食品安全委员会负责，并审议和监督相关部门对政策的执行。日本规制主体多元化，消费者在食品安全规制中扮演着重要角色，也是最有力的食品安全基层保障。

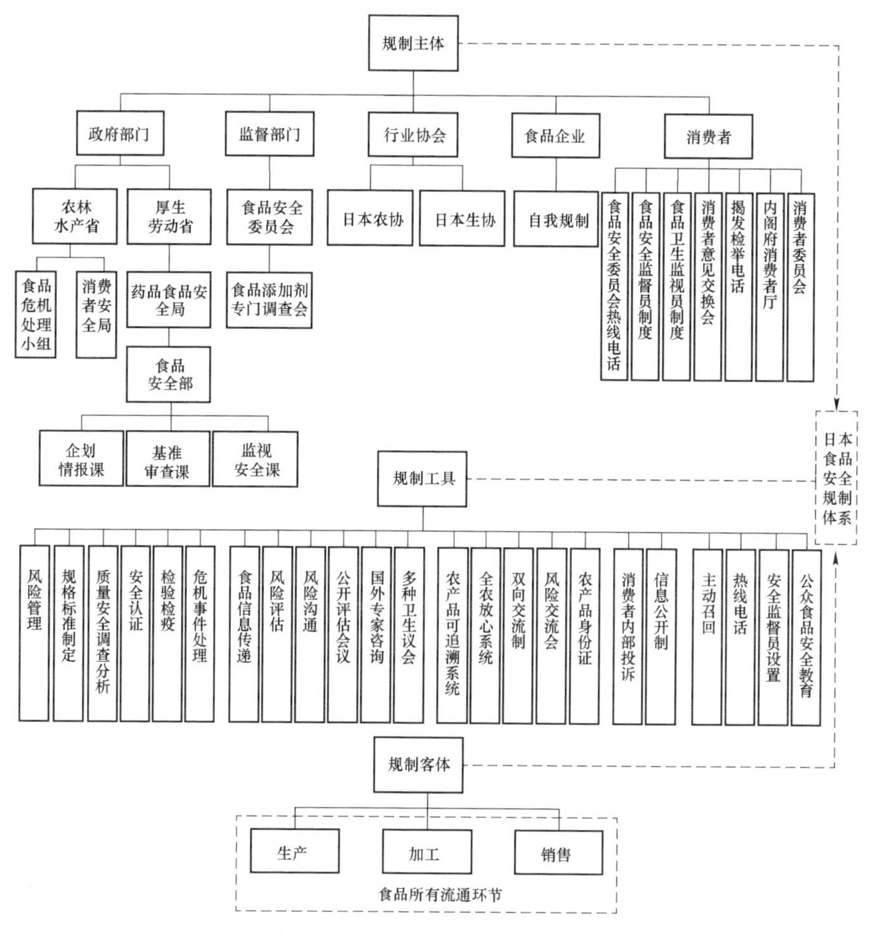

图 11-6　日本食品安全规制体系

日本食品安全规制工具呈多样化，在事前、事中、事后都有具体措施保障食品在流动过程中的安全。农产品身份证记载了所有的食品原料的流动过程和编码，一旦发现问题，在及时召回后追究溯源，专项治理。

日本建立实施全面细致的行业法规，法规主要涉及食品生产、包装、流通等方面。以《食品中残留农业化学品肯定列表制度》为例，制度针对进口食品和农产品中可能出现的上百种农药、饲料添加剂和兽药等，设定了将近 5 万个数据标准。详细、明确且苛刻的标准作为刚性依据，有效防止了食品安全行政执法检查部门在执法时有主观或舞弊行为，确保了执法的公正和权威。

此外，完整的风险管理、评估、沟通系统能够及时交流和观察食品安全信息，避免风险的进一步蔓延。其他规制工具和规制客体与以上国家相似，不再赘述。

11.1.4 欧盟

欧盟由 27 个成员国组成，乳品安全管理实行权力统一的监管模式，各部门分工明确，职责清晰，在司法、立法、执法三个方面各司其职，其乳品安全规制体系如图 11－7 所示。

欧盟乳品安全规制主体分为决策机构、执行机构、咨询机构和欧洲标准化委员会四个部分。欧盟食品安全局是一个独立的咨询机构，主要负责风险评估及风险信息交流，为各成员国之间的食品安全立法提供科学依据。目前欧洲标准化委员会设有 287 个技术委员会，有专用的乳制品标准，所有检测均采用 ISO 标准。各成员国在以欧洲标准化委员会指定的政策和标准为导向的前提下，自行管理和制定适用于本国的乳制品标准和政策。庞大的技术委员会组织多方面监控欧盟乳品安全，但冗杂的机构极易带来职能交叉重叠、信息不对称、权责不明的后果。

欧盟乳品安全规制工具在行政性规制方面与以上国家相似，值得注意的是，欧盟的食品和饲料快速预警系统为各成员国搭建了信息交流平台，面对突发情况能及时采取应对措施，将危害降到最低。另外，

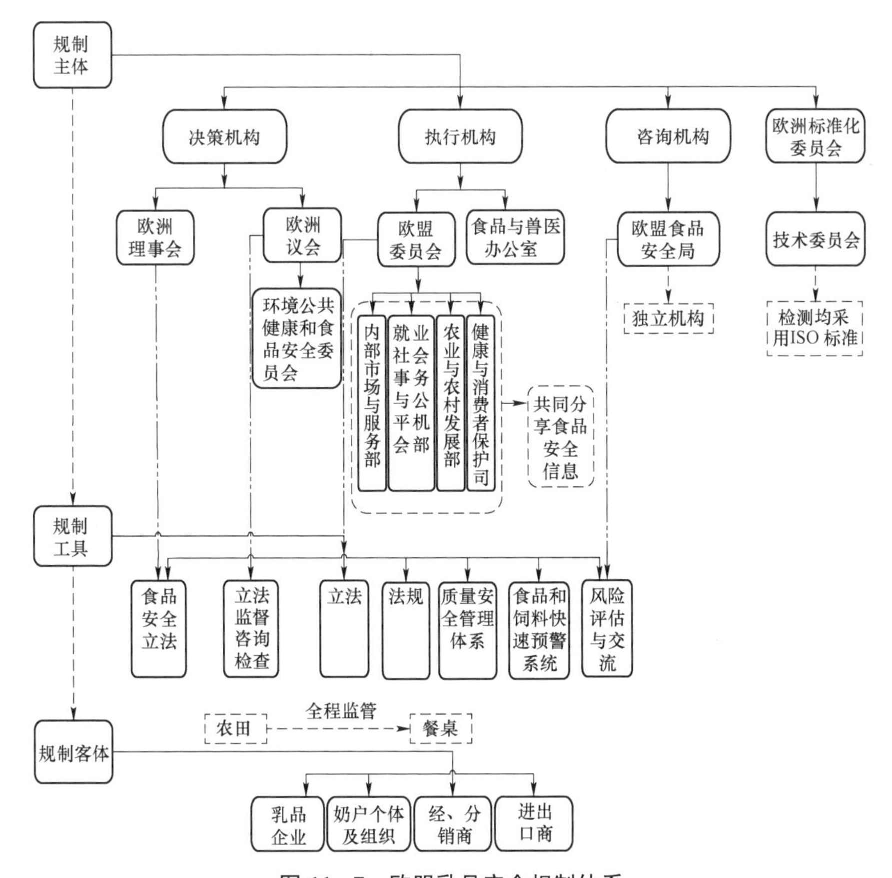

图 11－7　欧盟乳品安全规制体系

欧盟拥有较为完善的乳品安全法规和标准体系，欧盟《食品安全法》呈现出典型的“伞状”结构，一系列自愿性检测方法标准、严格的法规和指令配套自愿性方法标准，共同构成了欧盟乳品安全规制体系。

欧盟乳品安全规制客体包含奶农个体及组织，乳品企业，经、分销商及进出口商，对所有工作人员进行技能培训和接触消毒控制，严格的检验和预防措施，实现了从“农田到餐桌”全产业链的安全规制。

11.2 国外与我国乳品安全规制体系综合比较分析

第4章已对我国乳品安全规制体系的演变历程有所研究，本节在前面的研究基础上，将我国与国外乳业大国从规制主体、规制工具、规制客体三个方面进行对比分析，汇总分析如表11－1所示。

表11－1 国外与我国乳品安全规制体系的比较分析

项目		国外	我国
规制主体	主体构成	政府、企业、奶农（组织、合作社）、协会（生产、销售或联合组织等）、消协、标准组织、动植物检疫局、乳业研究院、科研（咨询）机构、政策建议机构、环境保护组织、安全推广组织、独立检验（咨询）机构等	政府、企业、协会、消协、标准协会、新闻媒体等
	主体特征	针对性强，多元主体，紧密配合，职责分明	政府色彩浓重，部门分散，信息易断层，缺乏独立性
规制工具	具体工具	政策法规、常规性标准、国际质量体系认证、分等级类别检测、以质论价、包装标签、农作物、牲畜和食品双向追踪系统、风险预警及评估、疫病等级控制、牛奶质量参数数据库、安全信息平台、食品安全信息推广、环境保护监测、各类成分检测标准等	政策法规、常规性标准、质量体系认证、风险预警及评估、各类成分检测标准、信誉评价等
	工具特征	全面性、多样性、严格、技术先进、信息化、有长远意义	工具简单，小企业难以达到国际标准
规制客体	客体构成	奶农、牧场、企业、生产销售商、奶业合作社等相关组织和参与人员等	同国外
	客体特征	监管对象范围广，奶农组织性强	散农众多，监管易形成漏洞

国外乳品安全规制体系的优势和借鉴价值主要体现在三个方面：一是规制主体多元化，多层次，多方位，监管机构和组织与政府合作的同

时具有相对独立性；二是规制工具多样化，技术领先，标准严格，并且在一定程度上具有战略意义；三是规制客体广泛，几乎包含乳品产业链上的所有相关人员。

相对国外乳品安全规制体系，我国的规制主体较为单一，规制工具相对落后且难以全面落实，规制客体主要针对大型企业，散户奶农的监管困难。因此，借鉴国外乳品安全规制体系的构成及发展，对加快我国乳业健康发展，提升国际地位具有重要意义。

11.3 黑龙江乳品安全规制经验借鉴

黑龙江一直也是我国乳业发展较发达的地区，原奶生产规模在 2003 年前一直高于内蒙古，干乳制品产量则除个别年份以外一直在全国排名第一。如图 11-8 和图 11-9 所示。

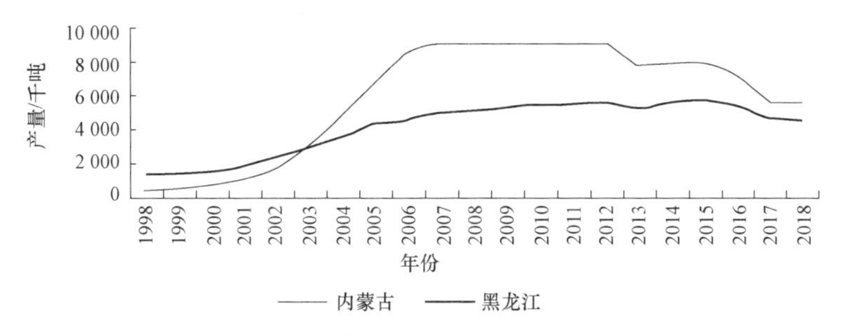

图 11-8 内蒙古与黑龙江原料奶产量对比

图 11-9 内蒙古与黑龙江干乳制品产量对比

目前，黑龙江的乳品质量安全规制涉及三个层面：一是政府层面的，二是企业层面的，三是行业协会层面的。政府通过宏观管理、法制管理、监督管理对乳品质量安全进行规制；企业层面，虽然黑龙江的乳品企业，例如飞鹤奶粉，发展得也较好，但是与内蒙古的伊利、蒙牛仍有一定差距，因此不重点介绍；行业协会层面，有黑龙江奶业协会，在加强乳品质量安全规制上有重要作用。

黑龙江作为我国乳业发达的省份，其在乳品质量安全方面的规制是相对完善的，其可供借鉴的经验主要体现在以下几个方面：

（1）机构设置方面

在机构设置方面，设有专门的乳制品监管处和企业监督管理处。黑龙江的乳品质量安全规制机构，分别为黑龙江省人大常委会、黑龙江省政府、办公厅、质量技术监督局、食品药品监督管理局、市场监督管理局，与内蒙古的乳品质量安全规制机构相比，其对乳品质量安全规制的下设机构更为全面。黑龙江的食品药品管理局，除了设置法制处、食品生产监管处、食品流通监管处、食品检验所、食品药品稽查局，还设有专门的乳制品监管处；黑龙江的市场监督管理局，除了设置法制处、市场规范管理处、商标监督管理处，综合稽查执法局，还设有专门的企业监督管理处。

与内蒙古的规制机构不同，黑龙江省设置专门的乳品监管处和企业监督管理处，体现出黑龙江对乳品质量安全规制的重视：一方面可以对乳品质量安全规制更加专业，规制更加细化；另一方面，可以促使乳品加工企业守法，注重乳品质量。

（2）宏观管理方面

在宏观管理方面，黑龙江行政手段力度更大，文化手段更为多样。黑龙江的行政手段，除了行政处罚，对违法违规企业还进行行政收费和行政强制。针对乳品质量不合格情况，内蒙古多对违法违规企业进行行政处罚，并对行政处罚进行公示；而黑龙江省实行双公示制度，即行政许可公示和行政处罚公示。

对于文化手段的应用，黑龙江除了建立新闻宣传与安全预警机制，还拓宽了公众参与渠道，随着公众对乳品质量安全知识的增加以及消费维权意识的增加，公众对参与乳品质量安全规制的意识增加，而内蒙古主要是发挥媒体的监督作用和科普宣传作用。

（3）法制管理方面

黑龙江对乳品质量安全的执法管理通过日常监管与重点检查相结合的方式，守法管理则贯穿供应链各环节，即除了对乳品质量进行重点检查，也进行日常的监督，保证了执法的连续性，进而加强了乳品质量安全规制。而内蒙古对乳品质量安全执法管理的机构为质量技术监督局、食品药品监督管理局、市场监督管理局等，依据国家层面的法律法规、规章以及自治区层面的法律法规、规章进行执法，执法方式主要是对乳品质量的重点检查，也就是“运动式”执法。

对于加强乳品质量安全规制，法制管理中的守法管理发挥着重要作用。奶农是否守法，直接关系到原料奶的质量；乳品加工企业是否守法，直接关系着乳制品的出厂质量；运营商是否守法，直接关系着到达消费者手中的乳品质量。因此，加强守法管理是非常重要的。黑龙江对奶源、加工、存储、运输、销售各个环节都加强了守法管理；而内蒙古对乳品质量安全的守法管理，主要是对乳品加工企业的守法管理，对奶农、运营商等其他供应链上的主体进行的守法管理还须加强。

（4）监督管理方面

黑龙江的监督管理特别注重监管动态，包括国家总局要闻、省局动态、市县动态、外省动态，建立了全面的监管动态体系，这不仅可以了解本省的质监动态，还能了解国家对质量监管的动态以及其他省份的监管动态，对于如何加强乳品质量安全监督管理具有重要作用。而内蒙古通过质量管理、市场准入管理、信息系统管理，对乳品进行监督抽检、监督检查、产品召回、不合格品曝光，加强了对乳品质量安全的监督管理；但是在监管动态方面较为欠缺，对于监管动态这一方面，内蒙古主要是定期发布乳品质量安全报告，对乳品质量变化发出预警。

（5）第三方管理方面

行业协会在乳品质量安全规制中起到非常重要的作用，不仅是连接政府和企业的桥梁，也是监督政府和企业的重要力量。黑龙江省建立了黑龙江省奶业协会。奶业协会认真贯彻党和国家关于发展畜牧业、发展奶业的方针和政策；反映会员的愿望与要求，维护本行业的合法权益，协助政府部门规范行业的自我管理行为，促进企业公平有序竞争；开展与国家和国际奶业界的科技交流和经济技术合作，组织开展会员单位之间的技术和经济协作；开展奶业技术咨询、技术服务、技术开发和技术培训，做好科普宣传，不断提高从业者的科技素质；推动会员单位之间开展横向联合，协调企业与企业、企业与农户之间的关系，促进奶业产业化进程和集团化经营，实现体制和经济增长方式的转变。

11.4 本章小结

本章进行了两项国内外乳品安全规制的比较分析工作：一方面与国外发达国家相比，研究表明国外乳品安全规制体系呈现出规制主体多元化、规制工具多样化、规制客体立体化的特点，与国内事实上的单一主体强制规制为主的模式有显著区别；另一方面，国内另一乳业大省黑龙江在政府管理、行业协会管理方面的乳品安全规制经验也特别值得借鉴。

第 12 章　乳业发展的国内外政府激励性规制实践

国外乳业安全规制从强制性规制向激励性规制转变已达成共识，近些年我国政府基于协同治理的理念在食品安全领域深化强制性规制的同时，积极推行激励性规制措施。本章在介绍我国乳业发展政府规制总况的基础上，从政策法律和财政补贴两个方面总结了我国现行政府激励性规制的主要措施。由于国外乳业发展的激励性规制比较成熟，本章介绍了美国、日本以及欧盟在乳业发展过程中实施的主要激励性规制措施。

12.1　我国乳业发展政府规制的总况

我国乳业发展起步较晚，对乳业发展的规制也在逐步完善，下面以 2008 年“三聚氰胺”事件为分界点，对我国乳业发展的政府规制状况进行介绍。

12.1.1　政府规制溯源

我国最早的乳品安全规制，可追溯到 1958 年由当时的轻工业部食品工业局颁布的《乳、乳制品质量标准及检验方法》，该标准对乳和乳制品在质量标准上提出了有效的依据。此后 20 多年间国家没有颁布与乳业相关的法律政策，直到 1980 年国务院批准实行《兽药管理暂行条例》，而 7 年后的 1987 年 5 月才出台《兽药管理条例》。这 7 年间只出台了一项有关乳业的政策，为 1983 年 9 月卫生部发布的《混合消毒牛乳暂行卫生标准和卫生管理办法》。到 1984 年 7 月，国家经济委员会在《1991 年至 2000 年全国食品工业发展纲要》中首次将乳制品工业作为行业发展方向和重点。1988 年 4 月，卫生部发布《混合消毒牛乳卫生管理办法》，1990 年 11 月卫生部发布《乳与乳制品卫生管理办法》，1991 年 3 月卫生部发布《乳品厂卫生规范》。

在 1998 年颁布的《当前国家重点鼓励发展的产业、产品和技术目录》中将乳业作为重点鼓励发展的产业。1998 年以后我国乳业的相关政策及管理条例陆续出台。“三聚氰胺”事件前 1998—2007 年我国乳业的相关政策及管理条例如表 12－1 所示。

表 12－1　1998—2007 年我国乳业的相关政策及管理条例

颁布时间	政策及管理条例名称	颁布部门
1998 年	《当前国家重点鼓励发展的产业、产品和技术目录》	国家发改委、农业部等部门
1999 年	修订《酸牛乳》《巴氏杀菌乳》《全脂乳粉、脱脂乳粉、全脂加糖乳粉和调味乳粉》《奶油》《全脂无糖炼乳和全脂加糖炼乳》标准，新制定《灭菌乳》	国家质量技术监督局
2000 年	《国家“学生饮用奶计划”暂行管理办法》	农业部、教育部、国家质量技术监督局、国家轻工业局
2003 年	《乳和乳制品卫生管理办法》	卫生部
2003 年	《学生奶生产技术规范》	国家学生饮用奶计划部协调小组
2003 年	《奶牛饲养管理技术规范—DB232303/T 024—2003》	农业部
2003 年	《乳制品企业良好生产规范》	国家质量技术监督局
2003 年	《乳制品生产许可证审查细则》	质检总局
2005 年	《中华人民共和国畜牧法》	国务院
2006 年	《婴幼儿配方奶粉产品许可证实施细则》	质检总局

续表

颁布时间	政策及管理条例名称	颁布部门
2007 年	《国务院关于促进奶业持续健康发展的意见》(〔2007〕31 号)	国务院办公厅
2007 年	《食品召回管理规定》	国家质检总局
2007 年	《国务院关于加强食品等产品安全监督管理的特别规定》	国务院
2007 年	《关于加强液态奶生产经营管理的通知》	国务院办公厅

12.1.2 我国乳业发展政府规制的现状

“三聚氰胺”事件发生后，国家和地方出台一系列政策来对乳品安全进行规制。2008—2017 年，国家各部门共颁布 126 项乳业安全规制措施：其中在奶源方面，对奶畜养殖者，奶畜养殖场，畜牧兽医人员，生鲜乳收购站成立条件，生鲜乳的检测、收购、运输都已进行规制；在乳制品生产加工环节的规制也较为完善；在销售方面规制较少，只涉及发生食品安全事故后的召回机制。政府在乳品安全规制方面主要采用行政法律性工具，如图 12 – 1 所示。

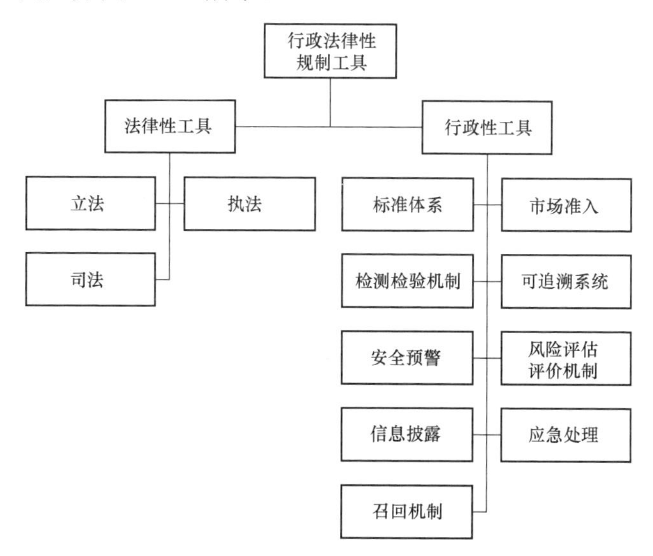

图 12 – 1　行政法律性工具

在2008—2017年国家各部门颁布的126项乳业政策及管理条例中，专门针对乳业发展的有23项法律法规，分别为国务院6项、国家质检总局1项、食品药品监管总局5项、国家发改委1项、农业部3项、卫生部3项、工业和信息化部3项、多部门联合1项，具体如图12-2和图12-3所示。

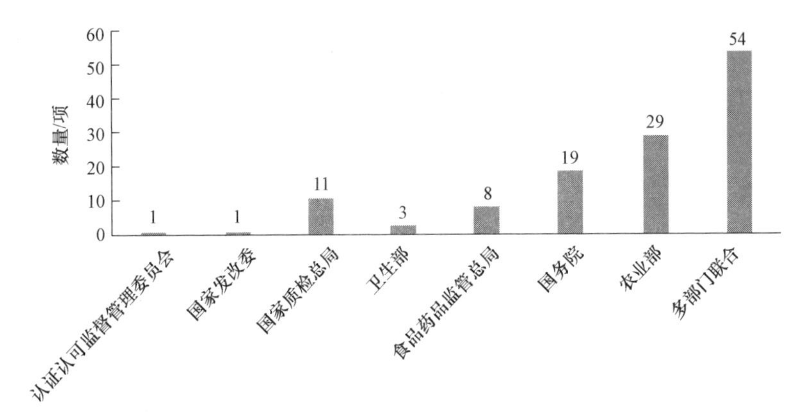

图12-2　2008—2017年国家各部门颁布的126项乳业主要政策及管理条例

数据来源：根据农业部、卫生部、国家质检总局等部门资料整理。

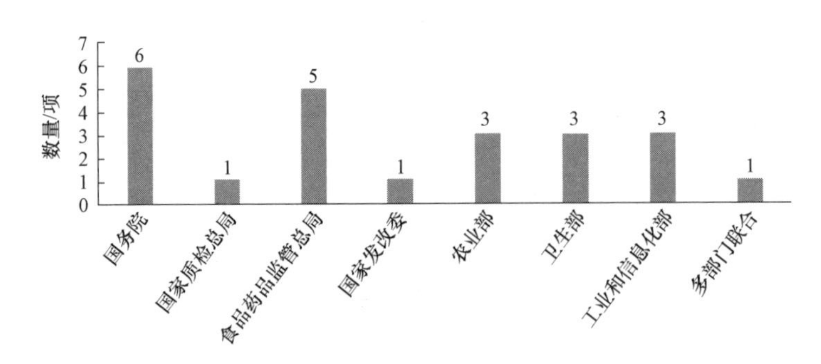

图12-3　2008—2017年乳业规制法律法规数量

数据来源：根据农业部、卫生部、国家质检总局等部门资料整理。

12.2 我国乳业发展政府激励性规制的主要实践

我国政府在保障乳品安全方面出台了大量强制性规制措施，同时为了促进乳业发展也陆续颁布了一些激励性的法律法规和措施。本节从政策法规和财政补贴这两方面介绍促进我国乳业发展的政府激励性规制的主要实践。

12.2.1 法律法规方面的激励性规制

目前我国政府在法律法规方面对乳业的激励性规制主要针对奶源和企业两大方面，具体如图 12－4 所示。

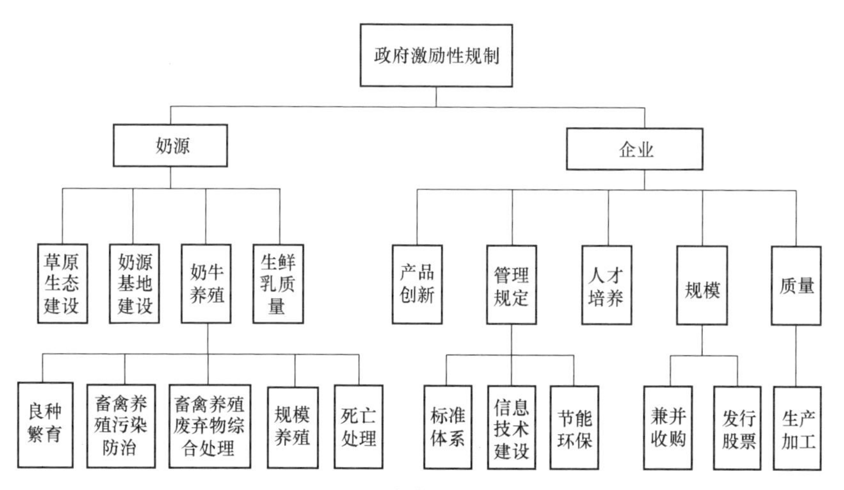

图 12－4　政府激励性规制类别

在梳理的针对乳业颁布的 23 项法律法规中包含 60 条激励性规制措施，其中鼓励废弃物综合利用 10 条、乳制品加工企业 9 条、先进技术 6 条、企业标准体系建设 5 条、畜禽养殖污染防治 6 条、规模养殖 4 条、节能环保 4 条、草原建设 3 条、畜禽繁育 3 条、生鲜乳收购站 3 条、奶源基地建设 5 条、人才培养 2 条，具体如图 12－5 所示。

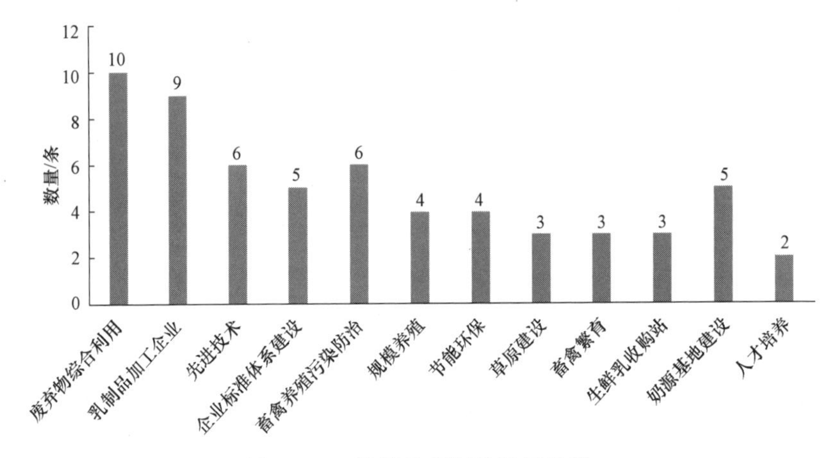

图 12－5　激励性规制数量及种类

12.2.2　财政补贴方面的激励性规制

为了进一步促进我国乳业安全稳健的发展，国家对涉及乳业发展的部分环节进行补贴，以激励相关从业人员从农田到餐桌为乳品安全保驾护航。目前国家对乳业发展给予的财政支持主要集中在上游部分的饲料、奶牛养殖、农机具、动物防疫等方面。在 2008 年前财政补贴主要集中在畜牧良种、畜牧标准化规模养殖、后备母牛、奶牛生产性能测定、动物防疫、农业保险保费、农机购置等方面，2010 年后开始在苜蓿发展、草原生态保护方面实施补助。

我国从 2005 年开始实施畜牧良种补贴项目试点工作，试点工作取得了良好的成绩，补贴范围由最初的 4 省（自治区）15 个县发展到奶牛的全面覆盖，补贴资金从最初的 1 500 万元逐年增加到 2012 年的 12 亿元。随后几年，补贴金额均为 12 亿元，补贴畜种也不断增加，由单一的荷斯坦奶牛扩大到乳用西门塔尔牛和牦牛。奶牛标准化规模养殖小区（场）建设项目从 2008 年中央财政安排 2 亿元资金开始，随后补贴资金逐渐增加，到 2016 年中央财政总计已经安排了 76.06 亿元，对奶牛标准化建设起到了很好的促进作用，具体补贴金额如图 12－6 所示。

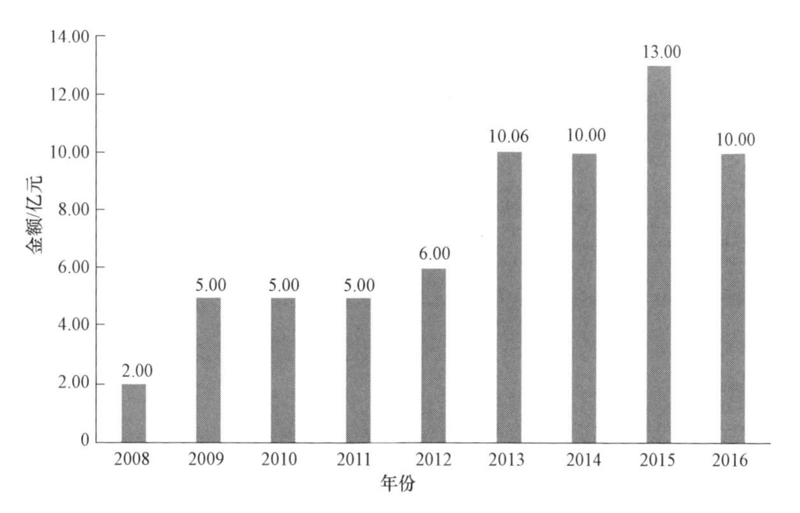

图 12－6　2008—2016 年畜牧标准化规模养殖补贴金额

我国动物防疫补助政策从 2004 年提出发展到现在已经形成五大类别，其中包括促进乳业发展的补助措施，例如对牛类发生疫病进行强制免疫的补助政策、对有疫病的奶牛进行捕杀的补助政策以及对从事基层工作的动物防疫工作人员的补助。高质量的原奶离不开优质的饲料，我国从 2012 年开始实行“振兴奶业苜蓿发展行动”，努力提高我国优质苜蓿产量，减少对进口苜蓿的依赖。在每年 3 亿元的财政支持下，我国优质苜蓿产量逐年增加，具体苜蓿产量如图 12－7 所示。

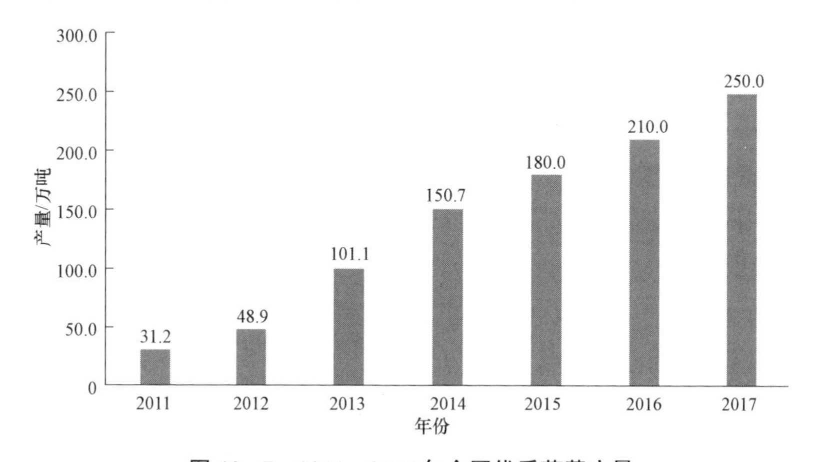

图 12－7　2011—2016 年全国优质苜蓿产量

随着畜牧业发展进程的加快，草原生态环境日益恶化。2011 年起我国全面建立草原生态保护机制。2012 年，实施范围从最初的 8 个省（自治区）扩大到全国 13 个省（自治区）。在该政策的支持下，我国草原植被状况明显好转，具体补偿金额如图 12－8 所示。

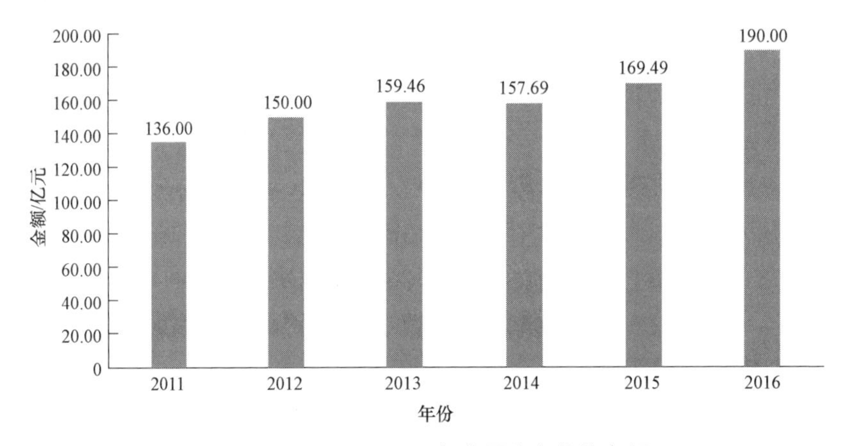

图 12－8　2011—2016 年草原生态补偿金额

我国从 2008 年开始实行奶牛政策性保险制度，保费逐年增加，覆盖范围日益扩大，补贴品种逐渐增加。截止到目前中央财政提供保险保费补贴的品种包括种植业、养殖业和森林 3 大类共 15 个品种，其中包含奶牛、牦牛。该措施对于保障奶农收入，稳定奶业发展具有重要意义。

我国从 2004 年起实施农机购置补贴政策。2008 年开始奶牛养殖机具纳入补贴种类，例如挤奶机。此后对畜牧养殖机械补贴种类逐渐增加，各省（自治区）还可以根据本地产业发展特点，添加部分机具种类。2008 年起中央财政开始实施奶牛生产性能测定补贴项目，当年有近 600 个牛场 25 万头奶牛参与测定；国务院在 2007 年提出实施后备母牛补贴政策，可获得补贴的后备母牛是指进行了良种授精的母牛产下的犊牛，每头犊牛可以获得由各级财政补助的一次性补贴 500 元。

12.3　国外乳业发展激励性规制的主要实践

国外乳业发展的政府激励性规制比较成熟，在此选取发达国家中的美国、日本以及欧盟对其规制进行介绍。

12.3.1　美国乳业发展政府激励性规制的主要实践

美国是一个产奶大国也是一个用奶大国，乳业支持政策主要体现为对内鼓励奶农生产，对外提高乳品的国际竞争力，具体分为三个阶段。

第一阶段是价格支持阶段（1933—2001）。这期间政府收购所有在支持价格没有售卖出去的牛奶，通过实行边境贸易政策和国内政策严格控制进口，确保奶农的收益。

第二阶段是收入补贴阶段（2002—2008）。该阶段在第一阶段的基础上，创建乳制品收入损失补偿项目（Milk Income Loss Contract，MILC）来管理价格波动，降低奶农收入风险。

第三阶段是利润保障阶段（2008 至今）。美国在 2014 年对农业法案又进行了改革，具体改革措施包括取消乳制品收入损失补偿和价格支持扶持计划，新增与饲料成本挂钩的乳制品利润保障项目（Margin Protection Program，MPP）以及对乳制品的利润进行了很好保障的乳制品捐赠项目（Dairy Product Donation Program，DPDP）。

12.3.2　日本乳业发展政府激励性规制的主要实践

日本政府对乳业安全的激励性规制主要有生产和收入补贴、供给限额补贴、环境项目补贴、学校食堂用奶补贴和保险补贴这几种方式。当市场价格较低，乳业生产者利益受损时，政府按指导价购买计划内乳制品。为了避免奶农过度养殖、过度放牧以及减少政府财政压力，提出供给限额政策，奶农在规定供给范围内将收到一定的补贴。随着乳业发展进程的加快，环境问题也日益显著，日本政府对适度放牧、适度的草场规模等进行环境项目补贴。此外，对学校食堂用奶以及社会养老机构购买牛奶提供保险补贴。

12.3.3 欧盟乳业发展政府激励性规制的主要实践

欧盟对乳业的扶持以共同农业政策为依据，主要包括价格支持、生产配额、直接支付、交叉达标机制。

欧盟于 1968 年后开始对乳业实施价格支持政策，这一政策使得欧盟成员国的乳制品价格大大高于世界市场价格，使得乳业工作者的收入增加。同时，在进出口方面，欧盟对一些乳制品通过征收关税的形式抑制出口，对另外一些乳制品的出口进行鼓励，而对进口乳制品普遍征收进口税。1984 年 4 月 1 日开始实行牛奶配额制是为了解决政府面对高产出付出的高额补贴而采取的限制牛奶产量的政策。

2003 年欧盟开启新一轮的乳业政策改革，改革后的政策演化为与产量脱钩的直接支付；同时由于环境问题日趋严重，欧盟引入了交叉达标机制。最初农场主得到的直接付款称为牛奶保险费，以农场主手中所拥有的配额为依据，这些支付用来补偿干预价格减少而带来的损失。在牛奶配额制取消后，成员国的直接支付逐渐与生产脱钩，变为根据农村土地面积以固定费率进行补贴。交叉达标机制是将发放给农民的补贴资金与农业环境、生物多样性、保障动物福利等方面挂钩。

12.4 本章小结

乳业作为国民经济的重要产业部门，各国政府对于乳业的发展和乳品安全都给予了足够的重视。本章在介绍我国乳业安全规制现状的基础上，对国内外激励乳业全产业链发展的实践进行了分析。研究表明，国外大都有较为完善的法律体系，尤其在价格支持、进出口贸易等方面对乳业发展采取了具体的激励措施，而我国政府对乳业发展的激励性规制政策不多且大都是原则性的建议，具体的措施方法很少。同时，随着乳品进口量激增，我国加强了对于进口乳品安全规制，但还需提高重视程度。

第四篇

政策建议

第 13 章　提升我国乳品安全规制水平的政策建议

乳品安全规制的效果不仅与政府宏观管理、法制管理、监督管理有很大关系，而且在很大程度上还取决于我国乳业发展状况以及各利益主体相互作用的结果。因此，根据前文对我国和内蒙古两个层次的乳品安全规制的理论研究和实证分析结果，并借鉴国内外乳品安全规制的经验，本章试图从规制目标、规制主体、规制客体、规制工具四个方面对提升我国乳品安全规制水平提出具体建议。

13.1　改进规制目标，顺应乳业发展趋势

受长期计划经济体制的影响和国内乳品消费水平所限，我国乳品安全规制过去一直重视乳品生产经营许可和事后惩戒。前者的规制目标在于食品卫生，侧重生产经营环境，后者以罚代管，侧重规范生产秩序。《食品安全法》出台并修订后，重视公共安全的规制目标得以体现。然而，从目前安全规制发展的趋势来看，经济性规制和社会性规制的全面介入要比行政法律性规制为主的强制性政府规制更能应对日益复杂的食品安全风险环境。近些年我国乳业发展的波动性也需要乳品安全规制

目标随之转型。

13.1.1 规制目标实现事后惩戒向事前预防转变

农业现代化和科学技术水平的发展使得乳业面临全产业链的技术因素风险。导致乳业最终产品的成分日益复杂的因素，既有上游饲料种植、奶畜养殖，也有中游生产加工环节的企业行为，当然也需考虑物流配送和销售环节。过去重视终端的监管，忽视全产业尤其上游的风险因素评估，势必使企业承担全部安全责任，政府容易成为全能全责的代表。

我国 2009 年年底才由卫生部牵头成立了国家食品安全风险评估委员会，初步将重视风险评估实现事前预防纳入安全规制的法制轨道，但与国际水平相比，差距仍然很大。

国际食品法典委员会（CAC）注重对生产过程的评价，包括原料、配方、加工、物流等环节，我国乳品安全监管应改变注重对末端产品评价的做法，重视与 CAC 接轨，真正建立起乳品安全防御体系，提前发现乳品可能存在的安全隐患，及时发出预警信息，切实保障乳品安全。

13.1.2 规制目标从“管住”向“管好”转变

道格拉斯•诺斯认为：“制度是一个社会的游戏规则，或在形式上是人为设计的构造人类行为互动的约束”，“是一系列被制定出来的规则、守法程序和行为的道德伦理规范，它旨在约束追求主体福利或效用最大化的个人行为”。政府规制目标的改进，就是要在产业内外发展环境发生变化情况下，适时调整规制目标。乳业规制体系的运行虽然一定程度上保障了我国乳业的快速发展，但是安全事件的频发却在提醒政府尽快实施管理创新，实现政府行政管理职能从管制行政向服务行政，从全能行政向有限行政，从直接行政向间接行政转变。

行政法律性规制强调“管住”，经济性、社会性规制更需要政府具有“管好”的能力。计划经济忽视市场信用机制的作用，而建立健全的诚信体系则是经济性规制目标之一。良好的社会声誉不仅能够成为企业前进的内在动力，也是乳品行业健康稳定发展的前提。

乳品安全规制的社会性规制目标即是保障消费者的营养与健康，我国乳品安全规制主体在加强对乳品生产过程中的监管以外还应注重恢复消费者的信心，通过合理的引导以及准确的信息披露等方式达到提高消费者福利的目的。

乳业扩张阶段爆发的乳品安全问题恰恰反映出我国市场体系不完善，市场机制不健全的现实情境。党的十八届三中全会提出："经济体制改革是全面深化改革的重点，核心问题是处理好政府和市场的关系，使市场在资源配置中起决定性作用和更好发挥政府作用。"当前的市场经济体制改革需要界定政府规制的权限及其与市场规制的各自边界。如果"管住"是计划经济的惯性思维，"管好"则是市场经济的客观要求。

13.1.3 规制目标由实现国内安全供给向全面提高我国乳业国际竞争力转变

我国目前对乳制品进口主要采取关税措施。目前国际上乳制品的进口关税平均为 55.6%，美国、欧盟、日本实施的平均乳制品进口关税为 74.9%，我国乳制品平均实施关税只有 12.2%。在缺乏相关关税保护的情况下，2008—2017 年，我国乳制品进口量由 35.11 万吨增加到 217.5 万吨，年均增长 18.24%。我国不仅没有对乳制品进出口实施保护政策，反而在奶牛养殖、饲料供给等方面物化投入成本过高的实际情况下，不少企业采取进口原料奶及乳制品来降低成本提高利润，致使出现奶农将原奶倒入山沟的现象。

我国每年有 80%的原料奶从国外进口，乳制品进口对我国乳业的发展产生了很大冲击。近 3 年在进口原料奶激增的情况下，2017 年我国奶牛存栏较 2015 年下降 11%。乳制品进口贸易已经对我国乳业的发展产生了严重的冲击，严重影响了我国奶农以及乳品加工企业的利益。所以对内我国乳业要增强自身的竞争力，巩固规模化养殖，努力提高原奶质量，出台相关法律政策来稳定市场价格剧烈波动给乳业生产者带来的损失，完善具体的价格支撑体系推动乳业发展；对外完善乳品贸易管理措施，在非关税贸易壁垒的前提下对我国乳品的出口进行一定的扶持，对进口乳品提高门槛，严格控制进口量，使得进口乳品及其原料成为化解我国季节性供给不足的途径，而非我国原料奶产业的替代者。

13.2 明晰主体职责，发挥协同规制作用

我国长期以来形成的以政府为主体的强制性规制模式，使得有限规制资源与日益复杂的食品安全风险防控之间的矛盾日益突出。频发的食品安全事件日益需要更多主体参与食品安全规制中。从规制主体来看，一方面明晰政府监管部门主体职责，另一方面发挥企业自我规制和第三方的规制作用。

13.2.1 政府职能转变

为了提高规制效率，我国一方面对规制机构进行了改革，另一方面加强了规制者规制程序的合法性，即加强对规制者的规制，这两方面共同作用就是政府职能的转变。党的十九大报告指出，政府机构和行政体制改革归根结底是要“转变政府职能，深化简政放权，创新监管方式，增强政府公信力和执行力，建设人民满意的服务型政府。”

（1）规制机构改革

在我国食品药品监督管理总局建立之后，我国相关规制部门应当在原有职能的基础之上，根据总局的整体统筹明确各部门的权力职责，减少因权责定义模糊而导致的执行效率低下问题，并能够在乳品安全问题出现的时候及时解决问题，明确责任人。2018 年正式挂牌的国家市场监督管理总局，作为国务院直属机构，将国家工商行政管理总局的职责，国家质量监督检验检疫总局的职责，国家食品药品监督管理总局的职责，国家发展和改革委员会的价格监督检查与反垄断执法职责，商务部的经营者集中反垄断执法以及国务院反垄断委员会办公室的职责整合，目前完成了国家和省一级的部门整合，地方一级还在深入整合中。政府部门的机构改革侧重于行政部门的职能转变，从事前审批更多地转向事中、事后监管。

（2）对规制者的规制加强

对规制者的规制而言，关键是行政程序法典化，因为规制者对企业等规制对象的各类规制行为要依法行政。改革开放以来，我国行政领域连续进行了几项重大变革：通过《行政诉讼法》建立了民告官、司法权监督和制约行政权的司法审查制度；通过《行政复议条例》建立了公民、法人和其他组织不服行政行为可向行政机关申请复议，由行政机关内有相对独立性的复议机构进行审查和向相对人依法提供救济的行政内部监控制度；通过《国家赔偿法》建立了政府对其侵权行为承担赔偿责任的国家赔偿制度；通过《行政处罚法》在行政处罚领域建立了体现现代行政法的基本原则（廖进球，2001），但是一些地方依然存在过去行政执法的惯性思维，完整的、科学的行政程序制度依然需要进一步建立。

13.2.2　企业自律提升

（1）市场诚信体系建设

诚信作为市场经济的产物，已经成为企业创造良好社会声誉，提升无形资本的内在动力。乳品安全规制体系的建立，不仅需要严厉的法律法规体系、健全完善的制度体系、质量监控体系，更需要乳制品市场的诚信体系的建设。诚实守信是意识形态中的内容，政府应该运用市场规律和科学的管理水平，把乳制品企业对社会责任感真正转化为企业的自觉意识，并且能够从定性和定量两个方面进行考核和监督。《2011 年食品工业企业诚信体系建设工作实施方案》的发布和全国 124 所有家婴幼儿奶粉生产企业在《全国婴幼儿配方奶粉生产企业诚信宣言》上签字，已经标志着中国乳制品市场诚信体系建设正式启动。方案要求，生产婴幼儿奶粉的乳品企业必须 100%建立并实施诚信管理体系，企业要从人员、财务、乳源、原（辅）料、生产、质量和流通 7 个方面严把诚信关。具体来说，要严把奶源诚信关，制定严格的乳源质量管理办法，对奶站采取稽查制度；严把进厂诚信关，对购进的源乳制定严格的进货管理办法，对所要购进的原乳及其他辅料进行严格而全面的检验；严把生产诚信关，制定和完善生产流程规范，严格执行各项生产工艺标准；严把质量诚信关，制定严格的产品检验和不合格乳制品处理制度，确保乳制品的质量安全；严把流通诚信关，建立和完善产品召回制度，实行乳制品信息全程可追溯制；严把财务诚信关，严格执行财务管理，认真履行合同合约；严把人员诚信关，开展诚信文化建设，实施员工诚信教育。

2019 年 10 月 16 日，国家市场监督管理总局在北京举办“提升乳品质量企业公开承诺”活动。中国乳制品工业协会携 77 家参会企业共同发出“提升乳品质量我们共同行动”倡议。伊利、蒙牛、光明、飞鹤、君乐宝、三元、完达山、圣元、银桥、新希望、雀巢、美赞臣等 12 家大型乳企负责人分别向全国消费者做出郑重承诺，严格落实主体责任，确保产品质量安全，接受社会监督。国家市场监督管理总局党组书记、局长肖亚庆指出，从企业来讲，公开承诺是履行法定义务的重要方式，“晒”出责任、亮出承诺，有利于增强食品安全责任的透明度。从监管来讲，公开承诺是转变监管理念、创新监管方式的重要途径，有利于督促企业落实责任。从消费者来讲，公开承诺就是把食品的选择权、信誉的评价权交给消费者，有利于保障消费者权益。从社会来看，公开承诺表现了企业接受监督的勇气和保证质量安全的底气，有利于增进信任，共治共享食品安全。

（2）企业社会责任约束

企业社会责任包括经济责任、法律责任、伦理责任、自我考量责任，这使得经济利润最大化目标不再是企业经营活动的唯一准则，还需要满足外部道德标准，如企业解决其自身经营活动所带来的负外部性问题以及以利他主义为中心的社会公益行动（程媛，2015）。

目前上交所和深交所均发布了社会责任报告指南，但因为没有奖惩制度，上市公司发布的社会责任披露报告质量参差不齐。对于乳品上市企业所在的食品饮料行业，其社会责任方面的行业特征信息指标包括：经由第三方认证符合国际通行食品安全管理体系标准的厂房生产出的产品比例信息、食品安全事故应急机制信息、问题食品处理机制信息、对供应商进行原材料安全卫生控制信息、产品标签、广告宣传合规信息、包装减量化及包装物回收再利用信息等。应当说，乳品上市企业是食品饮料行业里的佼佼者，然而从社会责任的信息披露来看，企业的披露意愿和内容程度不一。2017 年只有伊利、光明、三元、新希望等四家乳品企业参加第三方社会责任机构开展的 MCTI（Macrocosm 整体性、

Concent 内容性、Technique 技术性、行业性 Industry）社会责任评级。

由于现代食品从生产到消费涉及的环节越来越多，技术风险越来越大，其安全供给的专业性特征使得消费者获知安全知识存在信息严重不对等，且政府占有规制知识（包括规制事实知识、规制价值知识和规制方法知识）的有限性，更需要乳品企业从安全动机到安全行为做到自觉、自愿与自律。因此，激励市场主体的信息、信用、信誉机制有待很好的制度设计。

13.2.3 第三方规制加强

传统的乳品安全规制政府色彩浓重，部门分散，信息易断层，出现安全事件消费者第一归咎于政府规制不力。与国外多元主体协同规制，自下而上的规制配合相比，我国在乳品安全规制中的第三方的作用应当逐步受到重视。乳品安全规制涉及的第三方是指行业协会、消费者和社会媒体等。

（1）行业协会

目前中国奶业协会和中国乳制品工业协会，是行业中最重要的两家作为民间自治形式和民间管理的行业协会。协会的常设机构按照协会章程主要负责对协会的会员开展如下工作：为提高会员的业务素质和管理水平，对会员进行有针对性培训加强乳制品安全教育；强化行业自律，对业内发生的乳制品安全事件，积极协调各方力量，尤其是发挥行业自身对事件的应急处理能力，消除隐患和不良影响；做好善后工作，加强与政府相关部门的沟通，为其提供业内最新的信息动态数据；向业内通报最新政策；与其他社会组织进行有关乳制品安全的经验交流与合作；加强市场调研和学术交流工作，发挥专业研究特长，推动乳制品安全工作的不断深入和完善。

脱胎于政府农业部、工信部等的乳品行业协会应保持独立性，真正成为政府和企业的沟通桥梁，既能反映企业诉求，又能为政府提供行业技术咨询，为乳业规制措施的制定与实施提供专业化建议。现行的《食品安全法》第九条规定：“食品行业协会应当加强行业自律，按照章程建立健全行业规范和奖惩机制，提供食品安全信息、技术等服务，引导

和督促食品生产经营者依法生产经营，推动行业诚信建设，宣传、普及食品安全知识”。（李芳，2019）

（2）社会媒体

社会媒体在食品安全的治理机制方面有两个作用：一是通过曝光不安全食品信息，通过政府的行政治理，从而对食品企业进行约束；二是向消费者传递不安全食品信息，通过舆论压力和声誉机制来约束食品企业安全生产（李培功，2010）。当前很多食品安全事件的处理离不开社会媒体的作用。

社会媒体对于乳制品安全事故的曝光作用应当有政府的正确引导，避免因误报、瞒报或者由背后利益集团操纵引起消费者恐慌，稳定乳制品行业的经济秩序。此外，还可通过官方媒体公布乳品生产知识以及乳品检测结果，减少因信息不对称导致的消费者对国内乳品信心不足问题。

（3）消费者

消费者既是乳品安全的需求者，又是社会监管的重要组成部分。消费者一方面愿意为具备有机标识、可追溯食品或者官方认证的标识多支付钱，也愿意作为重要监督者和参与者，通过主动学习食品安全知识、维护消费者权益来督促企业提供安全的乳品。但是在实际工作中，由于投诉渠道不畅通、维权成本高、消费者保护自身权益意识较差等原因，消费者主动参与食品安全监督较少。因此，开通乳品消费信息渠道，设立服务专线，鼓励全民参与，使得消费者也成为乳品安全供给链的有效监督者显然很有必要。

多元规制已成国际食品安全规制的主要趋势，加强规制主体间的合作交流，实现多主体协同治理和各方利益最大化，为乳品安全提供全方位强有力的支撑，已经是我国政府规制改革实践的一个重要方向。

13.3 激励规制客体，促进我国乳业安全社会共治

乳业安全的规制客体包括饲料种植、奶牛养殖、乳品的生产加工、

经营流通、餐饮消费等环节涉及的各个利益群体，因此，规制客体具体有奶户、奶站、乳制品生产企业、奶协、乳协、乳品零售商等。从更广义的层面来看，乳品安全还需要这些利益群体自我约束、自我规制，积极参与乳业安全的全过程规制中，则奶户、奶企、行业协会等也就成了规制主体。

传统的强制性规制，政府是单一主体，以乳企为核心的乳业生产者就成了被动的客体，需要遵守国家关于乳业的牧场、奶站、生产车间等养殖、生产环节的各类强制性规定。政府通过市场准入、质量检验检测、安全认证等工具维护乳业的生产和市场秩序以及乳业安全。

从质量安全风险来看，有主观和客观因素：乳业风险源有微生物污染、化学性污染、环境污染因素，导致乳品质量安全控制的技术性和专业性难度较大；也有可能是管理因素产生的安全风险，如奶牛养殖户管理不善、乳品企业经营管理不当、行业监督不足、政府监管不力等。

从产业安全来看，我国乳业发展到现在仍然存在以下问题：奶牛养殖业波动剧烈，奶牛单产水平低下；我国乳业科技对外依赖度较高；城乡差异性和需求偏好的非内源性，使得乳品企业侧重营销创新；我国乳品一直处于净进口地位，且近年进口增长过快，很多进口乳品不是满足消费者的需求，而是为了满足国内乳品企业降低成本的生产性需求。另外，已有学者构建了包含技术进步因素的乳业增长模型，运用生产函数和增长速度方程法，测度了技术进步对我国乳业发展的贡献率。计算结果表明，技术进步的贡献率下降而劳动投入的贡献率明显上升，表明乳业产业劳动密集程度显著上升，乳业从业人员的素质成为影响产业安全的主要因素。

从公共安全来看，乳品安全作为食品安全的一种，具有公共产品的特质和属性。乳业的安全与否也是公共治理能力的一种体现，在乳业安全事件爆发的时期，消费者信心和政府的公信力都受到了影响。很多人会把乳品安全事件的发生归咎于政府监管不力。事实上，乳业安全系统日益复杂，技术因素、人为因素、制度因素等需要综合考虑。

因此，从质量安全出发，既需要政府规制的强制与严谨，也需要企业自我规制的自律和自治。我国乳制品行业中大型企业不仅在发展水平上领先于其他中小企业，占领绝大部分市场份额，并且在乳制品生产过程中的技术和检测水平也是高于中小企业的。就我国质检部门近期对乳制品进行的抽样检验结果来看，不合格产品大部分是由地区性中小乳制品企业生产。就 HACCP 认证而言，伊利、蒙牛自愿执行该标准，而很多中小乳品企业无力实施。

从产业安全出发，政府既要维护乳业的正常生产和市场秩序，也要防止来自外部的恶意竞争。满足生产性需求的进口乳制品已经对我国乳业的上游养殖业造成了巨大冲击；同时，养殖成本居高不下，又助推乳企加大原料奶的进口。政府需要在激励奶畜养殖方面创新手段，稳定奶源供给。

从公共安全出发，社会多元主体参与有助于减轻政府规制的压力，缓减规制资源（人力资源、技术资源等）不足，规制成本过高的现实问题。政府需要在激励行业协会、社会媒体等第三方参与乳品安全规制的过程中创新工具。

13.4 完善规制工具，创新乳品安全规制手段

13.4.1 数量型规制与质量型规制手段并举

我国乳业发展经历了从无到有，从贫奶国家到乳业规模进入世界前列的巨大变化。原奶供应从农户散养的小规模生产到现代化牧场建设，乳制品生产加工从家庭手工作坊到现代化大型乳品企业屹立世界之林，这与我国政府规制的不断健全与完善密切相关。

从 1998 年我国政府颁布《当前国家重点鼓励发展的产业、产品和技术目录》，首次将乳业作为重点鼓励发展的产业，到 21 世纪的第一个 10 年的井喷式发展，乳业带动地方经济发展的数量型扩张的规制目标已经实现。

随着我国经济发展水平的不断提高，消费者的乳品需求结构也在发生变化。越来越多的消费者开始青睐干乳制品和液态奶中杀菌乳，而非

保质期很长的“常温白奶”，即灭菌乳。乳品需求偏好的变化反映了国内消费者收入水平提升和全球化导致的需求趋同的影响，这一变化需要我国乳品安全规制更要重视质量规制。

从产品结构来看，国际上巴氏杀菌乳被公认为是在风味和营养物质方面变化最小的优质乳品。在乳文化发展久远的国家，液体乳产品消费结构中大多是以巴氏杀菌乳为主，如美国、加拿大、新西兰、丹麦、希腊、日本等国家，巴氏杀菌乳占比都在90%以上。而我国，尽管超高温灭菌乳（UHT）在营养和活性方面相对于巴氏杀菌乳存在缺陷，但仍然在数量上占优。很多地方满足城市消费者“鲜奶”需求的产品供应并不都是由严格实施乳品安全控制体系的大型乳品企业提供，还由众多散户供应。

另外，干乳制品相对于液态奶而言，营养价值更高，且对乳品生产加工技术要求也更高。我国众多乳品则是以液态奶为主，因此干乳制品这一部分需求很大一部分靠进口满足，以奶粉为例，近几年的进口量逐年升高，对国产奶粉造成巨大冲击。

近年来频发的进口奶粉安全事件，也急需我国提高进口乳品的质量规制。过去我国对进口食品实施标签预包装管理，如国家质检总局2000年发布《进出口食品标签管理办法》、2002年发布《进口食品国外生产企业注册管理规定》、2009年12月发布《关于规范进口乳品卫生证书管理的公告》，2012年发布《进出口预包装食品标签检验监督管理规定》等。

2013年我国才开始重视进口乳品的质量安全。2013年5月，国家质检总局颁布实施了《进出口乳品检验检疫监督管理办法》，对进口乳品实施严格的质量安全规定；2013年6月，国家食品药品监督管理局、工商行政总局、国家质检总局等9个部委联合发布《关于进一步加强婴幼儿配方乳粉质量安全工作的的意见》，加强对进口奶粉的安全监管；2013年9月，国家质检总局颁布了《质检总局关于加强进口婴幼儿配方奶粉管理的公告》，规定从2014年4月1日起，从国外进口的婴幼儿配方奶粉的中国标签在入境前必须直接印在最低销售包装上，不得在中国境内贴标签，自2014年5月1日起，未注册境外生产企业的婴幼儿配方奶粉不准进入中国。

综上所述，质量性规制不仅要重点监管大型企业，更应该全方位监控中小乳品生产经营单位，实行“参与即监管”原则，扩大监管范围。登记乳品产业链的所有参与对象，将其纳入监管范围。对进口乳品规制不仅要满足国内生产和消费的数量型需求，更应从我国乳业发展的产业安全和消费者的公共安全考虑，加强并细化进口乳品质量监管。

13.4.2 强制性规制与激励性规制双管齐下

国外的安全规制实践大体经历了强化强制性规制到放松管制，到实施激励性规制鼓励社会多元主体参与的历程。从我国的规制实践来看，强制性规制仍需完善，激励性规制尚需推进。

13.4.2.1 强制性规制

行政性和法律性规制是我国强制性规制的主要手段。目前我国已经形成了以《食品安全法》《产品质量法》《农产品质量法》等法律为基础，以《食品生产加工企业质量安全监督管理办法》《乳品质量安全监督管理条例》等一系列法规为主体，以各省及地方政府关于乳品安全的规制为补充，相关部门配套法规、行政规章、规范性文件为辅助的乳品安全法规体系，然而从法制水平与发达国家相比仍有一定的差距。如关于乳品安全的专业性和技术性的法律规制缺少理论研究和实践支持；安全规制立法很多参考发达国家经验，对我国现实乳品安全情境变动的应对与适应还有法律规制漏洞；对各政府部门食品安全执法者的规制缺乏监管制度和具体措施，即缺少对规制者的规制，安全规制的立法和执法都需要进一步创新。

从实施强制性规制的标准、认证、检测体系等具体措施来看，我国《食品安全法》明确规定食品安全标准是乳品领域唯一强制执行的标准体系。但是我国食品安全标准与食品技术法规层级不清，这与发达国家食品安全法律、食品安全技术性法规、食品标准的三层结构不同，我国乳品的分类标准、乳品安全的质量标准、乳品安全的控制体系标准大部分以国家强制性标准形式存在，还有一部分与各部门、各地方的技术性规定（包括地方行政法规、条例、部门规制）交叉存在，另外还有行业标准、企业标准。新修订的食品安全法对国家标准、地方标准、企业标准的关系进行了界定，《食品安全法》（2015）第30条规定，“国家鼓励食品生产企业制定严于食品安全国家标准或者地方标准的企业标准，在本企业适用，并报省、自治区、直辖市人民政府卫生行政部门备案”。

2010年前，我国乳品相关标准共160余项，存在部分指标交叉、重复、矛盾，以及重要指标缺失等问题。2010年3月26日由卫生部批准公布新的乳品安全国家标准，整合为66个乳品安全国家标准，分为乳品产品标准（包括生乳、婴幼儿食品、乳制品等，共15项）、生产规范标准（2项）和检验方法标准（49项），形成了统一的乳品安全国家标准体系。但是乳制品质量安全标准在实施中仍然存在一些问题，需要进一步统一乳制品的产地环境、储藏运输、检验检测方法、动植物检疫标准等，并建立标准的配套机制，包括乳品安全风险分析机制、乳品安全检测反馈机制等。

13.4.2.2 激励性规制

以强制性为主的政府规制面对日益复杂的安全风险因素和紧缺的规制资源有些力不从心，而激励性规制手段的灵活运用既能有效缓解乳品企业以及生产者的被迫遵守感又能强有力地挖掘相关从业者的内在潜力，变被动为主动。我国目前的规制手段主要是以国家及各部门出台的法律法规强制性规制为主，激励性规制虽然也有提及，但具体的激励措施不多，如对奶畜养殖者的激励只是在广义上提出鼓励相关企业为其提供所需服务。

目前已经实行的一些财政补贴政策主要集中在乳业发展的上游环节，而在生产、销售环节并没有具体的激励性措施来保障乳业生产者的权益。如奶农在生产环节，牛奶能否及时售出对奶农的收益有着非常重要的影响。由于各种不确定因素的存在，奶农面临着奶量供不应求以及更为严峻的供给过剩的现实，我国到目前为止并没有相关法律政策来调控奶量供应，维护奶农的基本利益；而国外的法律对奶农的权益有很好的保护，如果在规定产量范围内没有售出，政府会进行收购或者进行相应的补贴。激励性规制显然需要更加具体化和法律化，才能更好地促进我国乳业持续健康发展。

从规制环节来看，需要激励性规制由乳业上游向中下游拓展。目前我国政府对乳业发展的激励性规制主要集中在奶源和企业两个方面。在奶源方面对草原生态建设、苜蓿发展、奶牛养殖以及生鲜乳质量都已进行激励；在企业方面，对企业的规模、生产加工过程、产品质量及其创新、税收方面都有激励性规制；但是在销售方面包括产成品和原料奶都没有相关的政策条文来保护奶农以及各销售商的权益，更没有激励性措施来鼓励相关人员继续从事乳品销售行业。而国外的激励性规制贯通产业链上的每一个环节，激励规制实施主体既有政府也有私人。例如美国的乳制品在加工环节有特级、标准级以及不认定等级之分，来激励乳业生产者精益求精提供高质量的乳制品；在销售环节，各大超市要求供应商采用食品安全标准并通过第三方认证，超市才会许可这些供应商的产品进入市场，即实现了标准—认证—许可的三级私人规制模式，这一做法也得到了官方的许可。与国外自下而上重视私人规制并给予激励的做法不同的是，我国自上而下的规制体系不论是强制性还是激励性规制措施并没有完全涉及具体的产业链上的每一个个体的利益需要，这与长期以来的多部门分段管理的规制实践造成的路径依赖有很大关系，因此建立全产业链的完整激励体系是今后理论与实践层面都需深入开展的。

13.4.3　公共规制与私人规制协同共治

公共规制是政府以直接的事前规制（以标准、监督、检测等形式规定产品生产）和事后规制（企业承担产品责任，政府对生产不合格的企业进行惩罚，对消费者损害给予赔偿）对产品安全给予控制。私人规制则以自我规制和第三方认证为形式保障产品安全。长期以来，我国实践中形成了以强制性规制手段为主的公共规制安全模式，私人规制并没有得到很好激励和重视。

从私人规制的实践来看，大型乳品企业自我规制水平很高，如主动实施 HACCP 认证，中小乳品企业无力实施；行业自律水平低下，脱胎于政府部门的独立性较低；社会公众参与监督没有有效发挥，消费者在乳品安全信息不对称下的信心急待恢复。基于此，政府需要建立完善的规制体系激励私人主体参与安全规制。

第一，除了加大违法企业的惩戒力度，提高不良企业的违法成本，还应积极实施激励措施给予优秀乳品企业社会声誉保障奖励，提高企业自我规制的积极性。国外一些国家的实践表明，来自市场主体的自我规制有助于解决公共规制资源短缺的现实问题，尤其包括乳品安全在内的食品安全其独特的专业性、技术性更需要企业、行业协会等私人主体参与规制，从而降低公共规制的运行成本，弥补其技术能力不足的劣势。

第二，实施完善信息披露制度体系，提高政府信息的公信力、社会媒体信息的有序性、消费者对产品安全信息的知情权，实现乳品安全信息有效沟通。信息披露主体包括政府、企业、社会媒体等，以往的一些安全事件很多是由社会媒体率先揭露、全程推进并跟踪处理结果的，这可能会导致政府信息披露不足、媒体过度披露、消费者听信谣言的后果。因此，完善的信息披露需要建立包括政府、企业、媒体等主体在内的主动信息披露制度、食品安全信息共享制度、食品安全风险预警制度、消费者食品安全信息的教育与信息反馈制度等。

第三，进一步完善产品责任法，一方面激励企业提高产品安全的社会责任，另一方面保障消费者的利益。

第四，建立全产业链乳品安全监管反馈机制，包括事前预防与准入、事中控制、事后法律救济的链环式规制反馈，实现社会多元主体参与乳品安全监督与管理。

13.4.4　中央规制与地方规制协调合作

我国规制机构的改革促使乳品安全规制发生了重要变化，由过去的分散管理向集中管理转变，由多部门共管向单一权威部门大部制管理转变，由横向、垂直交叉管理向一体化垂直管理转变，由中央权威向强调属地管辖转变。这些转变的规制实效将随着我国规制体系的日益完善而体现出来。然而，传统规制模式的路径依赖尚未脱离，地方规制机构整合还未完成深度融合，人才缺乏、规制技术急需提升、法律体系急需完善等现实问题依然摆在中央和各级地方政府面前。政府规制的效果评价表明，长期提高我国乳品安全规制效果的是法律措施，从行政法层面对各级政府规制公权的规定和执行有待进一步理论研究和实践探索。安全规制标准的垂直一体化和水平一体化建设有赖于府际之间、部门之间的协调合作。

需要注意的是，从空间来看，我国地域广阔，城乡发展不协调，各地经济发展水平差异较大，乳业的专业化程度参差不齐，尤其广大农村经常成为劣质食品的倾销地，然而这些地区恰恰也是安全监管的薄弱地区。新修订的《食品安全法》也并未对农村地区的安全规制做出专门规定，因此地方政府在加强城市区域监管的同时，还应从社会共治的视角加强农村居民的食品安全教育，提高他们的食品安全意识和食品识别能力。

13.5　本章小结

乳业发展面临着日益复杂的产业内外部环境，基于我国乳品安全范畴本章从规制目标、规制主体、规制客体、规制工具四个方面对提升我国乳品安全规制水平提出了具体建议。

从规制目标来看，我国乳业发展以行业准入和事后惩戒为导向的规制体系不足以全面保障乳品安全涉及的全产业风险，必须转变注重对末端产品评价的做法思维，加大乳品生产全过程风险评估的事前预防导向；以法律法规手段为主的强制性规制的“管住”导向必须向强制性规制兼顾市场激励的“管好”思维转变，以保障国内乳品安全供给向全面提升我国乳业的国际竞争力转变。

从规制的主体与客体来看，本书提出的重要观点就是规制主体必须由事实上的政府单一主体向多主体协同规制转变。政府部门作为规制主体实施的机构改革就是为了实现行政部门的职能转变，从事前审批更多地转向事中控制、事后监管。乳品企业既是政府规制的客体，又是私人规制的主体，因此实现乳品安全供给不仅在于生产企业遵守强制性规制的规定，更有赖于企业的自律与社会责任。

国外发达国家乳业安全规制的经验表明，多元主体协同规制，自下而上的规制配合非常有效。因此，我国乳品安全规制涉及的第三方，即行业协会、消费者和社会媒体等，也应加大安全规制的参与程度。

实现以上规制目标的转变和多元主体协同规制，一方面需要加强对规制者的规制，即加强政府的依法行政；另一方面，需要进一步完善规制手段，注重数量型与质量型规制手段并举，强制性规制与激励性规制措施并用，公共规制与私人规制协同共治，中央规制与地方规制协调合作。

附　　录

附录A　乳品安全规制立法

年份	名　　称	颁布部门
1982	《中华人民共和国卫生法（试行）》	全国人大常委会
1982	《中华人民共和国商标法》	全国人大常委会
1985	《中华人民共和国计量法》	全国人大常委会
1989	《中华人民共和国标准化法》	全国人大常委会
1993	《中华人民共和国产品质量法》	全国人大常委会
1993	《中华人民共和国反不正当竞争法》	全国人大常委会
1993	《中华人民共和国农业技术推广法》	全国人大常委会
1993	《中华人民共和国商标法》第一次修正	全国人大常委会
1994	《中华人民共和国广告法》	全国人大常委会
1995	《中华人民共和国食品卫生法》	全国人大常委会
2000	《中华人民共和国产品质量法》第一次修正	全国人大常委会
2001	《中华人民共和国商标法》第二次修正	全国人大常委会
2006	《中华人民共和国农产品质量安全法》	全国人大常委会
2009	《中华人民共和国食品安全法》	全国人大常委会
2009	《中华人民共和国计量法》第一次修正	全国人大常委会
2012	《中华人民共和国农业技术推广法》第一次修正	全国人大常委会
2013	《中华人民共和国计量法》第二次修正	全国人大常委会
2013	《中华人民共和国商标法》第三次修正	全国人大常委会
2015	《中华人民共和国食品安全法》第一次修正	全国人大常委会
2015	《中华人民共和国计量法》第三次修正	全国人大常委会
2015	《中华人民共和国广告法》第一次修正	全国人大常委会

附录B 乳品安全规制行政法规

年份	名 称	颁布部门
1982	《广告管理暂行条例》	国务院
1987	《广告管理条例》	国务院
2004	《国务院关于进一步加强食品安全工作的决定》	国务院
2007	《国务院关于促进奶业持续健康发展的意见》	国务院
2007	《国务院关于促进畜牧业持续健康发展的意见》	国务院
2008	《乳品质量安全监督管理条例》	国务院
2008	《奶业整顿和振兴规划纲要》	国务院
2011	《饲料和饲料添加剂管理条例》	国务院
2012	《国务院关于加强食品安全工作的决定》	国务院
2012	《国家食品安全监管体系“十二五”规划》	国务院
2012	《国务院关于支持农业产业化龙头企业发展的意见》	国务院
2012	《全国现代农业发展规划（2011—2015年）》	国务院
2013	《畜禽规模养殖污染防治条例》	国务院
2013	《中国食物与营养发展纲要（2014—2020）》	国务院
2013	《国务院关于地方改革完善食品药品监督管理体制的指导意见》	国务院
2014	《中华人民共和国商标法实施条例》	国务院
2015	《质量发展纲要（2011—2020年）》	国务院
2016	《食品生产经营日常监督检查管理办法》	食品药品监管总局
2017	《RHB 903—2017 驼乳粉》	中国乳制品工业协会
2018	《2018年财政重点强农惠农政策》	农业农村部、卫健委

附录C 乳品安全规制部门规章

年份	名　　称	颁布部门
1988	《混合消毒牛乳的卫生管理办法》	卫生部
1990	《乳与乳制品卫生管理办法》	卫生部
1991	《乳品厂卫生规范》	卫生部
1993	《食品广告管理办法》	工商行政管理局、卫生部
1997	《食品卫生行政处罚办法》	卫生部
1998	《饲料添加剂和添加剂预混合饲料生产许可证管理办法》	农业部
2000	《国家“学生饮用奶计划”暂行管理办法》	农业部、国家质量技术监督局、轻工业局
2003	《乳制品企业良好生产规范》	国家质量技术监督局
2003	《乳制品生产许可证审查细则》	质检总局
2004	《动物源性饲料产品安全卫生管理办法》	农业部
2006	《全国食品工业“十一五”发展纲要》	农业部
2006	《农产品加工业“十一五”发展规划》	农业部
2006	《饲料工业“十一五”发展规划》	农业部
2006	《全国动物防疫体系建设规划（2004—2008年）》	财政部、农业部、质检总局
2006	《乳制品生产许可证审查细则（2006版）》	质检总局
2006	《农村市场体系建设“十一五”规划》	商务部
2007	《关于加强液态奶标识标注管理的通知》	质检总局、农业部
2007	《农产品加工业“十一五”发展规划》	农业部
2007	《2006—2016年食品行业科技发展纲要》	农业部
2008	《生鲜乳生产收购管理办法》	农业部
2008	《关于乳与乳制品中三聚氰胺临时管理限量值规定的公告》	卫生部、工信部、农业部、工商行政管理总局、质检总局

续表

年份	名　　称	颁布部门
2008	《奶业整顿和振兴规划纲要》	农业部、工信部、商务部、卫生部、质检总局、工商行政管理总局
2008	《享受企业所得税优惠政策的农产品初加工范围（试行）》	财政部、国家税务总局
2008	《乳制品行业整顿和规范工作方案》	工信部、质检总局、工商行政管理总局
2008	《食品标识管理规定》	质检总局
2008	《全国奶牛优势区域布局规划（2008—2015 年）》	农业部
2008	《中国奶牛群体遗传改良计划（2008—2020 年）》	农业部
2009	《乳制品工业产业政策（2009 年修订）》	工信部
2009	《乳制品生产良好企业生产规范（GMP）认证实施规则（试行）》	质检总局
2009	《全国奶业发展规划（2009—2013 年）》	农业部、工信部、商务部
2009	《2009 年生鲜乳收购站机械设备购置补贴实施情况》	农业部
2009	《2009 年生鲜乳专项整治行动实施方案》	农业部
2009	《关于修改〈食品标识管理规定〉的决定》	质检总局
2009	《关于调整〈实行进口报告管理的大宗农产品目录〉的公告》	商务部
2009	《对进口原产于新西兰的部分乳制品实施特殊保障措施》（包含以下三项）	海关总署
2009	《关于对进口原产于新西兰的部分未浓缩乳及奶油实施特殊保障措施》	海关总署
2009	《关于对进口原产于新西兰的黄油及其他脂和油实施特殊保障措施》	海关总署
2009	《关于对进口原产于新西兰的固状和浓缩非固状脂及奶油实施特殊保障措施》	海关总署
2009	《2009 年度通用类农机购置补贴中选产品名录》	农业部
2009	《关于公布参加 2009 年奶牛良种补贴项目种公牛站、种公牛（第一批）的通知》	农业部
2009	《关于公布参加 2009 年奶牛良种补贴项目种公牛站、种公牛（第二批）的通知》	农业部
2009	《关于加强生鲜乳品抗生素残留量管理的公告》	卫生部、工信部、农业部、工商行政管理总局、质检总局

续表

年份	名　　称	颁布部门
2009	《乳制品生产企业落实质量安全主体责任监督检查规定》	质检总局
2009	《关于进一步做好婴幼儿奶粉事件患儿医疗救治和相关疾病医疗费用报销工作的通知》	卫生部
2009	《关于规范进口乳制品卫生证书管理的公告》	质检总局
2009	《关于修改〈食品标识管理规定〉的决定》	质检总局
2009	《关于进一步提高部分商品出口退税率的通知》	财政部
2009	《生鲜乳收购站标准化管理技术规范》	农业部
2009	《关于印发全国肉牛、肉羊、奶牛和生猪优势区域布局规划（2008—2015 年）的通知》	农业部
2009	《关于延长原料奶收购贷款中央财政贴息政策期限的通知》	财政部
2009	《关于再次延长原料奶收购贷款中央财政贴息政策期限的通知》	财政部
2009	《乳制品生产企业落实质量安全主体责任监督检查规定》	质检总局、食品药品监管总局
2010	《动物检疫管理办法》	农业部
2010	《全国畜牧业发展第十二个五年规划（2011—2015）》	农业部
2010	《2010 年生鲜乳专项整治行动实施方案》	农业部
2010	《企业生产乳制品许可条件审查细则（2010 版）》	质检总局
2010	《对进口原产于新西兰的部分乳制品实施关税特保措施》	海关总署
2010	《关于调整进出境个人邮递物品管理措施有关事宜》	海关总署
2010	《关于进境旅客所携行李物品验放标准有关事宜》	海关总署
2010	66 项新乳品安全国家标准	卫生部
2010	《农业部畜禽标准化示范场管理办法》	农业部
2010	《奶畜养殖和生鲜乳收购运输环节违法行为依法从重处罚的规定》	农业部
2010	《农产品质量安全信息发布管理办法（试行）》	农业部
2011	《关于三聚氰胺在食品中的限量值的公告》	卫生部、工信部、农业部、工商行政管理总局、质检总局
2011	《奶畜养殖和生鲜乳收购运输环节违法行为依法从重处罚的规定》	农业部
2011	《生鲜乳收购站质量安全“黑名单”制度（试行）》的通知	农业部
2011	《2012 年高产优质苜蓿示范建设项目实施指导意见》	农业部

续表

年份	名　称	颁布部门
2011	《关于奶业产业政策的摘录》	农业部、税务总局
2011	《预包装食品标签通则》	卫生部
2011	《农产品质量安全发展“十二五”计划》	农业部
2011	《进出口食品安全管理办法》	质检总局
2011	《进口食品境外生产企业注册管理规定》	质检总局
2012	《农产品质量安全监测管理办法》	农业部
2012	《执业兽医资格考试巡视工作管理规定》	农业部
2012	《2012 年畜禽养殖标准化示范创建活动工作方案》	农业部
2012	《2012 年国家动物疫病强制免疫计划》	农业部
2012	《中华人民共和国禁止携带、邮寄进境的动植物及其产品名录》	农业部、质检总局
2012	《2012 年畜牧业工作要点》	农业部
2012	《2012 年畜牧良种补贴项目实施指导意见》	农业部
2012	《全国畜禽遗传资源保护和利用“十二五”规划》	农业部
2012	《关于加强 2012 年奶牛良种补贴项目管理的通知》	农业部
2012	《2012 年高产优质苜蓿示范建设项目实施指导方案》	农业部
2012	《关于开展 2012 年种畜禽质量安全监督检验工作的通知》	农业部
2012	农业部公告第 1713 号	农业部
2012	海关总署公告 2012 年第 9 号	海关总署
2012	海关总署公告 2012 年第 10 号	海关总署
2012	海关总署公告 2012 年第 11 号	海关总署
2012	海关总署公告 2012 年第 21 号	海关总署
2012	《2012 年食品工业企业诚信体系建设工作实施方案》	工信部
2012	《卫生部办公厅关于牛初乳产品适用标准问题的复函》	卫生部
2012	《中华人民共和国商务部关于终止对原产于美国的进口干玉米酒糟反倾销调查的决定》	商务部
2012	《财政部关于进一步加大支持力度做好农业保险保费补贴工作的通知》	财政部
2012	《食品安全国家标准“十二五”规划》	卫生部
2013	《关于废止部分规章和规范性文件的决定》	农业部
2013	《农业部关于贯彻实施〈中华人民共和国农业技术推广法〉的意见》	农业部

续表

年份	名　　称	颁布部门
2013	《2013 年度动物及动物产品兽药残留监控计划》	农业部
2013	农业部公告第 1905 号	农业部
2013	《关于新型收获机械管理有关问题的批复》	农业部
2013	农业部公告第 1916 号	农业部
2013	农业部公告第 1923 号	农业部
2013	农业部公告第 1931 号	农业部
2013	《关于下达 2013 年畜禽牧草种质资源保护项目资金的通知》	农业部
2013	农业部公告第 1942 号	农业部
2013	农业部公告第 1945 号	农业部
2013	农业部公告第 1948 号	农业部
2013	农业部公告第 1965 号	农业部
2013	农业部公告第 1977 号	农业部
2013	《关于组织开展农业标准化实施示范项目考核验收工作的通知》	农业部
2013	农业部公告第 1991 号	农业部
2013	农业部公告第 1999 号	农业部
2013	农业部公告第 2005 号	农业部
2013	农业部公告第 2045 号	农业部
2013	《关于对原产于新西兰的 11 个税则号列项下的农产品实施特殊保障措施》	海关总署
2013	《关于对原产于新西兰的 12 个税号的农产品实施特殊保障措施》	海关总署
2013	《关于对原产于新西兰的 13 个税号的农产品实施特殊保障措施》	海关总署
2013	《关于2013年度自新西兰进口有关农产品数量和2014年度进口触发水平数量的公告》	海关总署
2013	《关于进一步加强婴幼儿配方乳粉生产监管工作的通知》	食品药品监管总局
2013	《关于禁止以委托、贴牌、分装等方式生产婴幼儿配方乳粉的公告》	食品药品监管总局
2013	《关于发布婴幼儿配方乳粉生产企业监督检查规定的公告》	食品药品监管总局
2013	《婴幼儿配方乳粉生产企业监督检查规定》	食品药品监管总局
2013	《婴幼儿配方乳粉生产许可审查细则（2013 版）》	食品药品监管总局

续表

年份	名　　称	颁布部门
2013	《关于进一步加强婴幼儿配方乳粉销售监督管理工作的通知》	食品药品监管总局
2013	《关于贯彻婴幼儿配方乳粉生产许可审查细则严格生产许可工作的通知》	食品药品监管总局
2013	《进出口乳品检验检疫监督管理办法》	质检总局
2013	《关于实施〈进出口乳品检验检疫监督管理办法〉有关要求的公告》	质检总局
2013	《进口食品境外生产企业注册实施目录》	质检总局
2013	《关于公布 2013 年 22 种产品质量国家监督抽查结果的公告》	质检总局
2013	《关于暂停智利可视性禽产品及相关地区肉类产品的进口公告》	质检总局
2013	《关于公布 2013 年 23 种产品质量国家监督检查结果的公告》	质检总局
2013	《关于加强进口婴幼儿配方乳粉管理的公告》	质检总局
2013	《关于公布 2013 年 36 种产品质量国家监督抽查结果的公告》	质检总局
2013	《关于低聚果糖使用有关问题的复函》	卫计委
2013	《关于酪蛋白酸盐有关问题的复函》	卫计委
2013	《关于调整学生饮用奶计划推广工作方式的通知》	农业部、财政部、卫计委、质检总局、食品药品监管总局
2013	《食品药品违法行为预报奖励办法》	食品药品监管总局、财政部
2013	《关于解除蒙古国西部 7 省口蹄疫禁令的公告》	质检总局、农业部
2013	《关于防止蒙古国口蹄疫传入我国的公告》	质检总局、农业部
2013	农业部 卫生和计划生育委员会第 1927 号公告	农业部、卫计委
2013	《关于进一步规范母乳代用品宣传和销售行为的通知》	食品药品监管总局、卫计委、工商行政管理总局
2013	《农业部 国家质量监督检验检疫总局第 2013 号联合公告》	农业部、质检总局
2014	《关于促进家庭农场发展的指导意见》	农业部
2014	《常见动物疫病免疫推荐方案（试行）》	农业部
2014	《牛羊常见疫病防控技术指导意见（试行）》	农业部
2014	《草原征占用审核审批管理办法》	农业部
2014	《关于加强食用农产品质量安全监督管理工作的意见》	农业部、食品药品监管总局

续表

年份	名　　称	颁布部门
2015	《质量发展纲要（2011—2020 年）》	国务院
2016	《国家布鲁氏菌病防治计划（2016—2020 年）》	农业部 卫计委
2016	《婴幼儿配方乳粉产品配方注册申请材料项目与要求（试行）》和《婴幼儿配方乳粉产品配方注册现场核查要点及判断原则（试行）》	食品药品监管总局
2016	《奶牛生产性能测定工作办法（试行）》	农业部
2017	《婴幼儿辅助食品生产许可审查细则（2017 版）》	食品药品监管总局
2017	《2017 年食品安全重点工作安排》	国务院办公厅
2018	《畜禽规模养殖场粪污资源化利用设施建设规范（试行）》	农业部
2018	《关于推进奶业振兴保障乳品质量安全的意见》	国务院办公厅
2018	《2018 年畜牧业工作要点》	农业部

附录D　乳品安全标准体系

年份	名　称	颁布部门
1985	GB/T 5418—1985 全脂加糖炼乳检验方法	国家标准化管理委员会
1989	GB 12073—1989 乳品设备安全卫生	国家标准化管理委员会
1992	QB 6006—1992 乳制品厂设计规范	发改委
1992	QB 1674—1992 离心式和转子式乳与乳制品泵的卫生要求	发改委
1992	QB 1673—1992 乳品机械均质机和柱塞泵卫生要求	发改委
1995	SN/T 0446—1995 出口乳制品中磷的检验方法	商检局
1996	SN 0606—1996 出口乳及乳制品中噻菌灵残留量检验方法 荧光分光光度法	商检局
1996	QB/T 2281—1996 乳品均质机	发改委
1997	GB/T 5413.2—1997 婴幼儿配方食品和乳粉 乳清蛋白的测定	国家标准化管理委员会
1997	GB/T 5413.20—1997 婴幼儿配方食品和乳粉 胆碱的测定	国家标准化管理委员会
1997	GB/T 5413.31—1997 婴幼儿配方食品和乳粉 脲酶的定性检验	国家标准化管理委员会
1997	SN 0700—1997 出口乳及乳制品中氢化可的松残留量检验方法	商检局
1997	SN/T 0635—1997 进出口乳清粉检验规程	商检局
1999	QB/T 3778—1999 粗制乳糖	发改委
1999	QB/T 3782—1999 脱盐乳清粉	发改委
1999	QB/T 3775—1999 全脂无糖炼乳检验方法	发改委
1999	QB/T 3777—1999 硬质干酪检验方法	发改委
1999	QB/T 3779—1999 粗制乳糖检验方法	发改委
2002	NY 478—2002 软质干酪	农业部
2002	NY 5142—2002 无公害食品 酸牛奶	农业部
2003	GB/T 18407.5—2003 农产品安全质量 无公害乳与乳制品产地环境要求	国家标准化管理委员会

续表

年份	名　称	颁布部门
2004	NY/T 5298—2004 无公害食品 乳粉加工技术规范	农业部
2004	NY/T 800—2004 生鲜牛乳中体细胞的测定方法	农业部
2004	NY/T 801—2004 生鲜牛乳及其制品中碱性磷酸酶活度的测定	农业部
2004	NY/T 802—2004 乳与乳制品中淀粉的测定 酶－比色法	农业部
2005	NY 5140—2005 无公害食品 液态乳	农业部
2005	RHB 602—2005 牛初乳粉	中国乳制品工业协会
2005	RHB 601—2005 生鲜牛初乳	中国乳制品工业协会
2005	NY/T 939—2005 巴氏杀菌乳和 UHT 灭菌乳中复原乳的鉴定	农业部
2005	SN/T 1632.1—2005 奶粉中阪崎肠杆菌检验方法 第 1 部分：分离与计数方法	商检局
2005	SN/T 1632.2—2005 奶粉中阪崎肠杆菌检验方法 第 2 部分：PCR 方法	商检局
2005	SN/T 1632.3—2005 奶粉中阪崎肠杆菌检验方法 第 3 部分：荧光 PCR 方法	商检局
2005	SN/T 1664—2005 牛奶和奶粉中黄曲霉毒素 M1、B1、B2、G1、G2 含量的测定	商检局
2006	牛奶中青霉素类药物残留量的检测方法——高效液相色谱法	农业部
2006	牛奶中磺胺类药物残留量的测定 液相色谱——串联质谱法	农业部
2006	NY/T 1172—2006 生鲜牛乳质量管理规范	农业部
2006	GB/T 20715—2006 犊牛代乳粉	国家标准化管理委员会
2006	HJ/T 316—2006 清洁生产标准 乳制品制造业（纯牛乳及全脂乳粉）	环境保护总局
2007	牛奶中替米考星残留量测定－高效液相色谱法	农业部
2007	NY/T 1570—2007 乳制品加工 HACCP 准则	农业部
2007	SN/T 1881.1—2007 进出口易腐食品货架贮存卫生规范 第 1 部分：液态乳制品	商检局
2007	NY/T 1331—2007 乳与乳制品中嗜冷菌、需氧芽孢及嗜热需氧芽孢数的测定	农业部

续表

年份	名　称	颁布部门
2007	NY/T 1332—2007 乳与乳制品中 5－羟甲基糠醛含量的测定 高效液相色谱法	农业部
2007	NY/T 1422—2007 乳及乳制品中乳糖的测定 酶－比色法	农业部
2008	牛奶中氨基苷类多残留检测——柱后衍生高效液相色谱法	农业部
2008	NY 5045—2008 无公害食品 生鲜牛乳	农业部
2008	GB/T 21704—2008 乳与乳制品中非蛋白氮含量的测定	国家标准化管理委员会
2008	GB/T 22035—2008 乳及乳制品中植物油的检验 气相色谱法	国家标准化管理委员会
2008	GB/T 22388—2008 原料乳与乳制品中三聚氰胺检测方法	国家标准化管理委员会
2008	GB/T 22965—2008 牛奶和奶粉中 12 种 β－兴奋剂残留量的测定 液相色谱－串联质谱法	国家标准化管理委员会
2008	GB/T 22966—2008 牛奶和奶粉中 16 种磺胺类药物残留量的测定 液相色谱－串联质谱法	国家标准化管理委员会
2008	GB/T 22967—2008 牛奶和奶粉中 β－雌二醇残留量的测定 气相色谱－负化学电离质谱法	国家标准化管理委员会
2008	GB/T 22968—2008 牛奶和奶粉中伊维菌素、阿维菌素、多拉菌素和乙酰氨基阿维菌素残留量的测定 液相色谱－串联质谱法	国家标准化管理委员会
2008	GB/T 22969—2008 奶粉和牛奶中链霉素、双氢链霉素和卡那霉素残留量的测定 液相色谱－串联质谱法	国家标准化管理委员会
2008	GB/T 22971—2008 牛奶和奶粉中安乃近代谢物残留量的测定 液相色谱－串联质谱法	国家标准化管理委员会
2008	GB/T 22972—2008 牛奶和奶粉中噻苯达唑、阿苯达唑、芬苯达唑、奥芬达唑、苯硫氨酯残留量的测定 液相色谱－串联质谱法	国家标准化管理委员会
2008	GB/T 22973—2008 牛奶和奶粉中醋酸美仑孕酮、醋酸氯地孕酮和醋酸甲地孕酮残留量的测定 液相色谱－串联质谱法	国家标准化管理委员会
2008	GB/T 22974—2008 牛奶和奶粉中氮氨菲啶残留量的测定 液相色谱－串联质谱法	国家标准化管理委员会
2008	GB/T 22975—2008 牛奶和奶粉中阿莫西林、氨苄西林、哌拉西林、青霉素 G、青霉素 V、苯唑西林、氯唑西林、萘夫西林和双氯西林残留量的测定 液相色谱－串联质谱法	国家标准化管理委员会

续表

年份	名　　称	颁布部门
2008	GB/T 22976—2008 牛奶和奶粉中α－群勃龙、β－群勃龙、19－乙烯去甲睾酮和 epi－19－乙烯去甲睾酮残留量的测定 液相色谱－串联质谱法	国家标准化管理委员会
2008	GB/T 22977—2008 牛奶和奶粉中保泰松残留量的测定 液相色谱－串联质谱法	国家标准化管理委员会
2008	GB/T 22978—2008 牛奶和奶粉中地塞米松残留量的测定 液相色谱－串联质谱法	国家标准化管理委员会
2008	GB/T 22979—2008 牛奶和奶粉中啶酰菌胺残留量的测定 气相色谱－质谱法	国家标准化管理委员会
2008	GB/T 22980—2008 牛奶和奶粉中氟胺烟酸残留量的测定 液相色谱－紫外检测法	国家标准化管理委员会
2008	GB/T 22981—2008 牛奶和奶粉中杆菌肽残留量的测定 液相色谱－串联质谱法	国家标准化管理委员会
2008	GB/T 22982—2008 牛奶和奶粉中甲硝唑、洛硝哒唑、二甲硝唑及其代谢物残留量的测定 液相色谱－串联质谱法	国家标准化管理委员会
2008	GB/T 22983—2008 牛奶和奶粉中六种聚醚类抗生素残留量的测定 液相色谱－串联质谱法	国家标准化管理委员会
2008	GB/T 22984—2008 牛奶和奶粉中卡巴氧和喹乙醇代谢物残留量的测定 液相色谱－串联质谱法	国家标准化管理委员会
2008	GB/T 22985—2008 牛奶和奶粉中恩诺沙星、达氟沙星、环丙沙星、沙拉沙星、奥比沙星、二氟沙星和麻保沙星残留量的测定 液相色谱－串联质谱法	国家标准化管理委员会
2008	GB/T 22986—2008 牛奶和奶粉中氢化泼尼松残留量的测定 液相色谱－串联质谱法	国家标准化管理委员会
2008	GB/T 22987—2008 牛奶和奶粉中呋喃它酮、呋喃西林、呋喃妥因和呋喃唑酮代谢物残留量的测定 液相色谱－串联质谱法	国家标准化管理委员会
2008	GB/T 22988—2008 牛奶和奶粉中螺旋霉素、吡利霉素、竹桃霉素、替米卡星、红霉素、泰乐菌素残留量的测定 液相色谱－串联质谱法	国家标准化管理委员会
2008	GB/T 22989—2008 牛奶和奶粉中头孢匹林、头孢氨苄、头孢洛宁、头孢喹肟残留量的测定 液相色谱－串联质谱法	国家标准化管理委员会
2008	GB/T 22990—2008 牛奶和奶粉中土霉素、四环素、金霉素、强力霉素残留量的测定 液相色谱－紫外检测法	国家标准化管理委员会
2008	GB/T 22991—2008 牛奶和奶粉中维吉尼霉素残留量的测定 液相色谱－串联质谱法	国家标准化管理委员会

续表

年份	名　称	颁布部门
2008	GB/T 22992—2008 牛奶和奶粉中玉米赤霉醇、玉米赤霉酮、己烯雌酚、己烷雌酚、双烯雌酚残留量的测定 液相色谱-串联质谱法	国家标准化管理委员会
2008	GB/T 22993—2008 牛奶和奶粉中八种镇定剂残留量的测定 液相色谱-串联质谱法	国家标准化管理委员会
2008	GB/T 22994—2008 牛奶和奶粉中左旋咪唑残留量的测定 液相色谱-串联质谱法	国家标准化管理委员会
2008	GB/T 23209—2008 奶粉中叶黄素的测定 液相色谱-紫外检测法	国家标准化管理委员会
2008	GB/T 23210—2008 牛奶和奶粉中511种农药及相关化学品残留量的测定 气相色谱-质谱法	国家标准化管理委员会
2008	GB/T 23211—2008 牛奶和奶粉中493种农药及相关化学品残留量的测定 液相色谱-串联质谱法	国家标准化管理委员会
2008	GB/T 23212—2008 牛奶和奶粉中黄曲霉毒素B1、B2、G1、G2、M1、M2的测定 液相色谱-荧光检测法	国家标准化管理委员会
2008	NY/T 1661—2008 乳与乳制品中多氯联苯的测定 气相色谱法	农业部
2008	NY/T 1662—2008 乳与乳制品中1，2-丙二醇的测定 气相色谱法	农业部
2008	NY/T 1663—2008 乳与乳制品中β-乳球蛋白的测定 聚丙烯酰胺凝胶电泳法	农业部
2008	NY/T 1664—2008 牛乳中黄曲霉毒素M1的快速检测 双流向酶联免疫法	农业部
2008	NY/T 1671—2008 乳及乳制品中共轭亚油酸（CLA）含量测定 气相色谱法	农业部
2008	NY/T 1678—2008 乳与乳制品中蛋白质的测定 双缩脲比色法	农业部
2008	SN/T 2101—2008 乳及乳制品中结核分枝杆菌检测方法 荧光定量PCR法	商检局
2008	CCGF 114.1—2008 巴氏杀菌乳、灭菌乳	质检总局
2008	CCGF 114.2—2008 乳粉	质检总局
2008	CCGF 114.3—2008 婴幼儿配方乳粉	质检总局
2008	CCGF 114.4—2008 酸乳	质检总局
2009	GB/T 27342—2009 危害分析与关键控制点（HACCP）体系 乳制品生产企业要求	国家标准化管理委员会

续表

年份	名　　称	颁布部门
2009	SN/T 2309—2009 进出口乳及乳制品中四环素类药物残留检测方法 放射受体分析法	商检局
2009	SN/T 2310—2009 进出口乳及乳制品中β–内酰胺类药物残留检测方法 放射受体分析法	商检局
2009	SN/T 2311—2009 进出口乳及乳制品中大环内酯类药物残留检测方法 放射受体分析法	商检局
2009	SN/T 2312—2009 进出口乳及乳制品中磺胺类药物残留检测方法 放射受体分析法	商检局
2010	GB 19301—2010 生乳	国家标准化管理委员会
2010	GB 19645—2010 巴氏杀菌乳	国家标准化管理委员会
2010	GB 25190—2010 灭菌乳	国家标准化管理委员会
2010	GB 25191—2010 调制乳	国家标准化管理委员会
2010	GB 19302—2010 发酵乳	国家标准化管理委员会
2010	GB 13102—2010 炼乳	国家标准化管理委员会
2010	GB 19644—2010 乳粉	国家标准化管理委员会
2010	GB 11674—2010 乳清粉和乳清蛋白粉	国家标准化管理委员会
2010	GB 19646—2010 稀奶油、奶油和无水奶油	国家标准化管理委员会
2010	GB 5420—2010 干酪	国家标准化管理委员会
2010	GB 25192—2010 再制干酪	国家标准化管理委员会
2010	GB 10765—2010 婴儿配方食品	国家标准化管理委员会
2010	GB 10767—2010 较大婴儿和幼儿配方食品	国家标准化管理委员会
2010	GB 10769—2010 婴幼儿谷类辅助食品	国家标准化管理委员会

续表

年份	名　　称	颁布部门
2010	GB 10770—2010 婴幼儿罐装辅助食品	国家标准化管理委员会
2010	GB 12693—2010 乳制品良好生产规范	国家标准化管理委员会
2010	GB 23790—2010 粉状婴幼儿配方食品良好生产规范	国家标准化管理委员会
2010	GB 5413.33—2010 生乳相对密度的测定	国家标准化管理委员会
2010	GB 5413.30—2010 乳和乳制品杂质度的测定	国家标准化管理委员会
2010	GB 5413.34—2010 乳和乳制品酸度的测定	国家标准化管理委员会
2010	GB 5413.3—2010 婴幼儿食品和乳品中脂肪的测定	国家标准化管理委员会
2010	GB 5413.29—2010 婴幼儿食品和乳品溶解性的测定	国家标准化管理委员会
2010	GB 5413.27—2010 婴幼儿食品和乳品中脂肪酸的测定	国家标准化管理委员会
2010	GB 5413.5—2010 婴幼儿食品和乳品中乳糖、蔗糖的测定	国家标准化管理委员会
2010	GB 5413.6—2010 婴幼儿食品和乳品中不溶性膳食纤维的测定	国家标准化管理委员会
2010	GB 5413.9—2010 婴幼儿食品和乳品中维生素 A、D、E 的测定	国家标准化管理委员会
2010	GB 5413.10—2010 婴幼儿食品和乳品中维生素 K1 的测定	国家标准化管理委员会
2010	GB 5413.11—2010 婴幼儿食品和乳品中维生素 B1 的测定	国家标准化管理委员会
2010	GB 5413.12—2010 婴幼儿食品和乳品中维生素 B2 的测定	国家标准化管理委员会
2010	GB 5413.13—2010 婴幼儿食品和乳品中维生素 B6 的测定	国家标准化管理委员会
2010	GB 5413.14—2010 婴幼儿食品和乳品中维生素 B12 的测定	国家标准化管理委员会
2010	GB 5413.15—2010 婴幼儿食品和乳品中烟酸和烟酰胺的测定	国家标准化管理委员会

续表

年份	名　称	颁布部门
2010	GB 5413.16—2010 婴幼儿食品和乳品中叶酸(叶酸盐活性)的测定	国家标准化管理委员会
2010	GB 5413.17—2010 婴幼儿食品和乳品中泛酸的测定	国家标准化管理委员会
2010	GB 5413.18—2010 婴幼儿食品和乳品中维生素 C 的测定	国家标准化管理委员会
2010	GB 5413.19—2010 婴幼儿食品和乳品中游离生物素的测定	国家标准化管理委员会
2010	GB 5413.21—2010 婴幼儿食品和乳品中钙、铁、锌、钠、钾、镁、铜和锰的测定	国家标准化管理委员会
2010	GB 5413.22—2010 婴幼儿食品和乳品中磷的测定	国家标准化管理委员会
2010	GB 5413.23—2010 婴幼儿食品和乳品中碘的测定	国家标准化管理委员会
2010	GB 5413.24—2010 婴幼儿食品和乳品中氯的测定	国家标准化管理委员会
2010	GB 5413.25—2010 婴幼儿食品和乳品中肌醇的测定	国家标准化管理委员会
2010	GB 5413.26—2010 婴幼儿食品和乳品中牛磺酸的测定	国家标准化管理委员会
2010	GB 5413.35—2010 婴幼儿食品和乳品中β－胡萝卜素的测定	国家标准化管理委员会
2010	GB 5413.36—2010 婴幼儿食品和乳品中反式脂肪酸的测定	国家标准化管理委员会
2010	GB 5413.37—2010 乳和乳制品中黄曲霉毒素 M1 的测定	国家标准化管理委员会
2010	GB 5009.5—2010 食品中蛋白质的测定	国家标准化管理委员会
2010	GB 5009.3—2010 食品中水分的测定	国家标准化管理委员会
2010	GB 5009.4—2010 食品中灰分的测定	国家标准化管理委员会
2010	GB 5009.12—2010 食品中铅的测定	国家标准化管理委员会
2010	GB 5009.33—2010 食品中亚硝酸盐与硝酸盐的测定	国家标准化管理委员会

续表

年份	名　　称	颁布部门
2010	GB 5009.24—2010 食品中黄曲霉毒素 M1 和 B1 的测定	国家标准化管理委员会
2010	GB 5009.93—2010 食品中硒的测定	国家标准化管理委员会
2010	GB 21703—2010 乳和乳制品中苯甲酸和山梨酸的测定	国家标准化管理委员会
2010	GB 22031—2010 干酪及加工干酪制品中添加的柠檬酸盐的测定	国家标准化管理委员会
2010	GB 5413.38—2010 生乳冰点的测定	国家标准化管理委员会
2010	GB 5413.39—2010 乳和乳制品中非脂乳固体的测定	国家标准化管理委员会
2010	GB 4789.1—2010 食品微生物学检验 总则	国家标准化管理委员会
2010	GB 4789.2—2010 食品微生物学检验 菌落总数测定	国家标准化管理委员会
2010	GB 4789.3—2010 食品微生物学检验 大肠菌群计数	国家标准化管理委员会
2010	GB 4789.4—2010 食品微生物学检验 沙门氏菌检验	国家标准化管理委员会
2010	GB 4789.10—2010 食品微生物学检验 金黄色葡萄球菌检验	国家标准化管理委员会
2010	GB 4789.15—2010 食品微生物学检验 霉菌和酵母计数	国家标准化管理委员会
2010	GB 4789.18—2010 食品微生物学检验 乳与乳制品检验	国家标准化管理委员会
2010	GB 4789.30—2010 食品微生物学检验 单核细胞增生李斯特氏菌检验	国家标准化管理委员会
2010	GB 4789.35—2010 食品微生物学检验 乳酸菌检验	国家标准化管理委员会
2010	GB 4789.40—2010 食品微生物学检验 阪崎肠杆菌检验	国家标准化管理委员会
2011	DBS15001.1—2011 食品安全地方标准 民族特色乳制品 第 1 部分：奶茶粉	内蒙古自治区卫生厅
2011	DBS15001.2—2011 食品安全地方标准 民族特色乳制品 第 2 部分：奶皮子	内蒙古自治区卫生厅

续表

年份	名　　称	颁布部门
2011	DBS 15001.3—2011 食品安全地方标准 民族特色乳制品 第 3 部分：奶豆腐	内蒙古自治区卫生厅
2011	NY/T 2069—2011 牛乳中孕酮含量的测定 高效液相色谱－质谱法	农业部
2011	NY/T 2070—2011 牛初乳及其制品中免疫球蛋白 LgG 的测定 分光光度法	农业部
2011	SN/T 2912—2011 出口乳及乳制品中多种拟除虫菊酯农药残留量的检测方法 气相色谱－质谱法	商检局
2011	SN/T 2804—2011 进出口乳及乳制品检验规程	商检局
2011	SN/T 2805—2011 出口液态乳中三聚氰胺快速测定 拉曼光谱法	商检局
2011	GB/T 26993—2011 奶粉定量充填包装机	国家标准化管理委员会
2012	NY/T 657—2012 绿色食品 乳制品	农业部
2012	RHB 804—2012 牦牛乳粉	中国乳制品工业协会
2012	RHB 803—2012 发酵牦牛乳	中国乳制品工业协会
2012	RHB 802—2012 巴氏杀菌牦牛乳、灭菌牦牛乳和调制牦牛乳	中国乳制品工业协会
2012	RHB 801—2012 生牦牛乳	中国乳制品工业协会
2012	RHB 703—2012 发酵水牛乳	中国乳制品工业协会
2012	RHB 701—2012 生水牛乳	中国乳制品工业协会
2012	RHB 702—2012 巴氏杀菌水牛乳、灭菌水牛乳和调制水牛乳	中国乳制品工业协会
2013	DBS15002—2013 食品安全地方标准 乳粉制固态成型制品	内蒙古自治区卫生厅
2015	食品安全国家标准 预包装特殊膳食用食品标签	卫计委

参 考 文 献

[1] 常大毅. 我国食品安全多元规制模式研究 [D]. 太原：山西财经大学硕士学位论文，2014.

[2] 陈海燕. 中国畜牧业政策支持水平研究[D]. 北京：中国农业大学，2014.

[3] 初佳颖，张东辉. 激励性规制的强度分析 [J]. 山东工商学院学报，2006（6）：39 – 43.

[4] 初佳颖. 中国电信产业的激励规制绩效分析 [D]. 济南：山东大学博士学位论文，2006.

[5] 初佳颖. 政府规制下电信产业的技术效率分析[J]. 经济纵横，2006（4）：34 – 36.

[6] 程景民. 食品安全行政性规制研究 [M]. 北京：光明日报出版社，2015.

[7] 常凯迪. 基于质量安全的乳品供应链利益分配问题分析[D]. 成都：西南交通大学，2017.

[8] 陈蓉芳，李洁. 欧盟食品安全监管体系研究及启示 [J]. 上海食品药品监管情报研究，2010（3）：1 – 4.

[9] 陈文颖. 发酵乳制品的安全质量控制 [J]. 食品安全导刊，2016（33）：67.

[10] 程媛. 基于公共安全视角的企业社会责任项目投资研究 [D]. 成都：西南交通大学，2015.

[11] 道日娜，乔光华. 内蒙古奶业生产组织模式创新与乳品质量安全控制 [J]. 农业现代化研究，2009（5）.

[12] 董天棋. 中国政府规制对乳制品安全的影响研究[D]. 呼和浩特：内蒙古工业大学，2017.

[13] 董银果，王丽. 我国乳品安全监管失效的制度因素 [J]. 华中农

业大学学报（社会科学版），2012（6）：95－99.
［14］付宝森. 中国乳制品安全规制研究［D］. 沈阳：辽宁大学，2011.
［15］樊慧玲. 转型期政府社会性规制的绩效分析［J］. 中共四川省委党校学报，2008（4）：52－56.
［16］樊慧玲，李军超. 主成分分析法在政府社会性规制绩效测度中的应用［J］. 吉林工商学院学报，2010，26（2）：5－10，54.
［17］范伟兴，田莉莉，狄栋栋，等. 荷兰奶制品安全及疫病防控体系对我国牛奶产业链的启示［J］. 中国奶牛，2013（17）：57－61.
［18］关璐璐. 中国电力行业环境规制的绩效分析［D］. 沈阳：辽宁大学，2013.
［19］国琳，赵秀娟，孙长颢. 我国乳制品质量安全的影响因素及对策［J］. 预防医学情报杂志，2013，29（1）：58－61.
［20］郭明若. 美国乳业安全管理措施及对我国的启示［J］. 中国乳业，2013（3）：72－74.
［21］郭文博. 供应链背景下乳制品质量安全管理研究［D］. 呼和浩特：内蒙古工业大学，2013.
［22］郭学静，陈海玉，刘庚常. 农民工劳动关系政府规制的关键绩效指标体系研究［J］. 西北人口，2014（4）：63－68.
［23］高阳，陈光建. 相对比值法对湖南省医药行业政府规制绩效的评估［J］. 湖南中医药导报，2001，7（10）：485－488.
［24］胡斌. 私人规制的行政法治逻辑：理念与路径［J］. 法制与社会发展，2017（1）：157－178.
［25］何丹. 我国乳制品安全规制效果研究［D］. 南昌：江西师范大学，2015.
［26］何立胜，樊慧玲. 政府经济性规制绩效测度［J］. 晋阳学刊，2005（6）：42－45.
［27］海峡，杨宏山. 激励性规制：政府规制发展的新趋势［J］. 陕西行政学院学报，2007（4）：36－39.
［28］郝晓燕. 中国乳业产业安全研究——基于产业经济学视角［M］. 北京：经济科学出版社，2011，12.
［29］郝晓燕，董天棋. 我国乳品安全规制体系的构成与演变［J］. 黑

龙江畜牧兽医，2017（18）：1-6.
[30] 郝晓燕，胡静丽. 内蒙古乳品质量安全基础建设现状及对策研究[J]. 中国乳品工业，2018（4）：48-51.
[31] 郝晓燕，胡静丽. 企业层面的乳品质量安全管理动机及对策研究[J]. 内蒙古统计，2018（1）：49-52.
[32] 郝晓燕，刘婷. 我国乳业市场结构与政府规制研究 [J]. 中国畜牧杂志，2016，52（20）：12-18.
[33] 郝晓燕，刘玲玉. 国外乳品安全规制体系比较分析及启示[J]. 黑龙江畜牧兽医，2018，9（下）：19-28.
[34] 郝晓燕，魏文奇. 我国乳业发展政府激励性规制的主要实践及启示 [J]. 中国乳品工业，2019，47（5）：37-41.
[35] 郝晓燕，魏文奇. 我国乳业政策支持水平与发达国家比较[J]. 内蒙古统计，2019（2）：35-38.
[36] 何向育，何忠伟，刘芳，王琛. 澳大利亚金融支持奶业发展的经验借鉴 [J]. 世界农业，2017（8）：10-18.
[37] 韩永红. 美国食品安全法律治理的新发展及其对我国的启示——以美国食品安全现代化法视角[J]. 法学评论，2014（3）：92-101.
[38] 李翠霞，窦畅. 欧盟奶业政策变迁及启示 [J]. 世界农业，2018（8）：206-211.
[39] 李长健，张锋. 构建食品安全监管的第三种力量 [J]. 生产力研究，2007（15）：77-79，118.
[40] 刘东，贾愚. 食品质量安全供应链规制研究——以乳品为例[J]. 商业研究，2010（2）：100-106.
[41] 李殿鑫，戴远威，刘智钧. 基于信息技术的食品质量安全可追溯系统 [J]. 农产品价格，2016（7）：67-69.
[42] 李光德. 中国食品安全卫生社会性规制变迁的新制度经济学分析[J]. 当代财经，2004（7）：14-18.
[43] 刘回春. 品牌强度指数全球第一，伊利靠什么影响世界 [J]. 中国质量万里行，2018（6）：92-96.
[44] 李海龙，王荣艳. 完善我国乳品质量安全保障体系的措施[J]. 食品安全导刊，2016（5）：10-11.

［45］林琳，唐晓鹏. 西方激励性规制理论述评［J］. 经济问题探索，2004（2）：38－40.

［46］刘丽. 开辟乳业发展新路径 伊利落实健康体系［J］. 乳品与人类，2018（2）：40－42.

［47］刘丽佳. 加拿大的牛奶及乳品业概况［J］. 世界农业，2013（2）：103－104.

［48］刘录民，侯军歧，董银果. 食品安全监管绩效评估方法探索［J］. 广西大学学报（哲学社会科学版），2009（4）：5－9.

［49］刘锐萍. 中国食品安全现状及食品标准发展趋势与问题分析［J］. 农业工程技术（农产品加工），2007（10）：34－37.

［50］凌潇，严皓，廖国强. 酒类产品质量安全的行业协会自我规制［J］. 酿酒科技，2013（8）：119－121.

［51］刘婷. 内蒙古乳业集群水平及效率研究［D］. 呼和浩特：内蒙古工业大学，2017.

［52］廖进球，陈富良. 政府规制俘虏理论与对规制者的规制［J］. 江西财经大学学报，2001（5）：10－12.

［53］廖卫东，时洪洋. 日本食品公共安全规制的制度分析［J］. 当代财经，2008（5）：90－94.

［54］李先德. OECD 国家农业支持和政策改革［J］. 农业经济问题，2006（7）：69－74.

［55］李先德，宗义湘. 中国农业支持水平衡量与评价［J］. 农业经济问题，2005（12）：19－26.

［56］李显戈. 中国美国欧盟日本农业国内支持政策比较研究［J］. 经济研究导刊，2018（17）：113－115.

［57］刘小魏，刘筱红. 政府食品安全规制失灵的治理研究［D］. 武汉：华中师范大学，2014.

［58］柳亦博，朴贞子. HACCP 体系控制与乳制品质量安全监管研究［J］. 山东农业科学，2010（3）：98－101.

［59］李易方. 前进中的中国奶业［J］. 中国食品工业. 2000（8）：4－6.

［60］刘艺卓，王丹. 国际乳品生产大国乳品质量安全管理经验及启示［J］. 中国乳业，2013（2）：23－25.

[61] 李莹. 基于 EKC 实证分析的环境规制绩效评估[J]. 经营与管理，2013（7）：82－84.
[62] 刘洋. 我国环境规制绩效评价及其与经济增长耦合性检验[D]. 重庆：重庆大学，2014.
[63] 刘洋，张瑞，高艳红. 中国环境规制绩效评价指标体系构建与测度 [J]. 商业时代，2014（4）：115－117.
[64] 李中东，孙小涵，张在升. 基于超效率－DEA 模型的我国食品安全规制的效率评价研究 [J]. 特区经济，2015（1）：14－19.
[65] 马晓春. 中国与主要发达国家农业支持政策比较研究[D]. 北京：中国农业科学院，2010.
[66] 穆秀珍，雪明，王克西. 我国食品安全规制的实证检验 [J]. 西安财经学院学报，2011（6）：89－91.
[67] 钱贵霞，解晶. 中国乳制品质量安全的供应链问题分析 [J]. 中国乳业，2009（10）：62－66.
[68] 曲世敏. 模式选择、绩效评估与规制变革——基于 PSR 模型的政府社会性规制研究 [J]. 咸宁学院学报，2012，32（8）：6－9.
[69] 宋华琳. 论政府规制中的合作治理 [J]. 政治与法律，2016（8）：14－23.
[70] 孙娟娟. 食品安全比较研究 [M]. 上海：华东理工大学出版社，2017.
[71] 桑丽丽，华欣，SANGLi－li，等. 发达国家乳制品质量安全监管体系及启示 [J]. 食品研究与开发，2014（18）：115－118.
[72] 索珊珊. 食品安全与政府“信息桥”角色的扮演——政府对食品安全危机的处理模式 [J]. 南京社会科学，2004（11）：81－87.
[73] 宋维龙，田雨，曹建新. 我国奶业现状与发展前景（续）[J]. 农村百事通，2005（21）：41－44.
[74] 孙小燕. 农产品质量安全问题的成因与治理——基于信息不对称视角的研究 [D]. 成都：西南财经大学，2008.
[75] 孙兴，包魁. 国外乳制品行业质量管理经验及对我国的启示[J]. 中国乳业，2009（5）：44－49.
[76] 孙玉竹. 典型国家农业支持水平及结构比较分析 [D]. 保定：河

北农业大学，2015.
［77］孙玉竹，王旋，吴敬学，宗义湘，杨念. OECD 成员国粮食作物支持水平及政策比较［J］. 世界农业，2016（10）：88－93.
［78］谭珊颖. 企业食品安全自我规制机制探讨——基于实证的分析［J］. 学术论坛，2007（7）：90－95.
［79］谭小吉. 欧美食品安全法律制度对我国的启示［D］. 上海：华东政法大学，2012.
［80］王彩霞. 地方政府扰动下的中国食品安全规制问题研究［D］. 大连：东北财经大学，2011.
［81］王广. 伊利：从实景参观到 VR 体验的路径升华［J］. 乳品与人类，2017（2）：43－45.
［82］武建清，李健华，林强，等. 应用追溯系统保蒙牛乳品安全——蒙牛产品质量安全追溯物联网应用示范工程研究［J］. 条码与信息系统，2017（2）：20－22.
［83］万建香. 基于环境政策规制绩效的波特假说验证——以江西省重点调查产业为例［J］. 经济经纬，2013（1）：115－119.
［84］王健栋. “一带一路”沿线国家农业支持政策比较研究［J］. 世界农业，2018（11）：71－76，206.
［85］王经钱. 乳制品供应链中的激励研究［D］. 南昌：江西财经大学，2010.
［86］吴强，张园园，孙世民. 奶农与乳品加工企业质量控制策略演化分析——基于双种群进化博弈理论视角［J］. 湖南农业大学学报（社会科学版），2016，17（3）：20－26.
［87］王荣. 地方政府食品安全管制研究——以湖北咸宁市政府为例［D］. 武汉：湖北工业大学，2014.
［88］王首杰. 激励性规制：市场准入的策略？——对“专车”规制的一种理论回应［J］. 法学评论，2017（3）：82－96.
［89］吴天龙. 丹麦乳品质量安全管理经验及启示［J］. 国际经济合作，2015（4）：69－72.
［90］王霞. 荷兰乳业：奶农与企业利益捆绑［J］. 农家参谋，2014（10）：29－29.

[91] 王秀东. 日本乳业补贴对中国的借鉴研究 [J]. 经济研究导刊，2011（3）：193－194.
[92] 王晓兵. 我国环境规制绩效实证分析 [D]. 新乡：河南师范大学，2011.
[93] 王洋，赵志远. 中国乳业政策支持水平与国际比较 [J]. 黑龙江畜牧兽医，2017（4）：1－3.
[94] 王耀忠. 外部诱因和制度变迁：食品安全监管的制度解释 [J]. 上海经济研究，2006（7）：62－72.
[95] 王占禄. 美国奶业收入支持政策 [J]. 中国农业信息，2017（10）：55－57.
[96] 徐飞. 日本食品安全规制治理评析——基于多中心治理理论 [J]. 现代日本经济，2016（3）：26－36.
[97] 徐飞，卜梦，斐田田. 辽宁省食品安全规制效果测度——基于收益成本弹性分析方法 [J]. 中国经贸，2014：33－34.
[98] 许福才，蒙少东. 食品供应链安全规制研究 [J]. 科技与经济，2009（3）：69－71.
[99] 徐慧萍. 我国乳品质量安全的影响因素分析 [J]. 中国食物与营养. 2012，18（8）：5.
[100] 肖俊奇. 政府内部规制及其合理化路径 [J]. 观察与思考，2014（1）：52－60.
[101] 徐鸣哲，陈德昆. 食品安全管制绩效的实证分析 [J]. 沈阳工程学院学报（社会科学版），2014（3）：329－332.
[102] 肖兴志，孙阳. 中国电力产业规制效果的实证研究 [J]. 中国工业经济，2006（9）：38－45.
[103] 杨宝宏. 谈乳制品企业的供应商管理问题 [J]. 商业时代，2009（36）：20－21.
[104] 余东华. 激励性规制的理论与实践述评——西方规制经济学的最新进展 [J]. 外国经济与管理，2003，25（7）：44－48.
[105] 叶光杰. 我国乳制品安全规制现有问题的二维分析 [J]. 广西质量监督导报，2011（12）：47－48.
[106] 杨华锋. 协同治理审视下的药品安全及其治道逻辑 [J]. 行政论

坛，2017（2）：118－123.

［107］ 杨建华. 对规制者的规制——兼谈行政规制的效益原则［J］. 山西大学学报（哲学社会科学版），2004，27（5）：63－67.

［108］ 杨建青. 中国奶业原料奶生产组织模式及效率研究［D］. 北京：中国农业科学院，2009.

［109］ 易开刚，范琳琳. 食品安全治理的理念变革与机制创新［N］. 学术月报，2014（12）：41－48.

［110］ 于良春. 论自然垄断与自然垄断产业的政府规制［J］. 中国工业经济，2004，（2）：27－33.

［111］ 于良春，杨淑云，于华阳. 中国电力产业规制改革及其绩效的实证分析［J］. 经济与管理研究，2006（10）：35－40.

［112］ 佚名. 荷兰如何做到乳品安全享誉全球［J］. 吉林农业，2015（4）：37.

［113］ 殷成文. 中国奶类发展援助项目（连载三）［J］. 中国乳业，2003（3）：4－6.

［114］ 杨婉霜，王展霞，高婷婷，韩婉莹. 乳品质量安全控制［J］. 现代食品，2016（10）：67－68.

［115］ 杨伟民，胡定寰. 荷兰菲仕兰奶业 Focus 管理体系与政策启示［J］. 中国畜牧杂志，2015，51（18）：34－39.

［116］ 杨潇. 基于多部门协同监管的乳品安全追溯系统研究［D］. 成都：西南交通大学，2014.

［117］ 杨秀玉. 中国食品安全规制效果测算及分析［J］. 石家庄经济学院学报. 2013（6）：74－78.

［118］ 袁祥州. 美国 2014 年农业法案对奶业安全网的调整及其影响［J］. 世界农业，2015（5）：78－81，100.

［119］ 岳远祐，漆雁斌. 乳制品安全中奶农、奶站和企业行为的博弈分析［J］. 农村经济与科技，2010（3）：70－71.

［120］ 岳远祐. 乳制品安全政府规制研究乳制品安全政府规制研究［D］. 四川省、四川农业大学，2010.

［121］ 袁玉伟，陈振德，柳伟英. 食品标识制度与食品安全控制［J］. 食品科技，2004（7）：25－28.

[122] 云振宇，刘文，蔡晓湛，等. 美国乳制品质量安全监管及相关法规标准概述 [J]. 农产品加工（学刊），2010（1）：66－68.
[123] 云振宇，刘文等. 澳大利亚乳品质量安全监管体系及法规标准概况 [J]. 中国乳品工业：2013（10）：30－32.
[124] 詹承豫. 转型期中国食品安全监管体系的五大矛盾分析 [J]. 学术交流，2007（10）：93－97.
[125] 植草益. 微观规制经济学 [M]. 北京：中国发展出版社，1992.
[126] 郑冬梅. 完善农产品质量安全保障体系的分析 [J]. 农村经济问题，2006（11）：22－26.
[127] 张锋. 我国食品安全多元规制模式研究 [M]. 北京：法律出版社，2018.
[128] 张红凤. 激励性规制理论的新进展 [J]. 经济理论和经济管理，2005（8）：63－68.
[129] 张红凤，周峰，杨慧，郭庆. 环境保护与经济发展双赢的规制绩效实证分析 [J]. 经济研究，2009（3）：14－26，67.
[130] 张红凤. 规制经济学的变迁[J]. 经济学动态，2005(8)：72－77.
[131] 周靖. 新西兰乳制品质量安全监管体系及法规标准概述 [J]. 食品工业科技，2014，35（9）：39－41.
[132] 周健. 我国乳业社会性规制现状及改革——阜阳奶粉事件的回顾与反思 [J]. 科技和产业，2007（9）：94－96.
[133] 朱继东. 主要发达国家和地区的畜牧业支持政策及其借鉴 [J]. 世界农业，2015（6）：70－75.
[134] 周开国，杨海生，伍颖华. 食品安全监督机制研究——媒体、资本市场与政府协同治理 [J]. 经济研究，2016（9）：58－72.
[135] 张丽彩，戎素云. 食品安全治理主体间的协同意愿、行为及绩效研究 [D]. 石家庄：河北经贸大学，2016.
[136] 朱琳娜. 我国自来水行业的规制绩效与改革路径研究 [D]. 沈阳：沈阳理工大学，2013.
[137] 张领先，王洁琼，傅泽田，李鑫星. 基于 OECD 政策分类的国际农业支持政策绩效分析 [J]. 科技管理研究，2016，36（4）：50－53.

[138] 祝丽云，李彤，赵慧峰. 全产业链视角下我国乳业竞争力提升研究 [J]. 黑龙江畜牧兽医，2017（14）：10－14，288－289.

[139] 朱满德，程国强. 中国农业政策：支持水平、补贴效应与结构特征 [J]. 管理界，2011（7）：52－60.

[140] 朱满德，程国强. 农业补贴的制度变迁与政策匹配 [J]. 重庆社会科学，2011（9）：12－17.

[141] 张涛. 食品安全有了制度屏障——详解食品安全法主要制度安排 [J]. 中国人大，2009（5）：36－37.

[142] 张涛. 食品安全法律规制研究 [M]. 厦门：厦门大学出版社，2005.

[143] 张婷婷. 中国食品安全规制改革研究 [M]. 北京：中国物资出版社，2010.

[144] 曾伟山. 论乳品安全问题[J]. 中国包装工业，2014（10）：96－98.

[145] 张小静，李延喜，栾庆伟. 企业环境自我规制的动因及其政策启示 [J]. 生态经济，2011（8）：68－72.

[146] 周学荣. 浅析食品卫生安全的政府管制 [J]. 湖北大学学报（哲学社会科学版），2004（3）：260－261.

[147] 臧旭恒，王利平. 规制经济理论的最新发展综述 [J]. 产业经济评论，2004（1）：1－27.

[148] 张英男. 完善协同治理保障食品安全 [J]. 社会治理，2017（2）：102－104.

[149] 张莹莹，纤维分解酶与异丁酸对犊牛小肠消化酶活力和肝生长轴基因表达的影响[J]. 畜牧兽医学报，2016，47（9）：1879－1887.

[150] 张云峰，李翠霞. 乳品质量安全监管对策分析 [J]. 学习与探索，2013（3）：118－120.

[151] 周应恒，耿献辉. 信息可追踪系统在食品质量安全保障中的应用 [J]. 农业现代化研究，2002（11）：451－454.

[152] 周业旺. 基于物元分析模型的城市公共交通成本规制绩效评价 [J]. 商业时代，2012，（7）：112－113.

[153] 朱雨薇. 澳大利亚乳制品质量安全监管体系及相关标准法规综述 [J]. 食品工业科技，2013，34（17）：290－294.

［154］ 宗义湘，李先德，乔立娟. 中国农业政策对农业支持水平演变实证研究［J］. 中国农业科学，2007（3）：622－627.

［155］ 朱彦臻. 我国食品安全多元合作治理研究［D］. 青岛：中国石油大学，2013.

［156］ 张在升. 中国食品安全规制绩效评价与优化路径［D］. 济南：山东师范大学，2016.

［157］ 钟真，郑力文. 印度乳品质量安全管理体系的经验［J］. 世界农业，2013（4）：109－114.

［158］ 赵卓，肖利平. 激励性规制理论与实践研究新进展［J］. 学术交流，2010（4）：89－92.

［159］ 张肇中. 我国食品安全规制效果评价及规制体制重构研究［D］. 济南：山东大学，2014.

［160］ 张肇中. 中国食品安全规制体制的大部制改革探索——基于多任务委托代理模型的理论分析［J］. 学习与探索，2014（3）：114－117.

［161］ 张肇中，张红凤. 我国食品安全规制间接效果评价——以乳制品安全规制为例［J］. 经济理论与经济管理. 2014（5）：58－68.

［162］ A. Kahn. The Economics of Regulation：Principles and Institution［M］. John Wiley & Sons. Inc，1970.

［163］ Akiyama，Hiroshi，Imai，Takanori. Japan Food Allergen Labeling Regulation—History and Evaluation［J］. Advances in Food and Nutrition Research，2011（62）：139－145.

［164］ Antle，John M. Benefits and Cost of Food Safety Regulation［J］. Food Policy，1999（24），605－623.

［165］ Baggot R. Regulatory Reform in Britain：The Changing Face of Self–Regulation ［J］. Public Administration，1989，67（4）：435－454.

［166］ Baron，R. Myerson. Regulating a Monopolist with Unknown Costs［J］. Econometrica，1981，（50）：911－930.

［167］ Baron D. P.，Myerson R. Regulating a Monopolist with Unkown Costs［J］. Econometrica，1982，50（4）：911－930.

［168］ Baron D. P.，Besanko D. Regulation，Asymmetric Information，and Auditing［J］. Rand Journal of Economics，1984，15（4）：447－470.

［169］ Belanche，Daniel，Casalo，LuisV.，Flavian，Carlos. Trust Transfer in the Continued Usage of Publice－Services ［J］. Information & Management，2014（6）：627－640.

［170］ Caswell J.，Bredahl M.，Hooker N.. How Quality Management Systems Are Affecting the Food Industry［J］. Rev. Agric. Econ. 1998，20，547－557.

［171］ David. A Systemic Failure in the Provision of Safe Food ［J］. Food Policy，2003（28）：77－96.

［172］ David，Sappington E. M.，Sibley D. S.. Regulating without Cost Information：The Incremental Surplus Subsidy Scheme［J］. International Economic Review，1988，29（2）：297－306.

［173］ Demsetz H. Why Regulate Utilities？ ［J］. Journal of Law and Economics，1968，11（1）：55－65.

［174］ DeWal G.. Safe Food from a Consumer Perspective［J］. Food Control，2003（14）：75－79.

［175］ Donato Romano，Alessio Cavicchi，Benedetto Rocchi，Gianluca Stefani，Exploring Costs and Benefits of Compliance with HACCP Regulation in the European Meat and Dairy Sectors ［J］. Food Economics－Act a Agriculture Scandinavia，Section C，2005，2（1）：52－59.

［176］ Egil Petter Strate. Exploring a Strategic Turn：Case Study of Innovation and Organizational Change in a Productivity Dairy［J］. European Planning Studies，2006，14（10）：26－32.

［177］ Finsinger J.，Vogelsang I. Strategic Management Behavior under Reward Structures in a Planned Economy［J］. Quarterly Journal of Economics，1985，100（1）：263－270.

［178］ Guanghua Qiao，TingGuo，Kurt Klein. Melamine in Chinese Milk Products and Consumer Confidence ［J］. Appetite，2010，55（2），190－195.

[179] Guanghua Qiao, TingGuo, Kurt Klein. Melamine and Other Food Safety and Health Scares in China: Comparing Households With and Without Young Children, [J]. Food Control, 2012. 26 (2), 378-386.

[180] Gorton Vanessa, Teichmann Isabel. The Strategic Use of Private Quality Standards in Food Supply Chains [J]. American Journal of Agricultural Economics, 2012, 94 (5): 1189-1201.

[181] Herbst Kenneth C., Finkel Eli J., Allan, David. On the Dangers of Pulling a Fast One: Advertisement Disclaimer Speed, Brand Trust, and Purchase Intention [J]. Journal of Consumer Research, 2012 (5): 909-919.

[182] Henson S. Caswell J.. Food safety regulation: An Overview of Contemporary Issues [J]. Food Policy, 1999 (24): 589-603.

[183] Heyes A G. A Signaling Motive for Self-Regulation in the Shadow of Coercion [J]. Journal of Economics and Business, 2005, 57 (3): 238-246.

[184] Iossa F., Stroffolini F. Price-Cap Regulation and Information Acquisition [J]. Inter National Journal of Industrial Organization, 2002, 20 (7): 1013-1036.

[185] J. P. T. M. Noordhuizen. Quality Control on Dairy Farms With Emphasis on Public Health, Food Safety, Animal Health and Welfare [J]. Livestock Production Science, 2005 (1): 51-59.

[186] Julie A. Caswell & Helen Jensen. Introduction: Economic Measures of Food Safety Interventions [J]. Agribusiness. 2007 (23).

[187] J. Luis Guasch, Robert W. Hahn. The Costs and Benefits of Regulation: Implications for Developing Countries [D]. The World Bank Research observer, 1999 (1): 137-158.

[188] Kruse H. Globalization of the Food Supply-Food Safety Implications Special Regional Requirements: Future Concerns [J]. Food Control, 1999 (10): 315-320.

[189] Laffont J., Tirole J. Using Cost Observation to Regulate Firms

[J]. Journal of Political Economic，1986，9（3）：614－641.

[190] Laffont J.， Tirole J. The Dynamics of Incentive Contracts [J]. Econometrica. 1988，56（5）：1153－1175.

[191] Laffont J.，Tirole J. The Polities of Government Decision－Making：A Theory of Regulatory Capture [J]. Quarterly Journal of Economics，1991，106（4）：1089－1127.

[192] Laffont J.，Tirole J. A Theory of Incentives in Procurement and Regulation [M]. Cambridge：MIT Press，1993：479.

[193] Laffont J.， Pouyet， J.. The Subsidiary Bias in Regulation [J]. Journal of Public Economics，2003，88：255－283.

[194] Lazzarini S. G.， Carvalho de Mello P.. Governmental Versus Self－Regulation of Derivative Markets：Examining the U. S. and Brazilian Experience [J]. Journal of Economics and Business，2001，53（23）：185－207.

[195] Lewis T. R.，Sappington E. M.. Regulating a Monopolist with Unknown Demand [J]. American Economic Review，1988，78（5）：986－998.

[196] Littlechild S. C.. Regulation of British Telecommunications' Profitability：A Report to the Secretary of State for Trade and Industry [M]. London：Department of Industry，1983：32－48.

[197] Liston C. Price－Cap Versus Rate of Return Regulation[J]. Journal of Regulatory Economics，1993（5）：25－48.

[198] Loeb M.， Magat W. A.. A Decentralized Method for Utility Regulation [J]. Journal of Law and Economics，1979，22（2）：399－404.

[199] Michael Ollinger，Danna L. Moore. The Economic Forces Driving Food Safety Quality in Meat and Poultry [J]. Applied Economic Perspectives and Policy，2008，30（2）：289－310.

[200] Marian Gareia Martinez，Co－Regulation as a Possible Model for Food Safety Governance：Opportunities for Public－Private Partnerships [J]. Food Policy，2007（4）. 299－314.

[201] Mc Chesney, Fred S.. Rent Extraction and Rent Creation in the Economic Theory. In Rowley, Charles K. and Robert D. Tollison and Gordon Tullock ed. The Political Economy of Rent Seeking [M]. New York: Kluwer Academic Publisher, 1998.

[202] RB Bouncken, J Gast, S Kraus, M Bogers. Coopetition: A Systematic Review, Synthesis, and Future Research Directions [J]. Review of Managerial Science, 2015, 9 (3): 577–601.

[203] Saba N. Siddiki, Julia L. Carboni, Chris Koski, Abdul–Akeem Sadiq. How Policy Rules Shape the Structure and Performance of Collaborative Governance Arrangements [J]. Public Administration Review, 2015, 75 (4): 536–547.

[204] Sam Peltzmann. Toward a More General Theory of Regulation [J]. The Journal of Economics, 1976.

[205] Sappington E. M. Incentives in Principal Agent Relationships [J]. Journal of Economic Perspectives, 1991, 5 (2): 45–66.

[206] S. Andrew Starbird. Supply Chain Contracts and Food Safety [J], Choice. 2005, 20 (2): 123–129.

[207] Schoder Dagmar, Maichin Andreas, Lema Benedict. Microbiological Quality of Milk in Tanzania: From Maasai Stable to African Consumer Table [J]. Journal of Food Protection, 2013, 76 (11): 1908–1915.

[208] Shleifer A. A Theory of Yardstick Competition [J]. Rand Journal of Economics, 1985, 16 (3): 319–327.

[209] Sibley D. S. Asymmetric Information, Incentives. and Price–Cap Regulation [J]. Rand Journal of Economics, 1989, 20 (3): 392–404.

[210] Sappington E. M.. Optimal Regulation of Multiproduct Monopoly with Unknown Technological Capabilities [J]. Bell Journal of Economics, 1983, 14 (2): 453–463.

[211] Stiglitz J. E.. Imperfect Information in the Product Market [J]. Hand Book of Industrial Organization, 1989 (1): 34–56.

［212］ TA Scott，CW Thomas. Unpacking the Collaborative Toolbox：Why and When Do Public Managers Choose Collaborative Governance Strategies？［J］. Policy Studies Journal，2017，45（1）：191－214.

［213］ Vogelsang I.，Finsinger J.. A Regulatory Adjustment Process for Optimal Pricing by Multiproduct Monopoly Furnis［J］. Bell Journal of Economics，1979，20（1）：157－171.

［214］ Von Schlippenbach Vanessa，Teichmann Isabel. The Strategic Use of Private Quality Standards in Food Supply Chains［J］. American Journal of Agricultural Economics，2012，94（5）：1189－1201.

［215］ Williamson，O. E.. Franchise Bidding for Natural Monopolies［J］. Bell Journal of Economics，1976.

［216］ Whitehead. A Elements of an Effective National Food Control System ［J］. Food Control，1995（6）：247－251.